JN444651

A Student's Guide to Waves

파동물리학

Daniel Fleisch, Laura Kinnaman 지음

최준곤 옮김

도서출판 학산미디어

A Student's Guide to Waves

© Daniel Fleisch and Laura Kinnaman 2015
This translation of "A Student's Guide to Waves" is published by arrangement with Cambridge University Press through Agency-One, Seoul

이 책의 한국어판 저작권은 에이전시 원을 통해 저작권자와의 독점 계약으로 학산미디어 출판사에 있습니다.

저작권법에 의해 한국 내에서 보호를 받는 저작물이므로 무단전재와 무단복제를 금합니다.

A Student's Guide to Waves

파동물리학

지은이

Daniel Fleisch

Wittenberg 대학교 물리학과 교수이고, 전자기학과 우주물리학을 전공하고 있다. 그는 최근에 저술한 A Student's Guide to the Mathematics of Astronomy(Cambridge University Press, 2013)을 포함하여 학생 안내서의 여러 권을 저술한 저자이다.

Laura Kinnaman

Morningside 대학에서 물리학과 조교수이며 화학물리의 계산 연구를 수행하고 많은 물리토론모임을 조직하였다.

옮긴이

최준곤(chay@korea.ac.kr)

1984년 서울대학교 물리학과 졸업1986년 Harvard University 물리학 석사1990년 Harvard University 입자물리학 이론 박사1990–1992 University of Washington 박사후 연구원1992–현재 고려대학교 물리학과 교수 "양자역학 3판 David J. Griffiths, Darrell F. Schroeter 지음, 최준곤 옮김, 텍스트북스" "수리물리학 3판 Mary L. Boas 지음, 최준곤 옮김, 한티에듀" "슈뢰딩거 방정식 Daniel Fleisch 지음, 최준곤 옮김, 학산미디어" "Newton의 운동법칙 Sanjoy Mahajan 지음, 최준곤 옮김, 학산미디어" 등을 번역하였다

파동물리학

발행일 | 2022년 12월 05일
저 자 | Daniel Fleisch, Laura Kinnaman
역 자 | 최준곤 번역
발행인 | 문정임
발행처 | 학산미디어
기 획 | 이덕선
표 지 | 김연아
편 집 | 장진희
주 소 | 서울특별시 노원구 동일로245가길 41
전 화 | 02-935-0670 / 010-3223-7340
팩 스 | 02-932-0670
이메일 | sorgento2000@hanmail.net
등록번호 | 제 25100-2011-000001호
ISBN | 979-11-85294-40-7 (93420)
정 가 | 20,000원

* 본 도서의 무단복제를 금하며 파본은 교환해 드립니다.

파동물리에 대한 학생안내서

파동은 역학, 전자기학과 양자이론 분야에서 중요한 주제이지만, 많은 학생들은 그 수학적인 측면을 어려워한다. 이러한 과목의 교재를 보충하기 위해 쓴 이 책은 학생들이 가장 어렵게 여기는 주제에 집중하였다.

Fleisch의 다른 책에서 사용한 가장 인기있는 접근방법을 유지하면서 이 책에서는 기본적인 개념을 간단하고 분명한 방법으로 설명하기 위해 단순한 언어를 사용하였다. 연습문제와 완전히 풀어 놓은 예제를 통해 독자들은 개념을 이해했는지 시험할 수 있어서 이 책은 이 도전적인 주제를 이해하려고 노력하는 물리학과 공학 분야의 학부생에게 이상적인 책이라고 할 수 있다.

이 책의 보조자료로 www.cambridge.org/wavesguide에서 많은 온라인 자료를 찾을 수 있다. 이러한 자료에는 이 책에 있는 모든 연습문제에 대한 상호작용하는 풀이와 저자들이 이 책의 모든 절의 중요한 개념을 설명하는 팟캐스트가 포함되어 있다.

Daniel Fleisch는 Wittenberg 대학교 물리학과 교수이고, 전자기학과 우주물리학을 전공하고 있다. 그는 최근에 저술한 A Student's Guide to the Mathematics of Astronomy(Cambridge University Press, 2013)을 포함하여 학생 안내서의 여러 권을 저술한 저자이다.

Laura Kinnaman은 Morningside 대학에서 물리학과 조교수이며 화학물리의 계산 연구를 수행하고 많은 물리토론모임을 조직하였다.

서문

이 책의 목적은 하나이다. 독자들에게 파동의 기본적인 개념과 파동방정식의 수학적인 방법을 이해시키는 것이다. 저자는 그 안에 있는 물리를 흐리지 않고 중요한 원리를 이해할 때 적당하게 필요한 수학적 엄밀함만을 이용하여, 이 책에서 분명하고 일상적인 용어로 설명하고자 하였다. 이러한 이해를 하면 역학적, 전자기적, 양자 파동을 다루는 많은 훌륭한 교재를 공부할 준비가 될 것이다.

이 책은 보조자료로 사용하지, 파동현상을 광범위하게 다루려고 하지 않았다는 것을 기억해야 한다. 이것은 저자가 파동의 모든 면을 다루려고 시도하지 않았다는 뜻이다. 그 대신 학생들이 가장 어려움을 느끼는 주제를 포함시켰다.

책에서 보겠지만 이 책의 구조를 보면 보조교재로의 역할을 볼 수 있다. 기회가 있을 때마다 각 장을 모듈화하여 이미 알고 있는 내용은 뛰어넘도록 했다. 이를 통해 도움이 필요한 주제에 직접 다가갈 수 있다. 학생 안내서로서 이 책과 더불어 매우 도움이 될 것이라고 생각하는 자유롭게 접근할 수 있는 많은 내용을 웹사이트에 제공하였다. 여기에는 책에 있는 모든 문제에 대한 완전하고, 상호 소통하는 풀이뿐만 아니라 모든 장의 모든 절에 있는 가장 중요한 개념, 식, 그래프를 설명하는 팟캐스트도 있다. “상호소통”이란 전체 풀이를 바로 볼 수도 있고, 최종 풀이로 다가가는 한 개 그 이상의 힌트를 요구할 수도 있다는 뜻이다. 표시가 책 전체에서 나타나는데 이는 온라인에서 찾아볼 수 있는 자료를 알리는 데 사용하였다.

한편 상호소통을 하는 여러 장치에서 전자책으로 읽으려고 한다면 이 추가적인 특징은 내용 안에 직접 나타난다. 상호소통 기능이 없는 장치를 사용한다면 를 누르면 책의 웹사이트로 바로 옮겨갈 것이다.

이 책이 여러분에게 적절한가? 물리나 공학 강의에서 배우는 내용에 대한 보조자료가 필요하거나, 물리 분야의 표준적인 시험을 준비하거나, 혼자 공부하는 프로그램의 일부로 파동을 이해하는 데 도움을 찾고있다면 이 책이 바로 원하는 책이다. 이유가 무엇이든 당신의 결단력에 찬사를 보낸다.

역자 서문

파동은 일상생활에서도 자주 나타나고, 물리학과 공학에서는 여러 분야에서 나타난다. 따라서 각 분야에서 파동현상을 공부하면 그 내용을 이해할 수 있지만, 파동 현상 전반에 대한 통합적인 이해를 하기 어렵다. 이 책은 역학적인 파동, 전자기적인 파동, 양자역학적 파동을 각각 다루면서도 파동에 대한 전반적인 이해를 구하기 위해 노력한 책이다. 이러한 책은 독자들에게 파동에 대한 전체적으로 일관성있게 이해하는 데 매우 도움이 되는 책이다.

역자도 번역을 하면서 저자의 논리 전개방식을 즐겼고, 다양한 과정에서 공통적인 사실을 설명하는 것에 매력을 느꼈다. 따라서 파동을 공부하기 전에 전체적인 시각을 가지고 싶거나, 파동을 모두 공부한 후 공통적인 특성을 깊게 이해할 때 이 책은 매우 도움이 될 것이다.

저자가 강조했지만 이 책을 짧은 책이고, 어떻게 보면 다른 분야의 주제를 융합시키기 때문에 파동에 대해 심각하게 공부하는 학생들에게 교재로 사용하기는 적절하지 않다. 하지만 공부를 시작하기 전이나, 끝낸 후 파동에 대해 정리하기에는 매우 좋은 책이다. 또한 파동에 대해 강의를 들으면서 해당 부분을 읽어보면 강의에 대해 더 깊게 이해할 수 있을 것이다. 이 때문에 역자는 파동에 관심있는 독자에게 이 책을 읽어보기를 권한다.

최준곤

2022년 10월

감사의 글

이 책의 많은 좋은 부분은 우리 강의에 들어온 학생들 덕택이다. 이 학생들은 파동물리학에 대한 깊은 이해와 더 좋은 설명을 추가하고(종종 찾아내는데) 영감을 준 호기심, 지성, 인내심을 보여주었다. 우리는 이 학생들에게 감사를 전한다.

또한 Nick Gibbons 박사, Simon Capelin 박사와 Cambridge University Press의 세계적인 출판팀에 감사드린다. 이들의 도움이 이 책이 완성될 때까지 걸린 2년 동안의 과정에서 중요하였다. 이 책의 전자책 형태는 Claire Eudall과 Catherine Flack의 사려깊은 도움이 없었다면 불가능했을 것이다.

Laura는 모든 피드백, 도움, 용기를 준 자매 Carrie Miller 박사에게 감사한다. 까다로운 부분에서 벗어날 때 항상 Carrie에게 기댈 수 있었다. 또한 방에 처박혀 이 책을 쓸 때 인내심을 가지고 도와준 Bennett에게도 감사한다. 나에게 용기도 주고 기분전환도 하게 해준 부모님, 자매, 형부, 조카 모두에게 감사를 전한다!

그리고 언제나 Dan은 Cambridge의 학생안내서에 내가 기여할 수 있도록 해준 John Fowler 박사의 선견지명과 직관에 대해 끊임없는 지지와 감사를 보낸다.

차례

1장 파동의 기초

2장 파동방정식

3장 파동성분

4장 역학적 파동방정식

5장 전자기적 파동방정식

6장 양자 파동방정식

01 파동의 기초

이 장에서 파동의 기본적 개념을 살펴보겠다. 책의 다른 모든 장과 마찬가지로 이 장 안에 있는 여러 절은 원하는 순서대로 읽어도 되고, 이미 이 내용이 친숙하면 전부 건너 뛰어도 좋다. 그러나 나중에 있는 장을 공부할 때 논의하고 있는 어떤 면에 대해 확신할 수 없다면 이 장의 관련된 절로 돌아오면 된다.

이 장의 첫 두 절에서 파동의 기본적인 정의와 용어를 복습하고(1.1절), 파동변수 사이의 관계를 볼 것이다(1.2절). 그 다음 절에서는 파동에 대한 이해를 쌓아나갈 수 있는 기초가 되는 주제를 다룰 것이다. 여기에는 벡터(1.3절), 복소수(1.4절), Euler 관계(1.5절), 파동함수(1.6절)와 위상자(1.7절) 등이 있다.

1.1 정의

새로운 주제에 대해 공부를 시작할 때 이 주제를 논의할 때 사용하는 용어를 확실하게 이해하는 것이 좋다. 이 책은 파동에 대한 모든 것을 다루므로 시작할 수 있는 합리적인 방법은 "파동은 정확하게 무엇인가?"하고 물어보는 것이다.

책에서 접할 수 있는 이 질문에 대한 답은 다음과 같다.

"이동하는 전형적인 파동은 공간을 지나면서 에너지와 운동량을 전달하고, 매질을 계속 흔든다." [6]

"파동이라고 부르는 물리적인 상황에서 필요한 것은 파동방정식으로 알려진 특별한 형태의 편미분방정식으로 주어지는 수학적 표현이다." [9]

"[파동운동의 중요한 특징은] 매질을 통해 한 곳에서 다른 곳으로 어떤 것이 전달되지만, 매질 자체는 이동하지 않는 조건이다." [4]

"[파동은] 흔들림이 반복적으로 변하고, 물질의 배열이 원래 위치로 복귀하는 것이다."[1]

이러한 파동의 정의에 공통점은 많지 않지만 각각은 어떤 현상을 파동이라고 부를 수 있는지 (혹은 불러야 하는지) 결정하려고 할 때 매우 도움이 되는 요소가 포함되어 있다.

가장 흔한 정의의 특징은 파동은 어떤 종류의 흔들림이라는 것이다. 즉 (흔들리지 않는) 평형 조건에서 변화한다는 것이다. 줄 위의 파동은 줄의 위치가 흔들리고, 음파는 주위 압력, 전자기파는 전기장과 자기장의 세기를 흔들고, 물질파동은 입자 근처에 존재하는 확률을 흔든다.

진행하는, 혹은 이동하는 파동은 에너지를 가지고 한 곳에서 다른 곳으로 이동하는 파동의 흔들림이다. 그러나 진행하는 파동을 결합하면 정지파와 같은 진행하지 않는 흔들림을 만들 수 있다는 것을 알아야 한다. (이에 대해서는 3장 3.2절에서 더 많이 보게 될 것이다.)

주기적인 파동에서 파동의 흔들림은 시간과 공간에서 계속 반복된다. 따라서 한 곳에 머물러 오랫동안 기다리면 전에 보았던 것과 같은 흔들림을 보게 될 것이다. 그리고 파동의 순간 사진을 찍으면 같은 흔들림이 있는 다른 위치를 찾을 수 있을 것이다. 그러나 주기적인 파동을 더하면 파동 펄스와 같은 주기적이지 않은 흔들림을 얻을 수 있다. (이에 대해서는 3장 3.3절에서 보게 될 것이다.)

최종적으로 조화파동에서 파동의 모양은 사인함수 모양이다. 이는 파동이 사인이나 코사인 함수 형태라는 것을 의미한다. 그림 1.1에서 시간과 공간에서 사인파동의 그림을 볼 수 있다.

1 Oxford English Dictionary

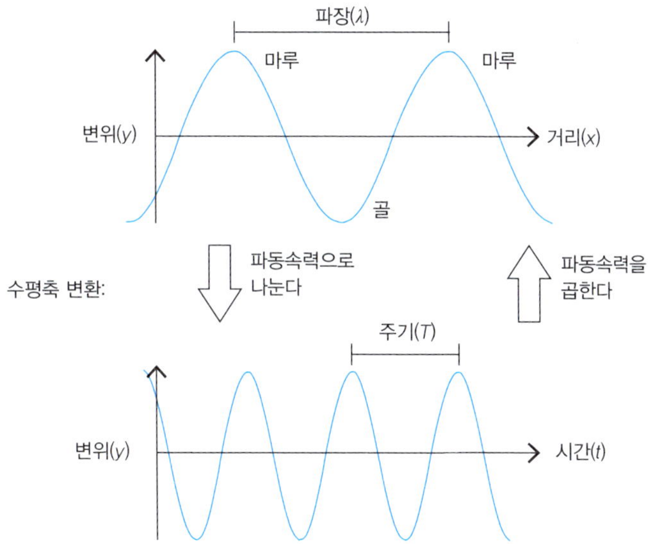

그림 1.1 시간과 공간에서 그린 사인 파동의 예.

파동은 진행하거나, 주기적이거나 조화파동일 수도 있고, 그렇지 않을 수도 있다. 그러나 어떤 형태의 파동이든 이해해야 할 몇 개의 기본적인 변수가 있다. 여기 도움이 될 문답을 제시하겠다.

질문 한 마루에서 다음 마루까지 얼마나 떨어져 있는가?

답 **파장** λ(그리스 문자 "람다")이다. 파장은 한 반복과정에 대한 거리이고 길이의 차원을 갖는다. SI[2]에서 길이의 단위는 미터(m)이다. 기술적으로는 "미터/반복과정"라고 해야하지 않는가? 그렇다. 하지만 파장을 언급할 때 사람들은 파동에 대해 말하는 것이라는 것을 알기 때문에 "반복과정낭"이라는 것은 단위에 명시적으로 포함되지는 않지만 보통 가정된 것이다.

질문 마루 사이의 시간은 얼마나 긴가?

답 (가끔은 *P*라고 쓰지만) 주기인 *T*이다. 주기는 반복과정당 걸리는 시간이고, SI에서 시간의 단위인 초(s)이다. 다시 사실은 "반복과정당 초"이어야 하지만 "단위과정당"이라는 말은 가정하고, 보통 생략한다.

2 "SI"는 "Systeme International d'unites" 즉 표준단위계를 의미한다.

질문 마루는 얼마나 자주 다가오는가?

답 **진동수** f이다. 어떤 시간 동안 주어진 위치에서 파동의 마루가 몇 개 지나가는지 세고 있다면 f를 측정하는 것이다. 따라서 진동수는 주어진 시간 동안 반복과정의 수이고, 단위는 시간의 역수이다. (기술적으로는 여기서도 단위시간당 반복과정이지만, "반복과정"을 가정하고 생략한다.) 따라서 SI에서 진동수의 단위로는 반복과정/초, 즉 1/s이고 헤르츠(Hz)라고도 부른다. 파동의 진동수는 파동 주기(T)의 역수이다.

파장, 파동주기와 진동수(그리고 어떻게 측정하는지)의 의미를 그림 1.2에 나타내었다.

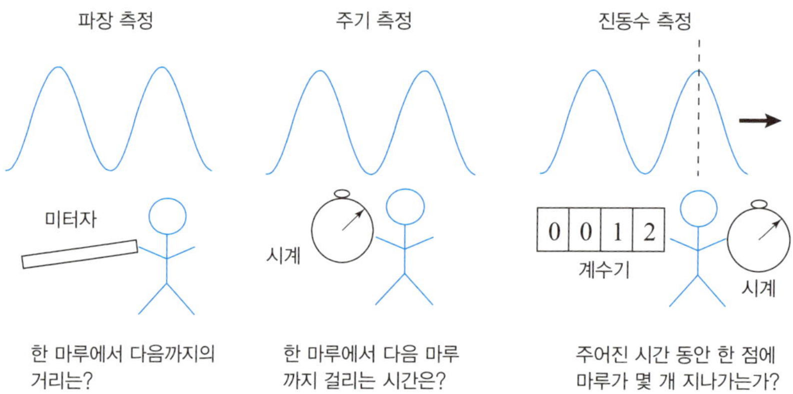

그림 1.2 파동의 변수 측정하기.

질문 주어진 위치나 시간에서 파동은 얼마나 큰가?

답 **변위** y이다. 변위는 파동이 평형상태로부터 만들어내는 흔들림의 정도이다. 그 값은 파동을 측정하는 위치나 시간에 따라 다르다. (따라서 x축으로 움직이는 파동은 x와 t의 함수이다.) 변위의 단위는 파동의 종류에 따라 다르다. 줄 위 파동의 변위는 거리의 단위로 나타내고(4장 참조), 전자기파는 전기장과 자기장의 세기로 변위를 나타내고(5장 참조) 일차원 양자역학적 물질파동은 길이 제곱근의 역수로 변위를 나타낸다(6장 참조).

질문 파동이 가질 수 있는 최대값은 무엇인가?

답 A로 나타내는 **진폭**이다. 진폭은 파동의 꼭대기에서 변위와 관련된 특별한 값이다. "관련되었다"고 말하는 이유는 진폭에는 몇 개의 다른 형태가 있기 때문이다.

"꼭대기" 진폭은 평형상태로부터 최대 변위이다. 이것은 평형값에서 가장 높은 꼭대기나, 가장 낮은 골의 바닥까지 거리로 측정한다. "꼭대기에서 꼭대기까지"의 진폭은 양의 꼭대기와 음의 꼭대기 사이, 즉 마루에서 골까지 측정한 차이이다. 그리고 "rms" 진폭은 한 주기에 걸쳐 변위의 평균제곱의 제곱근 값이다. 사인파동에 대해서 꼭대기에서 꼭대기까지의 진폭은 꼭대기 진폭의 두 배이며, rms 진폭은 꼭대기 진폭의 0.707 배이다. 진폭의 단위는 변위와 같다.

질문 파동은 얼마나 빨리 움직이는가?

답 v인 **파동속력**이다. 보통 파동속력을 언급할 때 **위상속력**에 대해 말한다. 파동 위의 주어진 점이 얼마나 빨리 움직이는가? 예를 들어 파동의 한 마루가 어떤 거리를 이동할 때 걸리는 시간을 측정한다면 파동의 위상속력을 측정하는 것이다. 다른 속력인 **무리속력**은 파동묶음이라고 부르는 파동의 모임에 대해서 중요하다. 이 파동묶음의 모양은 시간에 따라 변할 수 있고, 이에 대해서는 3장 3.4절에서 더 자세히 볼 것이다.

질문 주어진 위치에서 주어진 시간에 파동의 특정한 부분을 지정하는 것은 무엇인가?

답 (그리스 문자 "phi"인) ϕ로 나타내는 **위상**이다. 위치와 시간을 지정하면 파동의 위상을 통해 그 위치와 시간에 마루, 골, 혹은 그 사이 것이 나타날지 알 수 있다. 달리 표현하면 위상은 파동을 기술하는 함수의 변수이다. (예를 들면 $\cos\phi$나 $\sin\phi$이다.) 위상의 SI 단위는 라디안이고, 한 주기 동안 0에서 $\pm 2\pi$ 사이의 값을 갖는다. (위상을 각도로 표현하는 경우도 있는데 이때 한 주기 $= 360° = 2\pi$ 라디안이다.)

질문 파동의 시작점은 무엇으로 결정하는가?

답 (그리스 문자 "epsilon"인) ϵ 혹은 ϕ_0로 쓰는 **위상상수**이다. 시간 $t = 0$, 위치 $x = 0$에서 위상상수 ϵ 또는 ϕ_0는 파동의 위상을 알려준다. 두 파동이 파장, 진동수, 속력이 같지만, 서로 "이동되어" 있다면 (즉 같은 위치 혹은 시간에서 최대값에 도달하지 않으면) 이 파동의 위상상수는 다르다. 예를 들어 코사인 파동은 위상상수 차이가 $\pi/2$, 즉 90°인 사인파동이다.

질문 다 듣고보니 위상은 어떤 종류의 각도와 관계있는 것처럼 보인다.

답 이것은 질문은 아니지만, 맞는 말이고, 이 때문에 위상은 가끔 "위상각도"라고 부른다. 다음의 두 정의를 보면 이해하게 될 것이다.

질문 파동의 진동수나 주기와 각도 사이에는 어떤 관계가 있는가?

답 (그리스 문자 "omega"인) ω로 **각진동수**이다. 각진동수를 통해 주어진 시간 동안 파동의 위상이 어떤 각도만큼 진행하는지 알 수 있어서, 각진동수의 SI 단위는 rad/s이다. 각진동수는 진동수와 $\omega = 2\pi f$의 관계가 있다.

질문 파동의 파장과 각도 사이에는 어떤 관계가 있는가?

답 **파동수** k이다. 파동수로 주어진 거리를 진행할 때 얼마나 파동의 위상이 변하는지 알 수 있어서, 파동수의 SI 단위는 rad/m이다. 파동수는 파장과 $k = 2\pi/\lambda$의 관계가 있다.

1.2 기본적 관계

앞 절에서 정의한 기본적인 파동의 많은 변수는 간단한 대수적 방정식을 통해 서로 연관되어 있다. 예를 들어 진동수(f)와 주기(T) 사이에는

$$f = \frac{1}{T} \tag{1.1}$$

의 관계가 있다. 이 식으로 진동수와 주기는 서로 반비례함을 알 수 있다. 이는 파장이 길면, 진동수가 작고, 주기가 짧으면 큰 진동수에 해당한다는 것을 의미한다.

식 (1.1)은 1.1절에서 진동수의 단위는 주기/초(종종 간단히 1/s로 나타낸다)이고 주기의 단위는 바로 이것의 역수인 초/주기(종종 "s"로 나타낸다)라고 언급한 것을 기억하면 차원이 맞다는 것을 확인할 수 있다. 그래서 식 (1.1)의 차원을 SI 단위에서 보면 다음과 같다.

$$\left[\frac{\text{주기}}{\text{초}}\right] = \left[\frac{1}{\text{초/주기}}\right].$$

간단하지만 강력한 다른 식을 통해 파동의 파장(λ)와 진동수(f)와 파동의 속력(v) 사이의 관계를 얻는다. 그 식은

$$\lambda f = v \tag{1.2}$$

이다. 이 식은 속력은 거리를 시간으로 나눈 양이고, 파동은 한 주기 동안 한 파장의 거리를 간다는 사실을 생각하면 이해할 수 있다. 따라서 $v = \lambda/T$이고, $T = 1/f$이므로 이 관계는 $v = \lambda f$와 같다. 파장이 길고 진동수가 큰 파동을 고려하면 이 식을 물리적으로 이해할 수 있다. 이 경우 파동의 속력은 커야 한다. 그렇지 않다면 멀리 떨어진 봉우리(긴 파장)들이 어떻게 자주(높은 진동수) 지나갈 수 있겠는가? 이제 파장과 진동수 모두 작은 파동을 생각해보자. 촘촘히 있는 봉우리들이(짧은 파장) 그렇게 빨리 지나가지 않으면(낮은 진동수) 파동은 천천히 움직일 수 밖에 없다.

식 (1.2)의 차원이 맞다는 것을 보려면 파장의 단위에 진동수의 단위를 곱해보면 된다.

$$\left[\frac{\text{미터}}{\text{주기}}\right]\left[\frac{\text{주기}}{\text{초}}\right] = \left[\frac{\text{미터}}{\text{초}}\right].$$

이것은 바로 속력의 단위이다.

따라서 식 (1.2)에 의하면 파동의 파장과 진동수를 알면 파동의 속력을 구할 수 있다. 그러나 파동을 공부하면서 (모두 광속으로 이동하는 진공에서의 전자기파와 같이) 같은 속력으로 움직이는 같은 형태의 파동을 다루는 많은 상황에 접하게 될 것이다. 이와 같은 경우 파동의 파장(λ)과 진동수(f)는 다르지만 파장과 진동수의 곱은 파동의 속력과 같아야 한다.

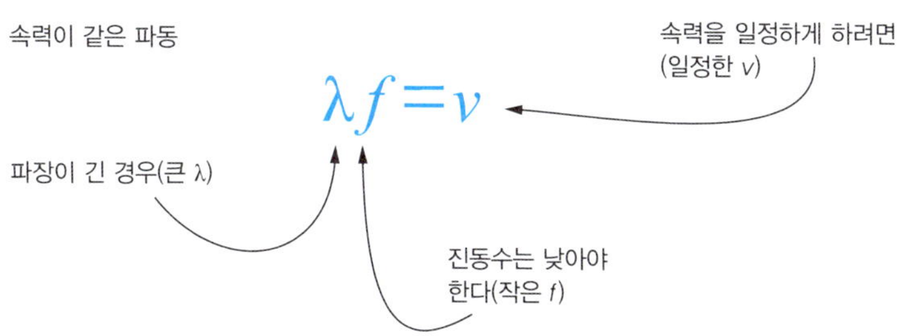

그림 1.3 속력이 같은 파동의 파장과 진동수 사이의 관계.

이것은 파동의 속력(v)이 일정하면 긴 파장(큰 λ)의 파동은 진동수가 낮아야 한다(작은 f). 마찬가지로 속력이 같은 파동에서 파장이 짧으면(작은 λ) 진동수는 높아야 한다(큰 f). 이 개념은 매우 중요해서 그림 1.3에서 "확장된 식"으로 썼다.

(특정한 상황에서 속력이 일정한) 소리의 경우 진동수는 소리의 높낮이에 해당한

다. 따라서 (튜바의 소리나 지나가는 트럭 소리와 같은) 낮은 소리는 파장이 길고 (피콜로의 소리나 미키마우스의 목소리와 같은) 높은 소리는 파장이 짧아야 한다.

가시광선 영역의 전자기파에서 진동수는 색깔에 해당한다. 따라서 파장, 진동수와 속력의 관계는 작은 진동수(빨간)의 빛은 큰 진동수(파란)의 빛보다 파장이 길다.

파동문제를 풀 때 도움이 되는 두 개의 식이 더 있다. 첫 번째 식은 진동수(f), 주기(T)와 각진동수(ω) 사이의 관계이다.

$$\omega = \frac{2\pi}{T} = 2\pi f. \tag{1.3}$$

이 식으로부터 각진동수의 차원은 각도를 시간으로 나눈 양(SI 단위로는 rad/s)이라는 것을 알 수 있고, 1.1절에서 이 변수의 정의와 일치한다. 따라서 진동수(f)는 초당 주기수를 나타내고 각진동수(ω)는 초당 라디안수를 나타낸다.

여기서 파동의 각진동수(ω)가 왜 유용한 변수인지 알 수 있다. 어떤 위치에서 주어진 시간(Δt) 동안 파동의 위상이 얼마나 변했는지 알고 싶다고 하자. 위상변화($\Delta\phi$)를 구하려면 각진동수(ω)에 시간간격(Δt)를 곱하면 된다.

$$(\Delta\phi)_{\text{일정한 } x} = \omega\,\Delta t = \left(\frac{2\pi}{T}\right)\Delta t = 2\pi\left(\frac{\Delta t}{T}\right). \tag{1.4}$$

여기서 "일정한 x라는 첨자는 이 위상변화는 시간 변화에 의해서만 생긴다는 것을 표시한 것이다. 위치를 변화시키면 아래에서 설명하듯이 추가적인 위상변화가 생기지만, 당분간 한 위치(일정한 x)에서 위상변화를 고려하자.

여기서 식 (1.4)로 돌아가 $\Delta t/T$ 항을 살펴보면 도움이 된다. 이 비율은 시간간격이 전체 주기(T) 중 얼마나 차지하는지 알려준다. 한 주기에 대한 위상변화는 라디안이므로 이 비율($\Delta t/T$)에 2π를 곱하면 시간간격 Δt 동안 진행한 파동의 위상을 라디안으로 나타낸다.

예제 1.1 주기(T)가 20 초인 파동은 5 초 동안 위상이 얼마나 변하는가?

파동의 주기 T는 20 초이므로 5 초의 시간간격 Δt는 1/4 주기이다. ($\Delta t/T = 5/20 = 1/4$) 이 비율에 2π를 곱하면 $\pi/2$ 라디안을 얻는다. 따라서 파동의 위상은 매 5 초마다 $\pi/2$ 라디안(90°)만큼 진행한다.

이것을 보면 왜 각진동수(ω)가 "시간을 위상으로 전환시킬" 수 있는지 알 수 있다. 임의의 시간간격 t가 주어지면 ωt의 곱을 구하면 이 시간을 위상변화로 전환시킬 수 있다.

이 절에서 마지막으로 중요한 관계는 파동수(k)와 파장(λ) 사이의 관계이다. 이 변수 사이의 관계식은 다음과 같다.

$$k = \frac{2\pi}{\lambda}. \tag{1.5}$$

이 식을 보면 파동수는 차원이 각도를 거리로 나눈 것이다(SI 단위로는 rad/m). 이로 인해 각진동수를 이용하여 시간을 위상변화로 전환시킬 수 있듯이 파동수로 거리를 위상변화로 전환시킬 수 있다는 것을 알 수 있다.

어떤 시각에 주어진 거리를 지날 때 위상변화 $\Delta\phi$를 구하려면 파동수 k에 거리 Δx를 곱하면 된다.

$$(\Delta\phi)_{\text{일정한 } t} = k\,\Delta x = \left(\frac{2\pi}{\lambda}\right)\Delta x = 2\pi\left(\frac{\Delta x}{\lambda}\right). \tag{1.6}$$

여기서 첨자 "일정한 t"는 이 위상변화는 위치 변화에 의해서만 생긴다는 것을 의미한다. (위에서 기술한 것처럼 시간이 지나면서 생기는 추가적인 위상변화가 있다.)

$\Delta t/T$ 항이 시간간격 Δt가 전체 주기과정의 비율을 나타내듯이 $\Delta x/\lambda$는 거리간격 Δx가 전체 주기과정의 비율을 나타낸다. 따라서 파동수 k는 "거리를 위상으로 전환"시켜 곱 kx를 구하면 임의의 거리 x를 위상변화로 전환시킬 수 있다.

이 절과 앞 절에서 설명한 파동 변수와 그 관계의 의미를 이해하면 파동함수를 논의할 준비가 되었다. 그러나 그 논의는 벡터의 개념, 복소수와 Euler 관계를 기본적으로 이해하면 더 의미가 있을 것이다. 이들이 다음 세 절의 주제이다.

1.3 벡터의 개념

복소수와 Euler 관계를 공부하기 전에 기본적인 벡터의 개념을 논의하면 이러한 주제를 이해하는 데 도움이 될 것이다. 왜냐하면 모든 복소수는 이 절의 뒷부분에서 설명할 벡터합의 결과로 생각할 수 있기 때문이다. 더구나 어떤 파동은 (전기장이나 자기장처럼) 벡터량을 포함하고, 벡터의 기본을 빨리 복습하면 이러한 파동을 이해하는 데 도움이 될 것이다.

그러면 벡터란 정확히 무엇인가? 많은 물리 응용문제에서 벡터는 단순히 크기(얼마)와 방향(어디로)을 포함하는 양으로 생각할 수 있다. 예를 들어 속력은 벡터량이 아니다. 이것은 크기(물체가 얼마나 빨리 움직이는가)가 있지만 방향은 없으므로 "스칼라" 양이라고 한다. 그러나 속도는 속력과 방향(물체가 얼마나 빨리 어떤 방향으로 움직이는지)을 포함하므로 벡터량이다.

가속도, 힘, 선운동량, 각운동량, 전기장과 자기장을 포함한 벡터로 표현할 수 있는 많은 양이 있다. 벡터량은 종종 그림으로는 화살로 나타낸다. 화살의 길이는 벡터 크기에 비례하고, 화살 방향은 벡터의 방향을 나타낸다. 글로 쓸 때 벡터량은 보통 (**A**와 같이) 굵은 글자로 쓰거나 ($\vec{A}$와 같이) 변수 이름 위에 화살표를 붙여 표시한다.

스칼라로 덧셈, 뺄셈, 곱셈과 같은 수학적 연산을 하듯이 벡터에 대해서도 같은 연산을 할 수 있다. 복소수를 이해할 때 벡터를 사용할 때 가장 관련이 있는 두 가지 연산은 벡터 덧셈과 벡터에 스칼라를 곱하는 것이다.

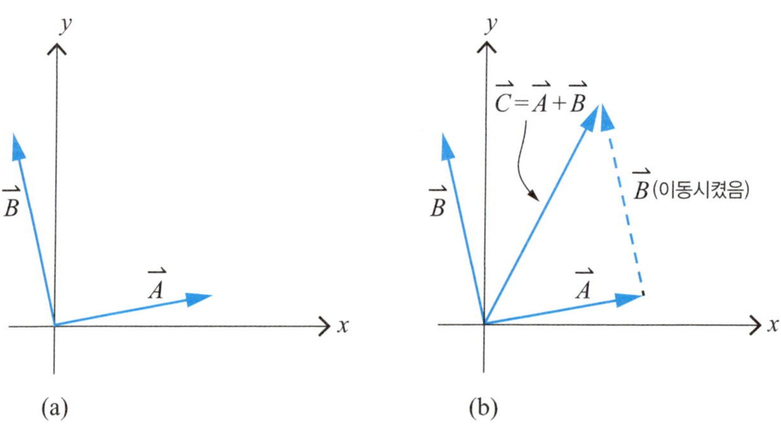

그림 1.4 벡터를 그림으로 더하는 방법.

벡터 덧셈을 하는 가장 간단한 방법은 길이와 방향을 바꾸지 않고 한 벡터를 움직여 다른 벡터의 (화살이 없는 끝인) 꼬리로 옮기는 것을 상상하는 것이다. 그러면 합은 첫 벡터의 꼬리에서 두 번째 벡터의 머리에서 끝나는 새로운 벡터를 만들어 결정된다. 이 그림에 의한 벡터합을 “꼬리에서 머리로” 잇는 접근은 임의의 방향을 향하는 벡터에 대해서, 그리고 세 개 혹은 그 이상의 벡터에 대해서도 성립한다.

두 벡터 $\vec{A}$와 $\vec{B}$를 그림 1.4(a)에서 더하려면 벡터 $\vec{B}$를 크기와 방향을 변화시키지 않고, 그 꼬리를 그림 1.4(b)에 나타낸 것처럼 벡터 $\vec{A}$의 머리 위치에 놓는다. 이 두 벡터의 합은 “결과”벡터 $\vec{C} = \vec{A} + \vec{B}$라고 부른다. $\vec{C}$는 $\vec{A}$의 꼬리에서 $\vec{B}$의 머리까지 잇는 것이라는 것을 주목하여라. 한편 벡터 $\vec{A}$의 꼬리를 $\vec{A}$의 방향을 그대로 놓고 벡터 $\vec{B}$의 머리로 이동하여도 그 결과는 같을 것이다.

결과 벡터의 길이는 ($\vec{A}$와 $\vec{B}$의 방향이 같지 않는 한) 벡터 $\vec{A}$의 길이를 벡터 $\vec{B}$의 길이를 더한 것과 같지 않다는 것을 아는 것이 매우 중요하다. 따라서 벡터합은 스칼라합과 같은 과정이 아니고, 벡터를 더할 때 절대로 스칼라합을 사용하지 말아야 한다는 것을 기억해야 한다.

벡터에 스칼라를 곱하는 것은 쉽게 알 수 있다. 왜냐하면 벡터에 임의의 양의 스칼라를 곱하면 벡터의 방향은 바꾸지 않고, 벡터의 길이만 바꾸기 때문이다. 따라서 그림 1.5(a)에 나타내었듯이 $4\vec{A}$는 $\vec{A}$와 방향은 정확히 같지만, 길이는 $\vec{A}$의 네 배이다. 곱하는 양이 1보다 작으면 결과 벡터는 원래 벡터보다 짧아진다. 즉 $\vec{A}$에 (1/2)를 곱하면 $\vec{A}$와 방향은 같지만 길이는 반인 벡터가 된다.

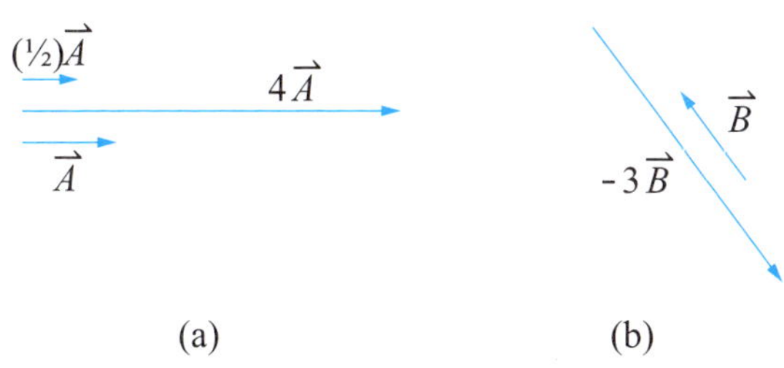

그림 1.5 벡터에 스칼라를 곱하기.

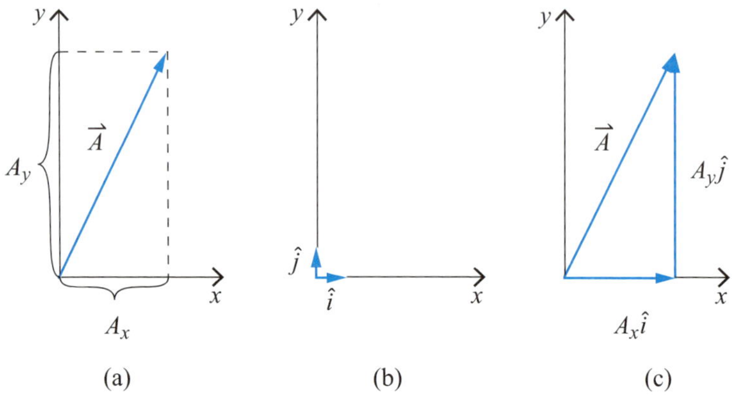

그림 1.6 벡터 $\vec{A}$와 그 성분 A_x와 A_y.

만일 곱하는 스칼라가 음수라면 결과 벡터는 길이가 변하는 것 외에 방향이 바뀐다. 따라서 그림 1.5(b)에 나타내었듯이 벡터 $\vec{B}$에 −3을 곱하면 새로운 벡터 $-3\vec{B}$을 얻고, 이 벡터는 $\vec{B}$ 길이의 세 배이지만 $\vec{B}$의 반대 방향을 향한다.

벡터합과 벡터에 스칼라를 곱하는 것을 알면 벡터를 표현하고 다루는 다른 방법을 이해할 수 있다. 그 접근 방법에서는 성분과 단위벡터를 사용하고, 복소수를 표현하고 다루는 것과 직접적인 관련이 있다.

이차원 직각좌표계에서 성분과 단위벡터를 이해하기 위해 그림 1.6(a)에 나타낸 화살로 표시한 벡터 $\vec{A}$를 고려하자. 그림 1.6(a)에서 볼 수 있듯이 x 성분(A_x)는 벡터 $\vec{A}$를 x축에 투영시킨 것이다. (이것을 이해하는 한 가지 방법은 y축에 평행하게 아래로, x축에 수직하게 빛을 쪼이는 것을 상상하고, 벡터 $\vec{A}$가 x축에 만드는 그림자를 보는 것이다.) 마찬가지로 y 성분(A_y)은 벡터 $\vec{A}$를 y 축에 투영시킨 것이다. (이 경우 빛은 왼쪽으로 x 축에 평행하고, y 축에 수직하게 쪼이면 된다.)

이제 그림 1.6(b)를 보자. x축과 y축을 향하는 두 개의 작은 화살은 "기준 벡터" 혹은 "단위벡터"라고 부른다. 왜냐하면 단위길이(즉, 한 단위의 길이)를 갖기 때문이다. 그 단위는 무엇인가? 그 답은 어떤 단위든 x축과 y 축에 사용하는 단위이다. 따라서 ("$\hat{i}$햇"이라고 부르는) 단위벡터 $\hat{i}$는 x축을 향하고, 길이는 한 단위이다. ("$\hat{j}$햇"이라고 부르는) 단위벡터 $\hat{j}$는 y 축을 향하고 한 단위의 길이를 갖는다. $\hat{i}$와 i를 혼동하지 말아야 한다. 꺾쇠가 없는 i는 $\sqrt{-1}$을 나타낸다.

단위벡터 값은 A_x와 A_y 같은 벡터성분과 단위벡터를 결합하면 분명해진다. A_x와 A_y는 스칼라이므로 이들을 단위벡터와 곱하면 그림 1.6(c)에 나타내었듯이 단위벡터를 늘인 것이다. 그림에서 볼 수 있듯이 $A_x\hat{\imath}$는 단위벡터 $\hat{\imath}$의 방향(즉 x축을 따라)이고, 길이는 A_x와 같다. 마찬가지로 $A_y\hat{\jmath}$는 단위벡터 $\hat{\jmath}$의 방향(y축으로)이지만, 길이는 A_y이다.

이렇게 쓰는 방법의 이점은 다음과 같다. 벡터합을 이용하여 벡터 $\vec{A}$를 벡터 $A_x\hat{\imath}$와 $A_y\hat{\jmath}$의 합으로 정의할 수 있다. 따라서 벡터 $\vec{A}$를 쓸 수 있는 완벽하게 성립하는(그리고 매우 유용한) 방법은 다음과 같다.

$$\vec{A} = A_x\hat{\imath} + A_y\hat{\jmath}. \tag{1.7}$$

말로 하면 식 (1.7)이 의미하는 바는 다음과 같다. 벡터 $\vec{A}$를 시작점에서 끝점까지 구하는 한 가지 방법은 x축으로 A_x 걸음 가고, y 방향으로 A_y 걸음 가면 된다.

일단 벡터의 x와 y성분을 알면 벡터의 크기(길이)와 방향(각도)를 쉽게 구할 수 있다. 크기는 x 성분과 y 성분을 제곱해서 더하고, 제곱근을 취하면 된다. (이것은 직각삼각형의 빗변을 구할 때 피타고라스 정리를 사용할 때와 정확하게 같은 방법이다.) 벡터의 크기는 ($|\vec{A}|$처럼) 벡터 이름 양쪽에 수직 막대를 그어 나타낸다. 따라서

$$|\vec{A}| = \sqrt{A_x^2 + A_y^2} \tag{1.8}$$

과 같이 쓸 수 있고, $\vec{A}$가 양의 x 축과 만드는 각도는 (반시계 방향으로 측정하여) 다음과 같다.[3]

$$\theta = \arctan\left(\frac{A_y}{A_x}\right). \tag{1.9}$$

3 대부분 계산기에서 "2사분면"의 arctan 함수값을 나타낸다. 즉 분모(이 경우는 A_x)가 음수라면 결과에 180°를 더해야 한다는 것을 알고 있어야 한다.

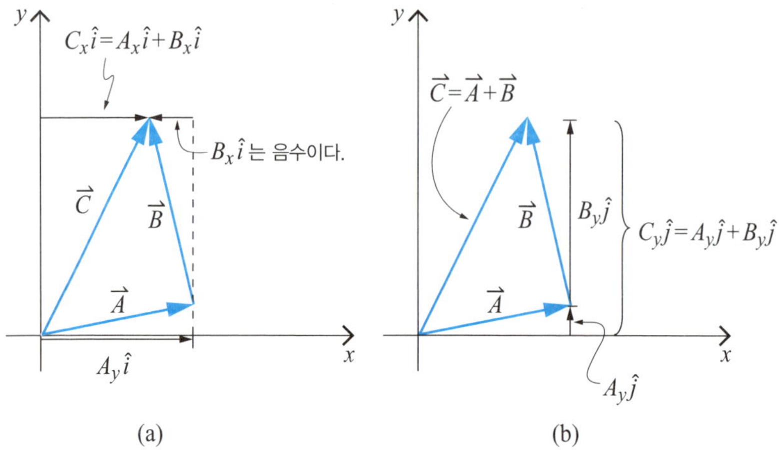

그림 1.7 벡터를 성분으로 더하기.

벡터를 성분과 기준벡터를 이용하여 표현하면 벡터합은 위에서 설명한 그림을 이용한 방법보다 훨씬 쉬워진다. 벡터 $\vec{C}$가 두 벡터 $\vec{A}$와 $\vec{B}$의 합이라면 (C_x인) 벡터 $\vec{C}$의 x 성분은 벡터 $\vec{A}$와 $\vec{B}$의 x 성분의 합(즉, $A_x + B_x$)과 같고, (C_y로 부르는) 벡터 $\vec{C}$의 y 성분은 벡터 $\vec{A}$와 $\vec{B}$의 y 성분의 합(즉, $A_y + B_y$)과 같다. 따라서 다음과 같이 쓸 수 있다.

$$\begin{aligned} C_x &= A_x + B_x, \\ C_y &= A_y + B_y. \end{aligned} \tag{1.10}$$

이 방법을 그림 1.7에 나타내었다.

벡터 $\vec{A}$의 x 성분과 벡터 $\vec{B}$의 x 성분을 더할 수 있다는 것을 주목하여라. 왜냐하면 이 벡터 성분에 모두 $\hat{\imath}$를 곱하고, 그 결과 벡터는 (x축을 따라) 같은 방향을 향할 것이기 때문이다. 마찬가지로 벡터 $\vec{A}$의 y 성분과 벡터 $\vec{B}$의 y 성분을 더할 수 있다. 왜냐하면 이 벡터 성분에 $\hat{\jmath}$를 곱하면 결과 벡터는 (y축을 따라) 같은 방향을 향하기 때문이다. 그러나 한 벡터의 x 성분과 그 벡터(혹은 다른 어떤 벡터의) y 성분을 더하지 말아야 한다.

예제 1.2 벡터 $\vec{F} = \hat{\imath} + 4\hat{\jmath}$이고, 벡터 $\vec{G} = -7\hat{\imath} - 2\hat{\jmath}$라면 $\vec{F}$와 $\vec{G}$를 더해 얻는 벡터 $\vec{H}$의 크기와 방향은 무엇인가?

성분으로 구하는 방법을 사용하면 벡터 $\vec{H}$의 x와 y 성분은 다음과 같다.

$$H_x = F_x + G_x = 1 - 7 = -6,$$
$$H_y = F_y + G_y = 4 - 2 = 2.$$

따라서 $\vec{H} = -6\hat{\imath} + 2\hat{\jmath}$이다. $\vec{H}$의 크기는

$$|\vec{H}| = \sqrt{H_x^2 + H_y^2} = \sqrt{(-6)^2 + (2)^2} = 6.32$$

이고, $\vec{H}$의 방향은

$$\theta = \arctan\left(\frac{H_y}{H_x}\right) = \arctan\left(\frac{2}{-6}\right) = -18.4°$$

이다. 하지만 arctan의 분모가 음수이므로 양의 축에서 반시계방향으로 측정한 벡터 $\vec{H}$의 각도는 $-18.4° + 180° = 161.6°$이다.

벡터 성분과 벡터합이 어떻게 복소수와 관련되어 있는지 궁금하다면 다음 절에서 그 답을 찾을 수 있다.

1.4 복소수

복소수를 이해하면 파동에 대한 공부가 훨씬 덜 신비롭게 되고, 아마 복소수는 실수 부분과 허수 부분이 있다는 것을 이미 알고 있을 것이다. 불행하게도 "허수"라는 용어는 복소수의 성질과 유용함에 대해 혼동을 불러일으킨다. 이 절에서 파동함수에서 사용할 수 있도록 복소수에 대한 복습을 할 것이고, 이는 다음 절에서 논의할 Euler 관계에 대한 기초가 될 것이다.

많은 학생들은 복소수에 대한 기하학적 기초와 $\sqrt{-1}$(물리학과 수학에서는 i로 쓰고, 공학에서는 j로 쓴다)의 의미는 고대 수학자가 처음 제안하지 않고, 18세기에 노르웨이와 덴마크 탐험가이자 지도제작자인 Caspar Wessel이 제안했다는 사실에 놀란다.

그의 직업을 생각해보면 Wessel은 방향성이 있는 선분("벡터"라는 용어는 아직 흔히 사용하지 않았다)의 수학에 대해 오래 생각했을 것이다. 특히 1.3절에서 설명한 "머리에서 꼬리" 방법을 이용해서 벡터를 더하는 방법은 Wessel이 제안하였다. 그리

고 두 방향이 있는 선분을 곱하는 방법을 상상하면서 Wessel은 복소수평면의 개념에 대한 기초를 제공하는 $\sqrt{-1}$의 의미를 기하학적으로 이해하게 되었다.

복소수평면을 이해하기 위해 그림 1.8의 왼쪽에 나타낸 숫자선을 고려하자. 무한 개의 실수 중 몇 개의 위치를 이 숫자선에 나타내었다. 이러한 숫자선은 수천년동안 사용했지만 (탐험가이자 지도제작자인) Wessel은 이차원적으로 생각하였다. 그는 다른 숫자선이 첫 숫자선에 대해 90°로 있는 것을 상상하고, 그림 1.8의 오른쪽에 나타내었듯이 같은 그래프에 두 숫자선을 그려 놓았다.

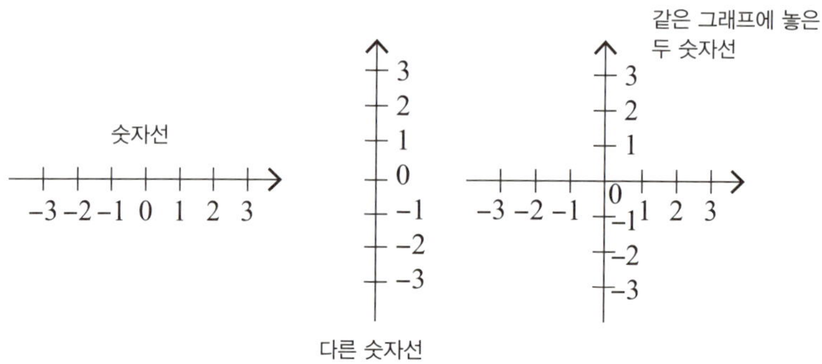

그림 1.8 이차원의 숫자선.

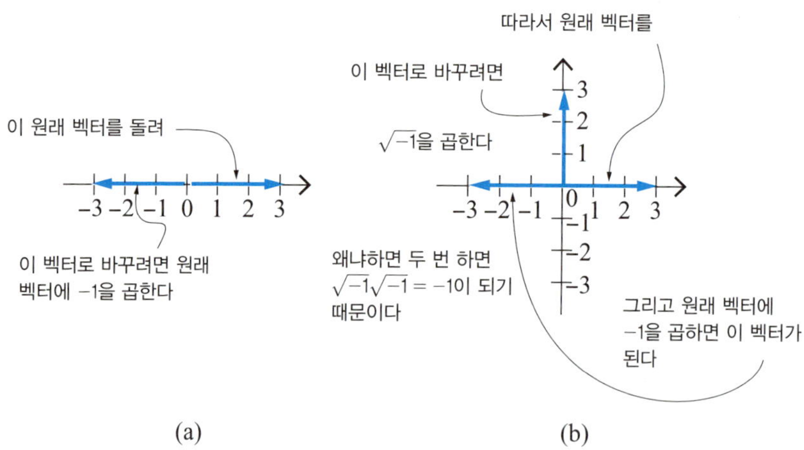

그림 1.9 90°회전하는 연산자로 본 $\sqrt{-1}$.

그림 1.9(a)에 있는 방향이 있는 선분, 혹은 벡터를 생각해보자. 1.3절의 스칼라곱의 규칙을 통해 원래 벡터의 방향을 뒤집으려면 그림 1.9(a)에 나타낸 것과 같이 단순히 -1을 곱하면 된다.

이제 두 개의 수직한 숫자선이 있는 그림 1.9(b)를 보고, 원래 오른쪽을 향한 벡터를 90° 회전하여 수평 숫자선이 아니라 수직 숫자선을 향하는 작용을 상상해보자. 이 같은 과정을 (이제 수직한) 벡터에 적용하면, 이 벡터는 다시 90° 회전할 것이고, 이 벡터는 수평 숫자선에서 왼쪽을 향하게 될 것이다.

그러나 벡터의 방향을 뒤집으려면 벡터에 -1을 곱해야한다는 것을 알고 있다. 그리고 -1을 곱해서 180° 회전을 얻었다면 그림에 나타낸 각각의 90° 회전은 $\sqrt{-1}$을 곱한 것에 해당되어야 한다.

그래서 $i(\sqrt{-1})$을 생각하는 매우 유익한 방법은 임의의 벡터에 적용하면 회전시키는 연산자로 생각하는 것이다.

따라서 두 수직한 숫자선은 현재 복소수 평면으로 알고 있는 기준을 만든다. 불행히도 $\sqrt{-1}$을 곱하면 수평 숫자선에서 수직 숫자선으로 갈 때 필요하므로 수직 숫자선에 있는 숫자를 "허수"라고 부른다. "불행히도"라고 말한 것은 이 숫자는 수평 숫자선에 있는 숫자만큼 실제적이기 때문이다. 그러나 이 용어가 많이 쓰이고, 복소수에 대해 처음 배웠을 때 복소수는 "실수"와 "허수" 부분이 있다고 배웠을 것이다.

이것은 보통 다음과 같이 쓴다.

$$z = \text{Re}(z) + i[\text{Im}(z)]. \tag{1.11}$$

여기서 복소수 z는 실수 부분[$\text{Re}(z)$]와 허수 부분[$\text{Im}(z)$]로 구성되어 있음을 볼 수 있고, i를 분명하게 써서 허수 부분은 수직한 숫자선에 있다는 것을 나타내었다.

식 (1.11)을

$$\vec{A} = A_x\hat{\imath} + A_y\hat{\jmath} \tag{1.7}$$

이었던 1.3절의 식 (1.7)과 비교하면 이 표현 사이에 비슷한 점을 볼 수 있을 것이다. 두 경우 식의 좌변에 있는 양은 (z나 $\vec{A}$) 우변의 두 항을 더한 것과 같다고 써있다. 그리고 벡터 표현 식 (1.7)에서 두 항이 다른 방향을 나타내어 대수적으로 더할 수 없듯이, 복소수 표현인 식 (1.11)의 항도 다른 숫자선에 있어서 대수적으로 더할 수 없다.

다행히도 일단 벡터에 대한 수학적 연산을 이해하면 같은 연산 중 일부를 복소수에 적용할 수 있다. 그 방법은 복소수의 실수 부분을 벡터의 x 성분으로, 복소수의 허수 부분을 벡터의 y 성분으로 취급하는 것이다. 그래서 복소수의 크기를 구하려면 다음과 같이 쓰고

$$|z| = \sqrt{[\mathrm{Re}(z)]^2 + [\mathrm{Im}(z)]^2} \tag{1.12}$$

실수축으로부터 복소수의 각도는

$$\theta = \arctan\left(\frac{\mathrm{Im}(z)}{\mathrm{Re}(z)}\right) \tag{1.13}$$

이다.

복소수의 크기를 구하는 다른 방법은 숫자의 "복소수 켤레"를 이용하는 것이다. 복소수의 복소수 켤레는 (z^*와 같이) 별표를 위 첨자로 쓰고, 수의 허수 부분의 부호를 바꾸어 얻는다. 따라서 복소수 z와 그 복소수 켤레 z^*는 다음과 같다.

$$\begin{aligned} z &= \mathrm{Re}(z) + i[\mathrm{Im}(z)], \\ z^* &= \mathrm{Re}(z) - i[\mathrm{Im}(z)]. \end{aligned} \tag{1.14}$$

복소수의 크기를 구하려면 단순히 복소수를 그 복소수 켤레를 곱하고 그 결과에 제곱근을 취하면 된다.

$$|z| = \sqrt{z^* z}. \tag{1.15}$$

이 방법이 식 (1.12)와 일치하는지 보려면 실수와 허수 성분을 항별로 곱해보면

$$\begin{aligned} |z| = \sqrt{z^* z} &= \sqrt{[\mathrm{Re}(z) - i[\mathrm{Im}(z)]][\mathrm{Re}(z) + i[\mathrm{Im}(z)]]} \\ &= \sqrt{[\mathrm{Re}(z)][\mathrm{Re}(z)] - i^2[\mathrm{Im}(z)][\mathrm{Im}(z)] + i[\mathrm{Re}(z)][\mathrm{Im}(z)] - i[\mathrm{Re}(z)][\mathrm{Im}(z)]} \\ &= \sqrt{[\mathrm{Re}(z)][\mathrm{Re}(z)] + [\mathrm{Im}(z)][\mathrm{Im}(z)]} = \sqrt{[\mathrm{Re(z)}]^2 + [\mathrm{Im(z)}]^2} \end{aligned}$$

이 되어 식 (1.12)와 같다는 것을 볼 수 있다.

복소수의 실수와 허수 부분은 두 개의 다른 숫자선과 관련된 정보를 주므로 복소수를 그래프에 나타내려면 그림 1.10에 여러 복소수를 나타내었듯이 두 숫자선을 표시해야 한다.

이것을 가끔 복소수를 직각좌표 형태로 그린다고 말하지만, 복소수의 실수와 허수

부분을 그림 1.11에 나타낸대로 식 (1.12)와 (1.13)을 이용하여 크기와 각도로 변환할 수 있다.

복소수 z의 크기($|z|$)와 위상(θ)을 알면 그림 1.11의 기하학적 상황을 보면 z의 실수(Re)와 허수(Im) 부분은

$$\begin{aligned} \mathrm{Re}(z) &= |z|\cos\theta, \\ \mathrm{Im}(z) &= |z|\sin\theta \end{aligned} \tag{1.16}$$

을 이용하여 구할 수 있다.

복소수의 극좌표 형태는 가끔

$$\text{복소수} = \text{크기}\angle\text{각도}$$

의 형태로, 즉 다음과 같이 쓴다.

$$z = |z|\angle\theta. \tag{1.17}$$

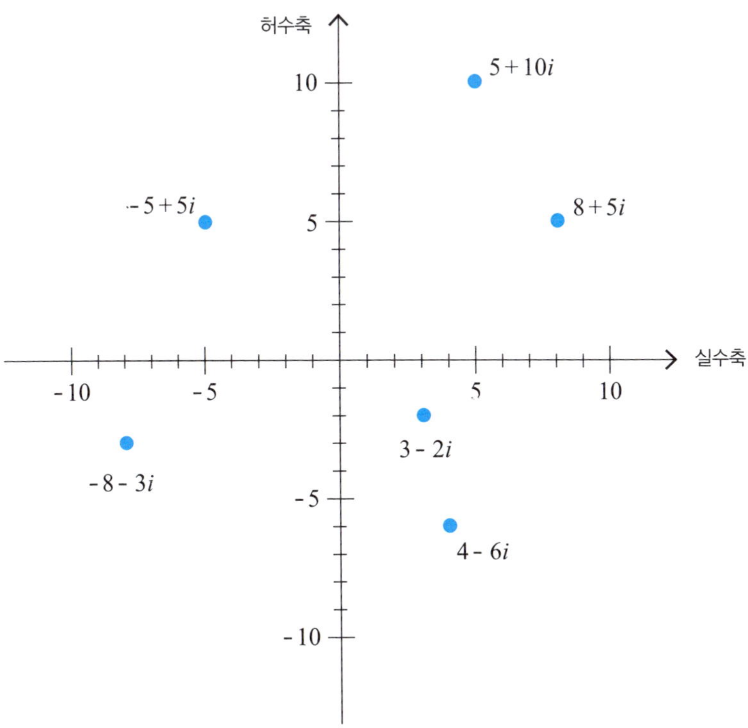

그림 1.10 복소수 평면에서 직각좌표 형태로 나타낸 복소수.

예제 1.3 그림 1.10에 있는 각 복소수의 크기와 각도를 구하여라.

직각좌표에서 극좌표로 변환하는 식[식(1.12)와 식 (1.13)]을 그림 1.10에 적용하여 각각의 크기와 각도를 결정할 수 있다. 복소수 $z = 5 + 10i$에 대해 $\mathrm{Re}(z) = 5$이고 $\mathrm{Im}(z) = 10$이므로 이 숫자에 대해서는

$$|z| = \sqrt{[\mathrm{Re}(z)]^2 + [\mathrm{Im}(z)]^2} = \sqrt{(5)^2 + (10)^2} = 11.18$$

이고 각도는 다음과 같다.

$$\theta = \arctan\left(\frac{\mathrm{Im}(z)}{\mathrm{Re}(z)}\right) = \arctan\left(\frac{10}{5}\right) = 63.4°.$$

마찬가지로 복소수 $-5 + 5i$에 대해서 $\mathrm{Re}(z) = -5$이고 $\mathrm{Im}(z) = 5$이므로

$$|z| = \sqrt{[\mathrm{Re}(z)]^2 + [\mathrm{Im}(z)]^2} = \sqrt{(-5)^2 + (5)^2} = 7.07$$

이고 실수축으로부터 각도는 다음과 같다.

$$\theta = \arctan\left(\frac{\mathrm{Im}(z)}{\mathrm{Re}(z)}\right) = \arctan\left(\frac{5}{-5}\right) = -45°.$$

여기서도 arctan의 분모가 음수이므로 양의 실수축으로부터 반시계 방향으로 측정한 각도는 $-45 + 180 = 135°$이다.

그림 1.10의 모든 여섯 개의 복소수에 대한 크기와 각도 값을 그림 1.12에 나타내었다.

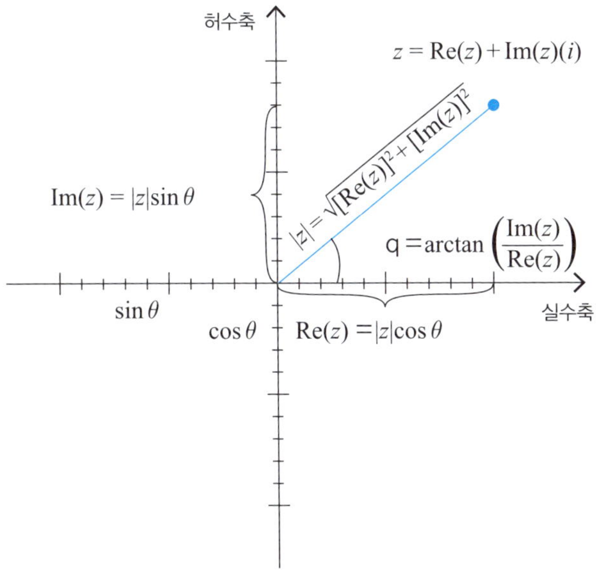

그림 1.11 직각좌표 형태를 극좌표 형태로 변환하기.

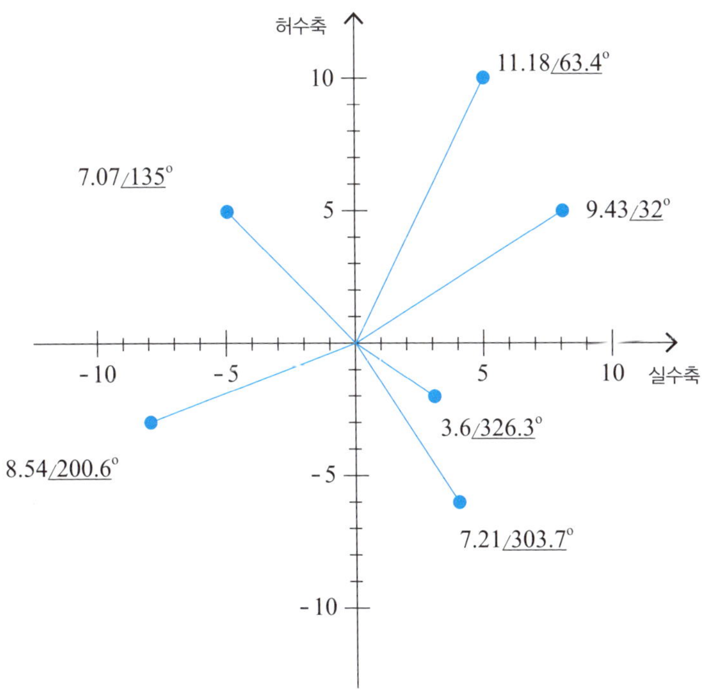

그림 1.12 복소수 평면에서 극좌표로 나타낸 복소수.

복소수와 복소수 평면 사이의 관계를 이해하면 복소수 평면에서 무한히 많은 숫자의 특별한 부분집합을 고려하는 것이 도움이 된다. 그 부분집합은 원점 주위로 정확히 거리가 1인 원을 만드는 점이다. 이 점으로 이루어진 원은 단위길이가 반지름이므로 "단위원"으로 부른다.

단위원이 유용한 것을 보기 위해 그림 1.13을 보자. 단위원 위에 있는 임의의 복소수 는 길이(크기)가 1이고 각도는 θ인 벡터로 그릴 수 있다. 식 (1.16)을 이용하면 단위원 위에 있는 임의의 숫자의 실수와 허수 성분은

$$\begin{aligned}\mathrm{Re}(z) &= |z|\cos\theta = 1\cos\theta,\\ \mathrm{Im}(z) &= |z|\sin\theta = 1\sin\theta\end{aligned} \tag{1.18}$$

이므로 단위원 위에 있는 임의의 점은

$$z = \cos\theta + i\sin\theta \tag{1.19}$$

로 쓸 수 있다.

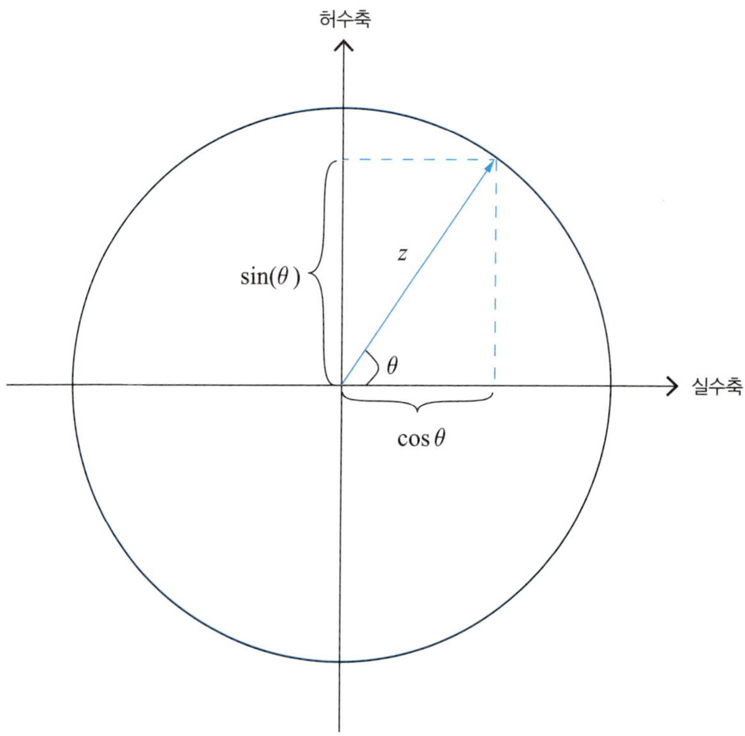

그림 1.13 복소수 평면에서 단위원.

z가 올바른 크기를 갖는지 확인하고 싶으면 식 (1.15)를 적용하면 된다.

$$\begin{aligned}|z| &= \sqrt{z^*z}\\ &= \sqrt{(\cos\theta - i\sin\theta)(\cos\theta + i\sin\theta)}\\ &= \sqrt{\cos^2\theta + \sin^2\theta + i\sin\theta\cos\theta - i\sin\theta\cos\theta}\\ &= \sqrt{\cos^2\theta + \sin^2\theta} = \sqrt{1} = 1\end{aligned}$$

으로 단위원 위의 점에 대해 예상한 결과이다.

복소수 평면에서 단위원은 "위상자"라고 부르는 벡터의 형태로 이해할 때 매우 유익하다. 다른 저자들은 위상자에 대해 다른 정의를 사용해도 대부분의 교재에서 위상자는 복소수 평면에서 단위원 주위로 끝이 회전하는 벡터로 설명하는 것을 볼 것이다. 이와 같은 위상자를 그림 1.14에 나타내었다.

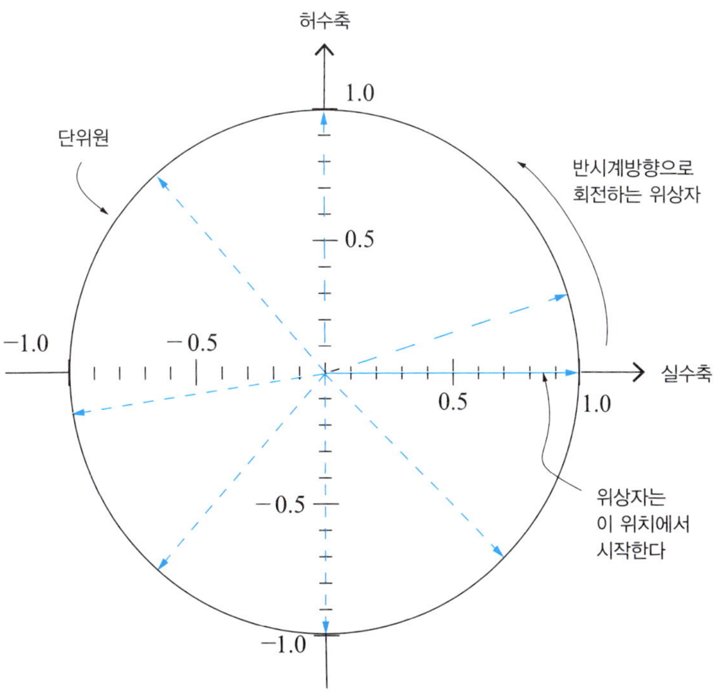

그림 1.14 회전하는 위상자.

이 그림에서 위상자는 원점에서 단위원으로 향한다는 것을 주목하자. 이 특정한 위상자는 처음에는 양의 실수축을 향한다. θ가 증가할수록(더 양수가 되면) 위상자는 단위 길이를 유지하면서 반시계방향으로 회전한다. 한 주기가 지난 후 위상자는 양의 실수축을 따라 원래 위치로 돌아온다.[4] θ가 감소하면(덜 양수가 되거나 더 음수가 되면) 위상자는 시계방향으로 회전한다.

위상자가 파동을 분석할 때 매우 유용한 한 가지 이유를 그림 1.15에 나타내었다. 그림의 오른쪽 부분에 나타낸대로 위상자가 회전할 때 위상자를 허수축에 투영하면 θ가 증가함에 따라 사인 파동을 따라가고, 실수축에 위상자를 투영시키면 θ가 늘어날 때 코사인 파동이 된다.

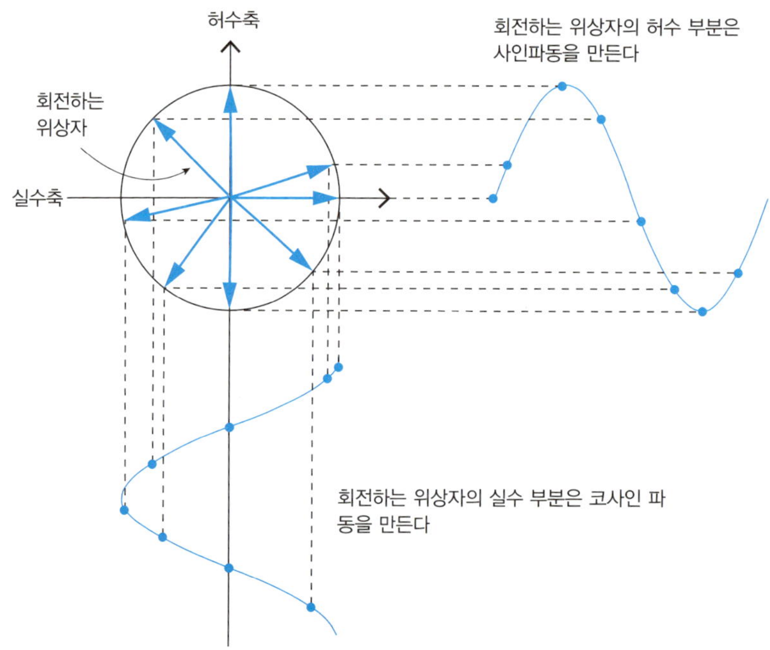

그림 1.15 회전하는 위상자의 실수와 허수 부분.

따라서 회전하는 위상자는 파동의 변화하는 위상을 잘 나타낼 수 있고, Euler 관계를 이용하면 위상자를 이용한 수학적 연산을 하는 방법을 얻는다. 이것이 다음 절의 주제이다.

---

4 문제에 따라 다른 위치를 처음 혹은 "기준" 위치로 선택할 수 있다.

1.5 Euler 관계

앞 절에서 z에 대한 표기법은 실수와 허수 부분을 분리할 때 유익하지만, z를 이용하여 계산이나 미적분을 시작할 때 바로 지저분해진다. z를 정의할 때 필요한 모든 정보를 사용하기 쉬운 θ의 함수에 집어넣는 것이 좋을 것이다. 복소수 z를 $z = \text{Mag}\angle\theta$로 쓰는 것이 올바른 방향으로 취할 단계이지만, 이러한 표현을 이용하여 (다른 복소수와 곱하거나 미분을 취하는 것과 같은) 수학적 연산을 하는가? 이를 위해 z를 크기와 위상이 있는 함수로 표현할 필요가 있고, 그것은 바로 $z = \cos\theta + i\sin\theta$와 동등하다.

그 함수를 찾기 위한 한 가지 방법은 미분이 어떤 형태인지 살펴보는 것이다. 사인과 코사인을 포함하는 의 형태의 일차미분은 다음과 같다.

$$\frac{dz}{d\theta} = -\sin\theta + i\cos\theta = i(\cos\theta + i\sin\theta) = iz. \tag{1.20}$$

(i에 i를 곱하면 -1이 됨을 기억하자.) 이차미분은 다음과 같다.

$$\frac{d^2z}{d\theta^2} = -\cos\theta - i\cos\theta = i^2(\cos\theta + i\sin\theta) = i^2z = -z. \tag{1.21}$$

따라서 미분을 할 때마다 i가 한 번씩 튀어나오지만, 이를 제외하고 함수가 변하지는 않는다.

여기서 z를 구하려면 미분방정식 $dz/d\theta = iz$를 풀거나 (물리학자들이 좋아하는 미분방정식을 푸는 한 가지 방법인) 답을 짐작하면 된다. 장의 끝에 있는 문제와 책의 웹사이트에 있는 해답에서 미분방정식을 푸는 방법을 볼 수 있지만 여기서는 짐작하는 접근 방법을 사용하겠다.

식 (1.20)을 보면 θ가 변할 때 함수 z의 변화(즉 기울기 $dz/d\theta$)는 함수(z)에 상수(i)를 곱한 것과 같다. θ에 대해서 한 번 미분할 때마다 i가 한 번씩 튀어나오므로, 함수 내부에서 θ에 i를 곱한다는 것을 암시한다. 처음으로 함수 z에 대해 간단히 $i\theta$로 짐작해볼 수 있지만, 이 경우 한 번 미분한 후 θ는 사라진다. 따라서 함수 z에 대한 더 나은 짐작은 $i\theta$의 어떤 고차식일 것이다. 이때 "어떤"이라는 것은 라고 부르면 매우 특별한 값을 가져야 미분 ($da^{i\theta}/d\theta$)가 i만 꺼내게 되고, 함수는 변하지 않게 만들 수 있다.

$i\theta$를 x로 쓰면 $da^x/dx = a^x$가 되는 a값을 찾고 있다. 이는 함수의 기울기가 모든 x값에 대해 함수값과 같아야 한다는 것을 뜻한다. 가능한 a값을 보기 위해 그림 1.16

에 a^x를 x에 대해 그렸다. a가 2이면 $x=1$에서 a^x의 값은 $2^1=2$이고, 미분 $d(2^x)/dx$를 $x=1$에서 구한 기울기는 1.39이다. (너무 작다.) a가 3이면 $x=1$에서 a^x의 값은 $3^1=3$이고, 기울기는 3.30이다. (너무 크다.) 그러나 a가 2와 3 사이에서 2.72 정도의 적당한 값에 대해서는 $x=1$에서 a^x의 값은 $2.72^1=2.72$이고, 기울기는 2.722이다. 이 값은 매우 가깝고, 함수와 그 기울기가 정확히 같은 값을 가지려면 $a=2.718$에 더 아래 자리수의 숫자를 무한히 더해야 한다. 와 마찬가지로 이 무리수에 e라는 이름을 붙이는 것이 가장 쉽고, "Euler 수"라고도 부른다.

이제 복소수를 함수형태를 쓸 수 있는 모든 조각이 완성되었다. 즉 $z=e^{i\theta}$이다. z를 θ에 대해 한 번 미분하면 다음을 얻는다.

$$\frac{dz}{d\theta}=i(e^{i\theta})=iz. \tag{1.22}$$

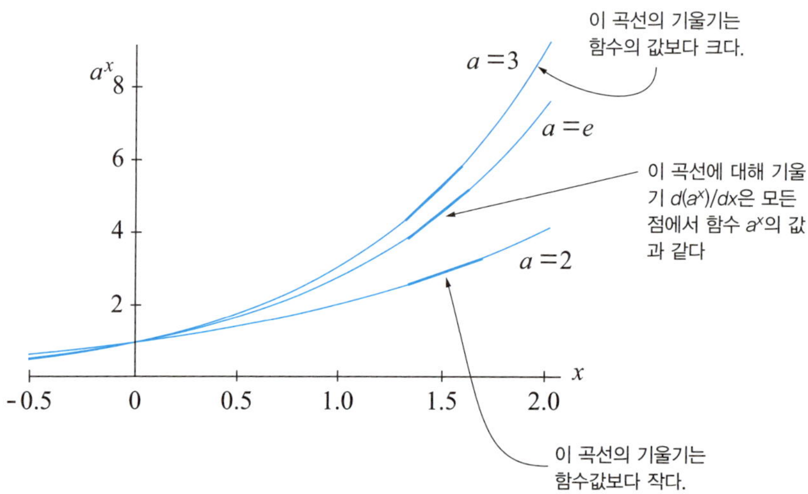

그림 1.16 e가 특별한 이유를 나타내는 그림.

그리고 이차미분은

$$\frac{d^2z}{d\theta^2}=i^2(e^{i\theta})=i^2z \tag{1.23}$$

이다. $z=\cos\theta+i\sin\theta$를 이용하여 식 (1.20)과 (1.21)을 구했을 때도 같은 결과를 얻었다. z에 대한 이 두 표현을 서로 같게 놓으면 Euler 관계를 얻는다.

$$e^{\pm i\theta} = \cos\theta \pm i\sin\theta. \tag{1.24}$$

일부 수학자와 물리학자는 이 식이 세상의 모든 식 중에서 가장 중요한 식이라고 생각한다. Euler의 관계에서 식의 양변은 단위원을 복소수로 표현한 것이다. 좌변은 (1에 $e^{i\theta}$를 곱한) 크기와 복소수 평면의 방향(θ)을 강조하였고, 우변은 실수 성분($\cos\theta$)과 허수 성분($\sin\theta$)을 강조한 것이다. Euler 관계의 두 측면이 동등하다는 것을 나타내는 다른 접근 방법은 각 변을 멱급수로 쓰는 것이다. 이것이 어떻게 작동하는지는 연습문제와 온라인 해답에서 볼 수 있다.

파동함수를 논의하기 위해 이 절과 앞 절에서 개발한 개념을 사용하기 전에 e^{ix}라는 표현의 지수에 i가 있는 것에 대한 중요성을 잠깐 강조하고 싶다. 이것이 없으면 e^x라는 표현은 그림 1.17(a)에서 보듯이 x가 증가함에 따라 단순히 지수함수적으로 증가하는 실수이다. 그러나 (복소수 평면에서 두 개의 수직한 숫자선 사이에 회전 연산을 하는) $\sqrt{-1}$이 지수에 있으면 e^{ix}라는 표면은 실수와 허수 숫자선 사이에서 움직인다. 이렇게 움직일 때 실수와 허수 부분은 그림 1.17(b)에 나타낸대로 사인함수 형으로 진동한다. 따라서 e^{ix}라는 표현의 실수와 허수 부분은 그림 1.15의 회전하는 위상자의 실수와 허수 성분과 정확히 같은 방법으로 진동한다.

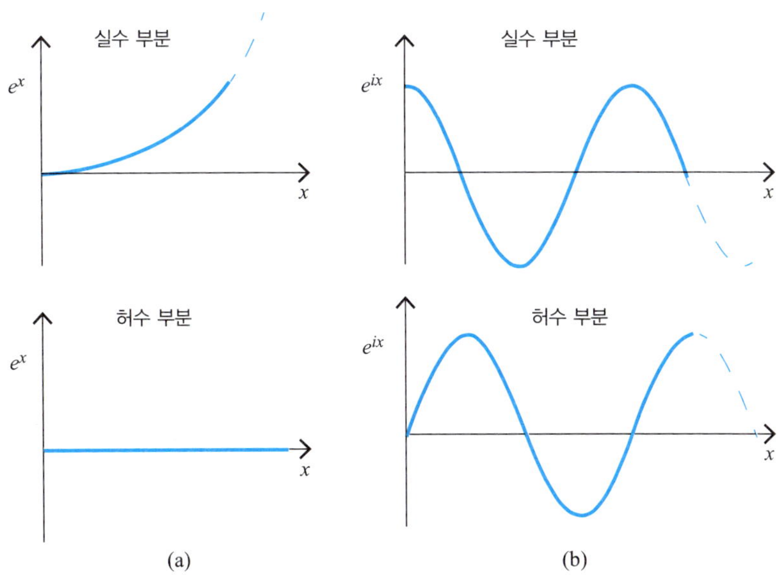

그림 1.17 e^x와 e^{ix}의 차이.

1.6 파동함수

파동함수라는 개념은 파동이론의 많은 적용 분야에서 유용하지만, 학생들은 종종 파동함수의 성질과 수학적 표현에 대해 확신하지 못한다. 이 불확실성은 파동함수 논의에서 흔히 사용하는 용어에서 나오므로, 이 절의 목표는 파동함수를 일상용어로, 그리고 수학적으로 정의하고, 파동 문제를 풀 때 사용방법을 보여줄 것이다.

간단히 말하면 임의의 파동의 파동함수는 모든 위치와 시간에서 파동의 흔들림의 값을 정의하는 함수이다. 파동함수에 대해 읽을 때 다음과 같은 겉으로 보기에 불필요하게 반복적인 표현을 보게 될 것이다. 즉

$$y(x, t) = f(x, t) \tag{1.25}$$

나

$$y = f(x, t) \tag{1.26}$$

혹은 아마도

$$\psi = f(x, t) \tag{1.27}$$

일 것이다.

이와 같은 식에서 y와 ψ는 파동의 변위를 나타내고[5] f는 진동수를 나타내지 않는다. 그 대신 f는 위치(x)와 시간(t)의 함수라는 것을 나타낸다. 그러면 함수란 정확히 무엇인가? 함수란 어떤 함수이든 시간과 공간에서 파동의 모양을 설명하는 것이다.

이것을 이해하려면 "x와 t의 함수"라고 말하는 것은 바로 "x와 t에 의존한다"는 것을 의미한다는 것을 기억하면 된다. 그래서 $y = f(x, t)$와 같은 식은 변위(y) 값은 위치(x)와 시간(t)에 의존한다는 것을 뜻한다.[6] 따라서 함수 f가 x와 t에 대해 매우 천천히 변할 때 파동이 만드는 흔들림의 큰 차이를 보려면 멀리 떨어진 두 위치나 큰 두 시간 간격 사이에서 파동을 보아야 한다.

5 "변위"는 반드시 물리적인 위치의 변화를 나타내지 않는다는 것을 기억하여라. 파동이 만들어내는 어떤 흔들림도 변위에 해당한다.

6 이 절에서는 x축을 따라 움직이는 파동만을 고려할 것이므로 임의의 위치는 x 값으로 지정한다. 이것은 다른 방향으로 이동하는 파동에서 일반화할 수 있다.

그리고 함수 f를 선택하면 파동의 모양을 결정하므로 식 (1.25)에서 (1.27)까지 보면 임의의 위치나 시간에서 파동의 변위는 파동의 모양과 그 위치에 의존한다는 것을 알 수 있다.

파동의 모양을 생각하는 가장 쉬운 방법은 어떤 주어진 순간에 파동의 순간사진을 찍는 것을 상상하면 된다. 표기법을 단순하게 하기 위해 순간사진을 찍은 시각을 $t=0$이라고 하고, 이 첫 번째 순간사진에 대해 나중에 찍은 사진의 시각을 나타낼 것이다. 첫 번째 순간사진을 찍은 시각에 식 (1.26)은 다음과 같이 쓸 수 있다.

$$y = f(x, 0). \tag{1.28}$$

많은 파동은 시간이 지나도 같은 모양을 유지한다. 파동은 진행방향으로 움직이지만 모든 골과 마루는 같이 움직여서 파동이 움직일 때 모양은 변하지 않는다. 이와 같은 "비분산적인" 파동에 대해 $f(x,\ 0)$는 $f(x)$로 쓸 수 있다. 왜냐하면 파동의 모양은 순간사진을 찍은 때에 의존하지 않기 때문이다. 이때 함수 $f(x)$는 "파동 윤곽"이라고 부를 수 있다. 파동 윤곽의 몇 가지 예를 들면 다음과 같다.

$$\begin{aligned} y &= f(x, 0) = A\sin(kx), \\ y &= f(x, 0) = A[\cos(kx)]^2, \\ y &= f(x, 0) = \frac{1}{ax^4 + b}. \end{aligned} \tag{1.29}$$

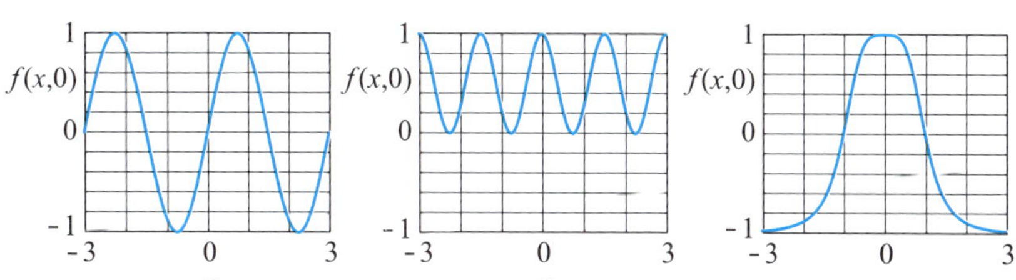

그림 1.18 식 (1.29)에 주어진 파동 윤곽의 그래프.

이 파동 윤곽에 대한 그래프를 그림 1.18에 나타내었다. 이 파동 윤곽은 그림 1.1과 같은 이전의 파동에 대한 그림과 매우 비슷하다. 이것은 이 책과 같이 정적인 환경에서 시간과 공간의 함수를 나타낼 때 생기는 제한 때문이다. 파동과 파동 윤곽의 차이를 보기 위해 그림 1.18(a)와 같이 사인 파동의 몇 주기를 그리는 것을 상상해보자. 매번 파동 윤곽이 왼쪽이나 오른쪽으로 약간씩 이동하는 것을 다른 종이에 그리는 것을 상상하자. 책을 넘겨보면 각 페이지가 어떤 순간의 파동 윤곽을 나타내고, 시간이 지나면서 움직이는 파동을 볼 수 있다.

일단 파동 윤곽 $f(x)$를 얻으면 파동함수 $y(x, t)$는 금방 구할 수 있다. 이 단계로 가려면 파동이 만들어내는 흔들림은 공간과 시간에 의존한다는 사실을 포함하는 방법을 생각해야 한다. 이 장의 첫 번째 절에 있는 정의에 의하면 어떻게 할 수 있는가에 대한 힌트를 얻을 수 있다. 변위는 "그 위치와 시간에서 파동이 얼마나 큰가?"하는 질문에 답을 주고, 위상은 "어느 공간과 시간에 파동의 어떤 부분(예를 들어 골이나 마루)이 있는가?"에 대한 답을 준다는 것을 기억하자. 따라서 변위의 함수 의존은 파동의 위상과 관계있음을 알 수 있다.

이를 명확하게 보기 위해 1.2절에서 파동의 위상은 공간($\Delta\phi_{\text{const}\,t} = k\,\Delta x$)과 시간($\Delta\phi_{\text{const}\,x} = \omega\,\Delta t$)에 의존한다고 한 것을 기억하자. 따라서 공간과 시간에 대한 전체 위상 변화는 다음과 같이 쓸 수 있다.

$$\Delta\phi = \phi - \phi_0 = k\,\Delta x \pm \omega\,\Delta t. \tag{1.30}$$

여기서 "±"는 이 절의 후반부에서 논의하겠지만 양쪽 방향으로 파동이 진행하는 것을 나타낸다. 위치의 변화를 $\Delta x = x - x_0$로, 시간 변화를 $\Delta t = t - t_0$로 쓰면, $x_0 = 0$, $t_0 = 0$로 선택할 수 있고, 따라서 $\Delta x = x$이고, $\Delta t = t$가 된다. 처음 위상 ϕ_0를 0으로 취하면 임의의 위치(x)와 시간(t)에서 다음과 같이 쓸 수 있다.

$$\phi = kx \pm \omega t. \tag{1.31}$$

따라서 변위에 대한 함수 형태는

$$y(x, t) = f(kx \pm \omega t) \tag{1.32}$$

로 쓸 수 있고, 함수 f는 파동의 모양을 결정하고, 함수의 변수(즉, $kx \pm \omega t$)는 각 위치(x)와 시간(t)에서 파동의 위상 ϕ이다.

이 식은 여러 파동 문제를 풀 때 매우 유익하고, 여기에 파동의 속력이 자연스럽게 들어가 있다. 이 표현에서 파동의 속력과 방향을 구하는 방법을 설명하기 전에 특정한 파동함수의 예를 들어 이를 사용하여 주어진 위치와 시간에서 파동의 흔들림을 어떻게 결정하는지 알아보도록 하자.

예제 1.4 다음의 파동함수

$$y(x, t) = A\sin(kx + \omega t) \tag{1.33}$$

으로 주어지는 파동을 고려하자. 여기서 파동진폭(A)는 3 미터이고, 파장(λ)는 1 미터이고, 파동주기(T)는 5 초이다. 위치 $x = 0.6$ m, 시각 $t = 3$ s에서 변위 $y(x, t)$ 값을 구하여라.

한 가지 방법은 이 파동을 책장을 넘기는 방법으로 생각하는 것이다. 파동의 진폭은 이 파동의 봉우리를 얼마나 크게 만들 수 있는지 알려주고, 파장은 각 페이지에서 봉우리 사이는 얼마나 떨어져있는지 알려주고, 파동주기는 책의 페이지 사이에 파동이 얼마나 이동하는지 알려준다. (왜냐하면 매 주기 동안 진행방향으로 한 파장의 거리를 이동하기 때문이다.) 그 다음 이 책을 3 초라는 시간에 해당하도록 책장을 넘기고 x축을 따라 거리 0.6 미터에서 파동의 y값(변위)를 측정하면 된다.

다른 방법은 각 변수를 식 (1.33)에 대입하는 것이다. 1 미터의 파장은 파동수가 $k = 2\pi/1 = 2\pi$ rad/m라는 뜻이고, 주기가 5 초라는 것은 진동수가 $f = 1/5 = 0.2$ Hz (그리고 각진동수는 $\omega = 2\pi f = 0.4\pi$ rads)라는 것을 의미한다. 이 값을 대입하면 다음을 얻는다.

$$\begin{aligned} y(x, t) &= A\sin(kx + \omega t) \\ &= (3\text{ m})\sin[(2\pi\text{ rad/m})(0.6\text{ m}) + (0.4\pi\text{ rad/s})(3\text{ s})] \\ &= (3\text{ m})\sin(2.4\pi\text{ rad}) = 2.85\text{ m}. \end{aligned}$$

어떻게 파동의 속력과 방향이 식 (1.32)에 들어있는지 이해하려면 $f(x)$와 같은 함수에 그 변수값에 $f(x+1)$이나 $f(x-1)$과 같이 변수에 다른 항을 더하거나 빼면 함수가 어떻게 변하는지 이해하면 도움이 된다. 그림 1.19에 있는 삼각형 펄스 함수의 값에 대한 표와 그래프를 살펴보자.

x	$f(x)$
–2	$f(-2) = 0$
–1	$f(-1) = 0$
0	$f(0) = 0$
1	$f(1) = 1$
2	$f(2) = 2$
3	$f(3) = 1$
4	$f(4) = 0$

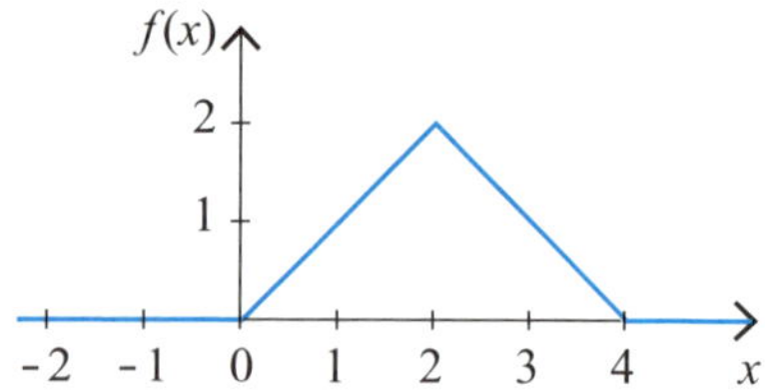

그림 1.19 삼각형 펄스 파동형태에 대한 x의 함수인 $f(x)$.

이제 함수 $f(x+1)$에 대한 비슷한 표와 그래프를 만들어 어떤 일이 일어나는지 상상해보자. 많은 학생들은 이렇게 하면 함수가 오른쪽으로(즉, 양의 방향으로) 이동한다고 가정한다. 왜냐하면 "x에 어떻게든 1을 더하기" 때문이다. 그러나 그림 1.20에서 보듯이 사실은 그 반대이다. 변수에 x 항에 같은 부호의 상수를 더하면(이 경우 x 항과 상수(1) 앞의 부호는 "+"로 양의 부호이다) 함수를 왼쪽으로(즉, 음의 x 방향으로) 이동시킨다.

그림 1.20의 표에 있는 값을 보면 왜 이것이 맞는지 볼 수 있다. 함수의 변수 안에 있는 x에 +1을 더하면 함수는 더 작은 x 값에서 주어진 값에 도달한다. 그러므로 함수는 오른쪽이 아니라 왼쪽으로 이동한다.

x	$f(x)$	$f(x+1)$
–2	$f(-2) = 0$	$f(-2+1) = f(-1) = 0$
–1	$f(-1) = 0$	$f(-1+1) = f(0) = 0$
0	$f(0) = 0$	$f(0+1) = f(1) = 1$
1	$f(1) = 1$	$f(1+1) = f(2) = 2$
2	$f(2) = 2$	$f(2+1) = f(3) = 1$
3	$f(3) = 1$	$f(3+1) = f(4) = 0$
4	$f(4) = 0$	$f(4+1) = f(5) = 0$

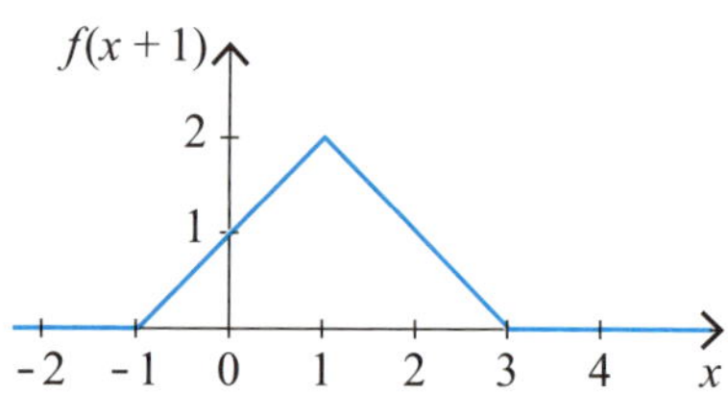

그림 1.20 삼각형 펄스 파동형태에 대한 x의 함수인 $f(x+1)$.

x	$f(x)$	$f(x-1)$
–2	$f(-2) = 0$	$f(-2-1) = f(-3) = 0$
–1	$f(-1) = 0$	$f(-1-1) = f(-2) = 0$
0	$f(0) = 0$	$f(0-1) = f(-1) = 0$
1	$f(1) = 1$	$f(1-1) = f(0) = 0$
2	$f(2) = 2$	$f(2-1) = f(1) = 1$
3	$f(3) = 1$	$f(3-1) = f(2) = 2$
4	$f(4) = 0$	$f(4-1) = f(3) = 1$

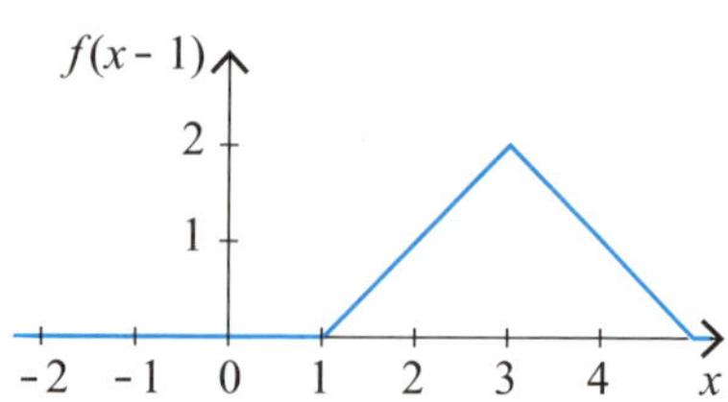

그림 1.21 삼각형 펄스 파동형태에 대한 x의 함수인 $f(x-1)$.

같은 논리를 따르면 그림 1.21에 나타내었듯이 왜 함수 $f(x-1)$이 오른쪽(양의 x 방향)으로 이동하는지 볼 수 있을 것이다.

양의 상수를 더하면 함수를 항상 음의 x 방향으로 이동시키는가? $f(-x+1)$과 같은 함수라면 그렇지 않다. 이 경우 함수는 $f(-x)$에 대해 양의 x 방향으로 이동한다. 왜냐하면 x의 부호가 음수이고, 상수(1)은 양수이기 때문이다. 마찬가지로 $f(-x-1)$은 음의 x 방향으로 이동한다. (왜 그런지 모르면 연습문제와 온라인 해답을 참고하기 바란다.)

이것을 염두에 두면

$$y(x, t) = f(kx + \omega t) \tag{1.34}$$

와 같은 함수는 (x항의 부호와 시간 항의 부호가 같으므로) 음의 x 방향으로 이동하는 파동을 나타내고,

$$y(x, t) = f(kx - \omega t) \tag{1.35}$$

는 (x 항의 부호와 시간 항의 부호가 반대이므로) 양의 x 방향으로 이동하는 파동을 나타낸다.[7]

파동의 방향을 아는 것은 도움이 되지만, 식 (1.32)에는 더 많은 정보가 있다. 특히 파동이 움직이는 주어진 점에서 속력(v)는 (이는 1.1절에서 설명한대로 파동의 "위상 속도"라고 부른다) 이 식에서 직접 구할 수 있다.

식 (1.32)에서 파동의 위상속력(v)를 구하려면 속력의 정의는 이동한 거리를 이 거리를 이동할 때 걸리는 시간으로 나누어서 얻는다는 것을 기억하면 도움이 된다. 파동이 한 주기에서 이 두 양(거리와 시간)을 안다. 왜냐하면 파동은 한 주기(T)에 해당하는 시간에 한 파장(λ)의 거리를 가기 때문이다. 거리를 시간으로 나누면 $v = \lambda/T$를 얻는다. 1.2절에서 $\lambda = 2\pi/k$이고, $T = 2\pi/\omega$인 것을 안다. 이 세 표현을 함께 사용하면

$$v = \frac{\lambda}{T} = \frac{2\pi/k}{2\pi/\omega} = \frac{2\pi}{k}\frac{\omega}{2\pi}$$

즉

7 변수 x와 t의 값은 양수이거나 음수일 수 있지만, 중요한 것은 이 항들 앞에 있는 부호가 중요하다는 것을 기억하여라.

$$v = \frac{\omega}{k} \tag{1.36}$$

을 얻는다.

이것은 매우 유용한 결과이다. 각진동수(ω)와 파동수(k)를 모두 알면 파동의 위상 속력은 ω를 k로 나누어 구할 수 있다. 그리고 식 (1.32)에 나타낸 것과 같은 함수가 주어지고, 파동속력을 구하고 싶다면 시간 항(t)에 곱해진 양을 위치 항(x)에 곱한 양으로 나누면 된다.

항상 단위가 제대로 작용하는지 물어보는 것이 도움이 된다. 식 (1.36)을 SI 단위로 쓰면

$$\left[\frac{\text{미터}}{\text{초}}\right] = \left[\frac{\text{라디안}}{\text{초}} \times \frac{\text{미터}}{\text{라디안}}\right] \tag{1.37}$$

이 되어 양변에 m/s가 남는다.

파동의 위상속력이 명확히 나타나는 식 (1.32)의 형태도 보게 될 것이다. 어떻게 작동하는지 보려면 각진동수(ω)는 $2\pi f$와 같고, $f = v/\lambda$임을 기억하자. 따라서 $\omega = 2\pi v/\lambda = kv$이므로 식 (1.32)는

$$\begin{aligned} y(x, t) &= f(kx \pm \omega t) \\ &= f(kx \pm kvt) = f[k(x \pm vt)] \end{aligned}$$

으로 쓸 수 있고, 이것은 가끔 다음과 같이 쓴다.

$$y(x, t) = f(x \pm vt). \tag{1.38}$$

식 (1.38)에서 f의 변수는 더이상 위상이 아니라는 것을 알아챘을 것이다. 왜냐하면 x와 vt 모두 라디안이 아닌 길이의 단위를 갖기 때문이다. 그 이유는 이 식의 목적은 단지 변위(f)가 x와 t의 함수 의존성을 나타내려고 하기 때문이다. 따라서 파동수(k)는 명시적으로 나타내지 않았다. 그러나 변수 $(x \pm vt)$에서 거리에 파동수(k)를 곱하면 (라디안의 단위로) 위상으로 변환시킬 수 있다.

1.7 파동함수의 위상자 표현

복소수 평면, Euler 관계와 위상자의 개념을 결합하면 파동함수를 분석하는 매우 강력한 도구를 얻을 수 있다. 어떻게 작동하는지 이해하기 위해 다음의 파동함수

$$
\begin{aligned}
y_1(x,t) &= A_1 \sin(k_1 x + \omega_1 t + \epsilon_1), \\
y_2(x,t) &= A_2 \sin(k_2 x + \omega_2 t + \epsilon_2)
\end{aligned}
\tag{1.39}
$$

로 표현되는 두 파동을 고려하자. 이 파동의 진폭이 같고(즉, $A_1 = A_2 = A$)이고, 파동이 또한 같은 파장과(따라서 파동수가 $k_1 = k_2 = k$로 같다), 같은 진동수(따라서 각진동수가 $\omega_1 = \omega_2 = \omega$로 같다)이고, 두 파동 사이의 유일한 차이는 위상상수(ϵ_1과 ϵ_2)라고 하자. ϵ_1을 0으로, ϵ_2를 $\pi/2$로 취하면 파동함수는 다음과 같다.

$$
\begin{aligned}
y_1(x,t) &= A \sin(kx + \omega t), \\
y_2(x,t) &= A \sin(kx + \omega t + \pi/2).
\end{aligned}
\tag{1.40}
$$

이 파동함수를 이차원 그래프로 그리려면 파동함수가 거리(x)의 함수로 행동하는 것을 보고 싶은지, 시간(t)의 함수로 행동하는 것을 보고 싶은지 결정해야 한다. 이 파동함수를 거리에 대해 그리려면 함수를 보고 싶은 시간 값을 선택해야 한다. 시간 $t = 0$에서 파동함수는

$$
\begin{aligned}
y_1(x,0) &= A \sin(kx), \\
y_2(x,0) &= A \sin(kx + \pi/2)
\end{aligned}
\tag{1.41}
$$

이고 모양은 그림 1.22에 나타내었다.

위상상수($\epsilon = \pi/2$)는 두 번째 파동함수(y_2)를 왼쪽으로 이동시키는 효과가 있다는 것에 주목하자. 왜냐하면 위상상수와 항의 부호가 같기 때문이다. (즉 둘 모두 양의 부호이다.) 또한 $\pi/2$ 라디안($90°$)인 양의 위상이동은 사인함수를 코사인 함수로 바꾸는 효과가 있다는 것도 주목하여라. 즉 $\cos(\theta) = \sin(\theta + \pi/2)$이다.

이제 이 파동을 거리(x) 대신 시간(t)의 함수로 그릴 때 어떻게 되는지 고려하자. 거리에 대해 그릴 때 특정한 시간을 선택했듯이, 이제는 시간에 대한 그림을 그릴 특정한 x 값을 선택해야 한다. $x = 0$으로 고르면 파동함수는 다음과 같다.

$$
\begin{aligned}
y_1(0,t) &= A \sin(\omega t), \\
y_2(0,t) &= A \sin(\omega t + \pi/2).
\end{aligned}
\tag{1.42}
$$

y_1과 y_2 같은 파동함수를 분석할 때 위상자 그림은 매우 유용하다. 그러나 파동함수를 사인이나 코사인 함수로 쓰고, 1.4절에서 논의한 위상자는 e^{ix}를 표현하도록 나타내었으므로 y_1과 y_2를 어떻게 위상자로 표현하는지는 분명하지 않다. 이를 이해하기 위해 Euler 관계

$$e^{\pm i\theta} = \cos\theta \pm i\sin\theta \tag{1.24}$$

를 보고, $e^{i\theta}$에 $e^{-i\theta}$를 더하면 무엇을 얻는지 살펴보자.

$$\begin{aligned} e^{i\theta} + e^{-i\theta} &= (\cos\theta + i\sin\theta) + (\cos\theta - i\sin\theta) \\ &= \cos\theta + \cos\theta + i\sin\theta - i\sin\theta = 2\cos\theta \end{aligned}$$

즉 다음과 같다.

$$\cos\theta = \frac{e^{i\theta} + e^{-i\theta}}{2}. \tag{1.43}$$

이것은 쓸모가 있다. 이 관계는 코사인 함수는 두 개의 반대로 회전하는 위상자로 나타낼 수 있다는 것을 보여준다. 왜냐하면 그림 1.25에 나타내었듯이 θ가 증가하면 $e^{i\theta}$는 반시계방향으로 회전하고, $e^{-i\theta}$는 시계방향으로 회전하기 때문이다.

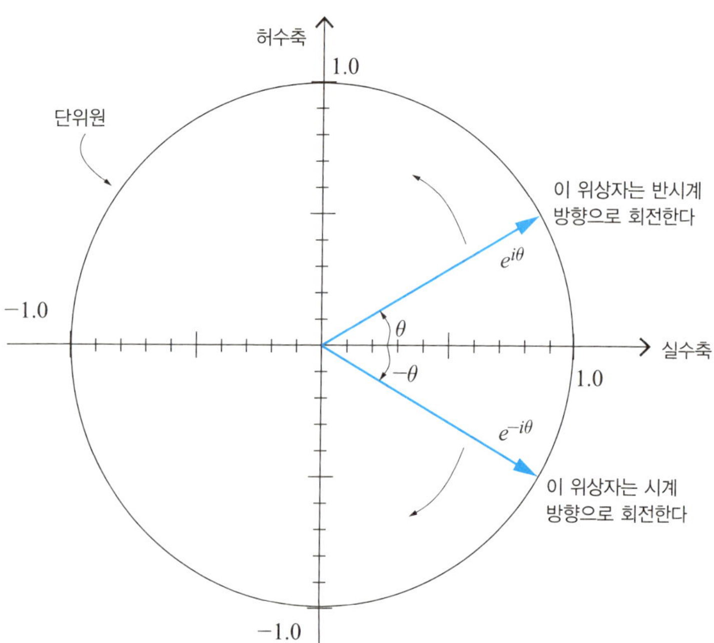

그림 1.25 코사인 함수에 대해 반대 방향으로 회전하는 위상자.

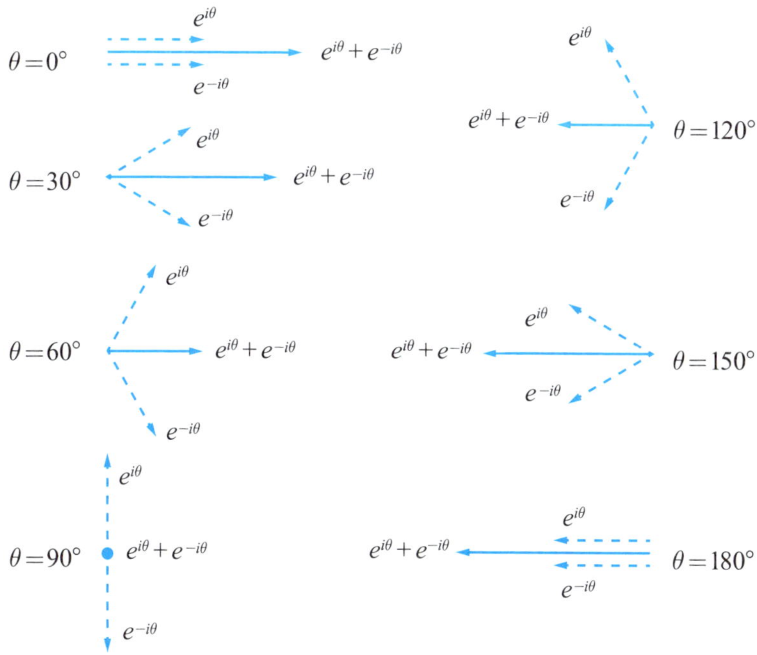

그림 1.26 코사인 함수에 대한 위상자의 덧셈.

여러 θ 값에 대해 반대방향으로 회전하는 $e^{i\theta}$와 $e^{-i\theta}$를 더하는 방법을 이해하려면 그림 1.26을 보면 된다. $\theta = 0$에서 두 위상자 모두 복소수평면의 양의 수평(실수) 축을 향한다. (분명하게 보이기 위해 그림 1.26에서 위상자 $e^{i\theta}$와 $e^{-i\theta}$를 점선으로 그리고, 서로 약간 벗어나게 그렸다.) 이 같은 방향을 향하는 위상자를 더하면 ($e^{i\theta} + e^{-i\theta}$로 표시한) 그 결과로 얻은 위상자 또한 양의 실수축을 향하고 크기(길이)는 2이다. (왜냐하면 $e^{i\theta}$와 $e^{-i\theta}$ 모두 크기가 1이기 때문이다.) 따라서 $(e^{i\theta} + e^{-i\theta})/2$는 크기가 1이고, $\theta = 0$인 경우 $\cos\theta$의 값에 해당한다.

이제 $\theta = 30°$일 때 위상자 $e^{i\theta}$와 $e^{-i\theta}$를 보자. 위상자 $e^{i\theta}$는 실수축에서 30° 위로 향하고, 위상자 $e^{-i\theta}$는 실수축 아래로 30°를 향한다. $e^{i\theta}$의 양의 수직(허수) 성분은 $e^{-i\theta}$의 음의 수직성분과 상쇄되지만, $e^{i\theta}$의 양의 수평(실수) 성분은 $e^{-i\theta}$의 양의 수평 성분과 더해져서 더한 결과는 크기 1.73으로 양의 실수축을 향한다. 이 값을 2로 나누면 0.866을 얻고 이 값이 $\theta = 30°$일 때 $\cos\theta$의 값이다.

θ를 60°로 증가시키면 $e^{i\theta}$와 $e^{-i\theta}$의 수직(허수) 성분은 여전히 상쇄되고, 수평(실수)

성분은 더해져서 더 작은 값 1.0이 되고, 2로 나누면 0.5를 얻는다. 이 값이 $\theta = 60^\circ$일 때 $\cos\theta$의 값이다.

$\theta = 90^\circ$일 때 수평(실수) 성분은 $e^{i\theta}$와 $e^{-i\theta}$에 대해 모두 0이고, 수직(허수) 성분은 여전히 상쇄되므로, 위상자 $e^{i\theta} + e^{-i\theta}$는 0이 되고, 이것은 $\theta = 90^\circ$일 때 $\cos\theta$의 값이다.

θ가 90°와 180° 사이에 있을 때도 같은 분석을 할 수 있다. 이 각도에서 위상자 $e^{i\theta} + e^{-i\theta}$는 그림 1.26의 오른쪽에서 볼 수 있듯이 음의 실수축을 향한다. θ가 180°에서 360°로 증가할 때 위상자 $e^{i\theta}$와 $e^{-i\theta}$는 계속 회전하여 $e^{i\theta} + e^{-i\theta}$는 코사인 함수가 이 각도에서 갖는 값에서 예상할 수 있듯이 0이 되었다가 다시 1이 된다.

따라서 코사인 함수는 두 개의 반대로 도는 위상자 $e^{i\theta}$와 $e^{-i\theta}$로 표현할 수 있고, 임의의 각도에서 이 위상자를 더하고 2로 나누면 그 각도에서 코사인의 값을 얻는다. 사인 함수도 이러한 방법으로 표현할 수 있을까?

그럴 수 있다. 어떻게 작동하는지 보려면 $e^{i\theta}$에서 $e^{-i\theta}$를 빼면 어떻게 되는지 살펴보자.

$$\begin{aligned} e^{i\theta} - e^{-i\theta} &= (\cos\theta + i\sin\theta) - (\cos\theta - i\sin\theta) \\ &= \cos\theta - \cos\theta + i\sin\theta - (-i\sin\theta) = 2i\sin\theta \end{aligned}$$

즉 다음과 같다.

$$\sin\theta = \frac{e^{i\theta} - e^{-i\theta}}{2i}. \tag{1.44}$$

이 결과를 보면 사인 함수도 두 개의 반대 방향으로 회전하는 위상자로 나타낼 수 있다는 것을 알 수 있다. 왜냐하면 그림 1.27에서 볼 수 있듯이 θ가 증가할 때 $e^{i\theta}$는 반시계방향으로 회전하고, $e^{-i\theta}$는 시계방향으로 회전하기 때문이다. 이 그림에서는 위상자 $e^{i\theta}$와 $e^{-i\theta}$뿐만 아니라 위상자 $-e^{-i\theta}$도 나타내었다. 그 이유는 $e^{i\theta}$에서 $e^{-i\theta}$를 빼는 것은 $e^{i\theta}$에 $e^{-i\theta}$를 더한 것이기 때문이다.

여러 θ 값에서 반대로 회전하는 위상자 $e^{i\theta}$와 $-e^{-i\theta}$를 더하는 것을 그림 1.28에 나타내었다. $\theta = 0$에서 두 위상자는 모두 복소수 평면에서 수평(실수)축을 향하지만, 위상자 $e^{i\theta}$는 양의 실수축으로 향하는 반면 위상자 $-e^{-i\theta}$는 음의 실수축으로 향한다.

반대 방향의 두 위상자를 더하면 결과는 0이 되고, 이것을 $e^{i\theta}+(-e^{-i\theta})$로 표시한 점으로 나타내었다. 따라서 $(e^{i\theta}-e^{-i\theta})/(2i)$는 크기가 0이고, $\theta=0$일 때 $\sin\theta$의 값이다.

이제 $\theta=30°$에서 위상자 $e^{i\theta}$와 $-e^{-i\theta}$를 보자. 위상자 $e^{i\theta}$는 양의 실수축 위로 30°를 향하고, 위상자 $-e^{-i\theta}$는 음의 실수축 위로 30°를 향한다. 따라서 $e^{i\theta}$의 양의 수평(실수) 성분은 $-e^{-i\theta}$의 음의 수평성분과 상쇄되지만, $e^{i\theta}$의 양의 수직(허수) 성분은 $-e^{-i\theta}$의 양의 수직성분과 더해져서 그 결과는 값이 $1.0i$인 양의 허수축을 향하게 된다. 이 값을 $2i$로 나누면 0.5가 되고, 이 값은 $\theta=30°$일 때 $\sin\theta$의 값이다.

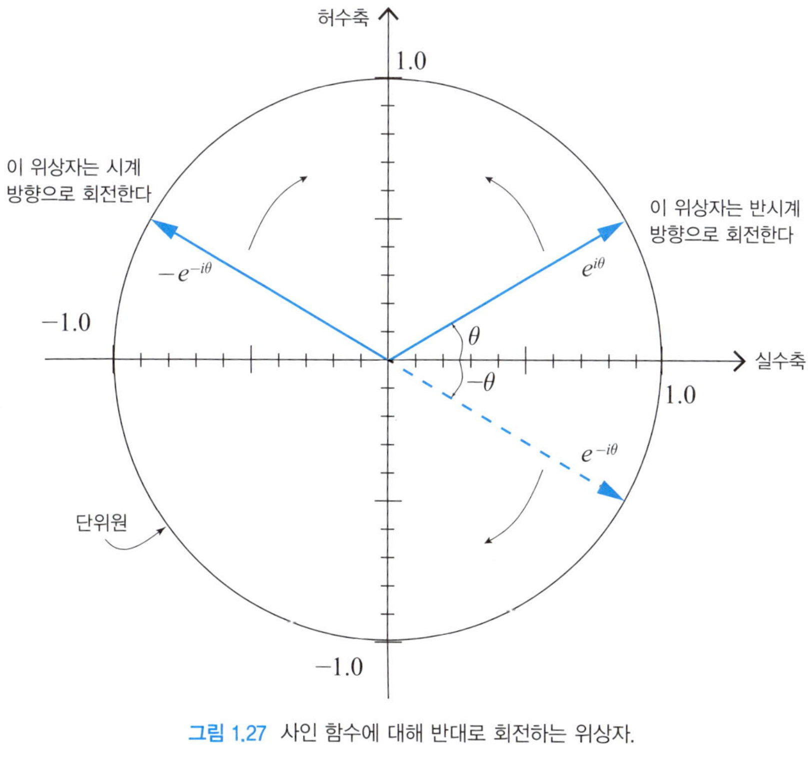

그림 1.27 사인 함수에 대해 반대로 회전하는 위상자.

θ를 60°로 증가하면 $e^{i\theta}$와 $-e^{-i\theta}$의 수평(실수) 성분은 여전히 상쇄되고, 수직(허수) 성분은 더해서 더 큰 1.73이 되며, 2로 나누면 0.866이 된다. 이 값은 $\theta=60°$에서 $\sin\theta$의 값이다.

$\theta=90°$일 때 수직(허수) 성분은 $e^{i\theta}$와 $-e^{-i\theta}$에서 모두 1이고, 수평(실수) 성분은

모두 0이므로, $e^{i\theta}-e^{-i\theta}$의 값은 $2i$이고, 이것을 $2i$로 나누면 1이 된다. 이 값은 $\theta=90°$일 때 $\sin\theta$의 값이다.

θ가 90°와 180° 사이에 있을 때도 같은 분석을 할 수 있다. 이 각도에서 위상자 $e^{i\theta}-e^{-i\theta}$는 그림 1.28의 오른쪽에서 볼 수 있듯이 0으로 돌아간다. θ가 180°에서 360°로 증가할 때 위상자 $e^{i\theta}$와 $-e^{-i\theta}$는 계속 회전하여 $e^{i\theta}-e^{-i\theta}$는 음의 수직(허수) 축을 향한다. 이는 이 각도에서 사인함수에 대해 예상한 결과이다.

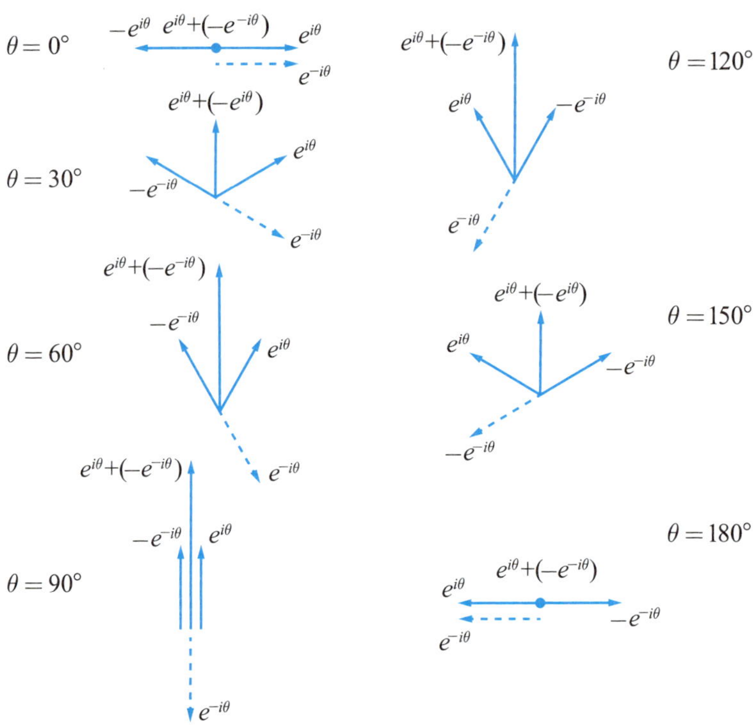

그림 1.28 사인 함수에 대한 위상자의 덧셈.

그러므로 사인 함수는 두 개의 반대로 회전하는 위상자 $e^{i\theta}$와 $-e^{-i\theta}$로 표현할 수 있고, 임의의 각도에서 이 위상자를 더하고 $2i$로 나누면 그 각도의 사인값을 얻는다.

어떤 교재에서는 사인 함수의 위상자 표현을 단순화한 것을 사용한다. 이 경우 복소수 평면은 단순히 한 쌍의 (전형적으로는 "실수"와 "허수"라는 이름 없이) 수직축으로 주어지고, 함수값은 위상자를 수직축에 투영한 길이 A를 취한다. 양의(오른쪽) 수평축에 대한 위상자의 각도는 종종 ϕ라고 이름 붙이고 $\phi=\omega t+\epsilon$으로 주어진다. 이렇게 위상자 표현방법이 사용되는 것을 그림 1.29에 나타내었다.

이 그림에서 위상자는 $e^{i\phi}$로 쓰지 않고, 축도 나타내지 않고 반대로 회전하는 벡터 $e^{i\phi}$와 $e^{-i\phi}$도 나타내지 않은 것에 주목하여라. 그러나 임의의 주어진 각도 ϕ에서 수직선에 투영하면 복소수 위상자를 더하는 접근방법과 같은 값을 얻는다.

이것이 작용하는 이유를 보기 위해 사인 함수를 고려하자. 이 경우 반대로 회전하는 위상자의 성분을 빼는 것에는 두 가지 효과가 있다. 이로 인해 수평(실수) 성분은 상쇄되고, 수직(허수) 성분은 두 배가 된다. 그래서 반대로 회전하는 위상자를 더하고로 나누는 과정은 한 위상자를 수직축에 투영하여 얻은 결과와 정확하게 같게 된다.

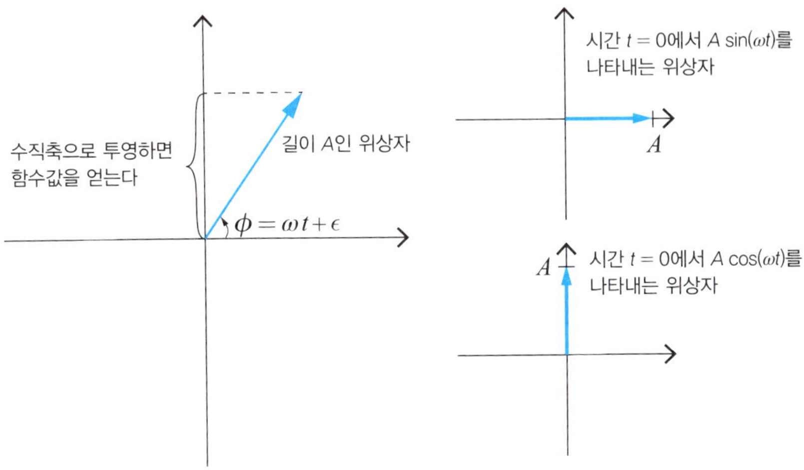

그림 1.29 간단히 표현한 사인형 함수.

코사인 함수의 경우 $\cos\phi = \sin(\phi + \pi/2)$라는 것을 기억하고, 시간 $t = 0$에서 코사인 함수를 표현하는 위상자를 그리기만 하면 같은 분석을 할 수 있다.

이 단순화된 접근방법을 사용하여 그림 1.23과 1.24에 나타낸 두 파동함수(y_1과 y_2)는 그림 1.30의 두 위상자로 표현할 수 있다.

두 위상자 모두 (ω가 같으므로) 같은 비율로 반시계 방향으로 회전하고, 이들 사이의 위상차(이 경우에는 $\pi/2$)를 유지한다는 것을 주목하여라. 이 두 위상자를 더하려고 하면 그 결과는 같은 진동수로 회전하고, 길이를 일정하게 유지하는 다른 위상자를 얻지만, 수직축에 투영하면 y_1과 y_2가 회전함에 따라 커졌다 작아졌다(음수도 된다) 한다. 두 사인 파동을 더하는 것은 다음 장의 2.3절에서 볼 수 있는 파동의 중첩

1.10 다음의 각 파동의 위상속력과 진행방향을 구하여라. (모든 단위는 SI 단위이다.)

(a) $f(x, t) = 5\sin(3x) - t/2$

(b) $\psi(x, t) = g - 4x - 20t$

(c) $h(y, t) = 1/[2(2t + x)] + 10$

02 파동방정식

파동의 성질과 파동 변수 사이의 관계를 설명하는 많은 식이 있고, 이와 같은 식은 "파동방정식"이라고 부른다. 이 장에서 가장 흔한 형태의 파동방정식을 볼 것이다. 그 식은 선형, 이차, 동차, 편미분 방정식이다. (각 용어의 의미는 이 장의 2.3절에서 설명할 것이다.) 이 식은 파동함수의 (거리에 기준한) 공간 변화와 (시간에 기준한) 시간적 변화를 2.2절에서 보겠지만 파동의 속력을 통해 관련짓는다. 파동방정식과 관계있는 다른 편미분방정식은 2.4절에서 논의하겠다.

파동함수(그리고 모든 다른 편미분방정식)을 이해하고 싶다면 편미분에 대해 확실하게 이해하는 것으로 시작하는 것이 좋을 것이다. 그러기 위해 2.1절에서 일차와 이차 편미분에 대한 복습을 할 것이다. 편미분에 대해 자신이 있으면 이 절을 뛰어 넘고 바로 2.2절로 가면 된다.

2.1 편미분

미적분이나 대학교 수준 물리학 과목을 들었다면 직선의 기울기를 구하거나($m = dy/dx$), 주어진 위치에서 물체의 속력을 시간의 함수로($v_x = dx/dt$) 결정할 때 상미분을 보았을 것이다. 수학과 물리학에서 한 독립적인 변수에만 의존하는 많은 함수가 있다는 것을 배웠을 것이고, 상미분은 이와 같은 함수에서 변화를 분석할 때 필요한 모든 것이다.

그러나 1장의 1.6절에서 설명했듯이 파동함수(y)는 일반적으로 거리(x)와 시간(t)과 같은 두 개 이상의 독립적인 변수에 의존한다. $y = f(x, t)$. 한 개의 변수가 있는 경우와 같이 미분 과정은 여러 변수의 함수의 변화를 분석할 때 매우 유용하다. 이때 편미분이 들어오게 되며, 이는 상미분의 개념을 많은 변수의 함수로 확장하는 것이다. 상미분과 편미분을 구별하기 위해 상미분은 d/dx나 d/dt와 같이 쓰고, 편미분은 $\partial/\partial x$나 $\partial/\partial t$와 같이 쓴다.

기억하듯이 상미분을 통해 한 변수의 다른 변수에 대한 변화를 결정할 수 있다. 예를 들어 함수 $y = f(x)$가 있다면 y를 x에 대해 상미분을 하면(즉 dy/dx) 변수 x의 작은 변화에 대해 y 값이 얼마나 변하는지 알 수 있다. y를 수직축, x를 수평축으로 하여 그림 2.1과 같이 그래프를 그리면 임의의 두 점 (x_1, y_1)과 (x_2, y_2)을 잇는 선분의 기울기는

$$\frac{y_2 - y_1}{x_2 - x_1} = \frac{\Delta y}{\Delta x}$$

이 된다. 이것은 기울기는 "달릴 때 올라가는" 것으로 정의했기 때문이고, 달리는 Δx에 대해 올라가는 Δy에 대해서 임의의 두 점을 잇는 직선의 기울기는 $\Delta y/\Delta x$이다.

곡선의 주어진 점에서 기울기를 정확하게 나타내려면 "달리는" Δx를 매우 작게 해야 한다. 미소거리를 dx로 쓰고, (역시 미소변화인) 증가분을 dy로 쓰면 선 위의 임의의 점에서 기울기는 dy/dx로 쓸 수 있다. 이것이 함수의 기울기를 이 함수 그래프의 기울기와 같게 놓는 이유이다.

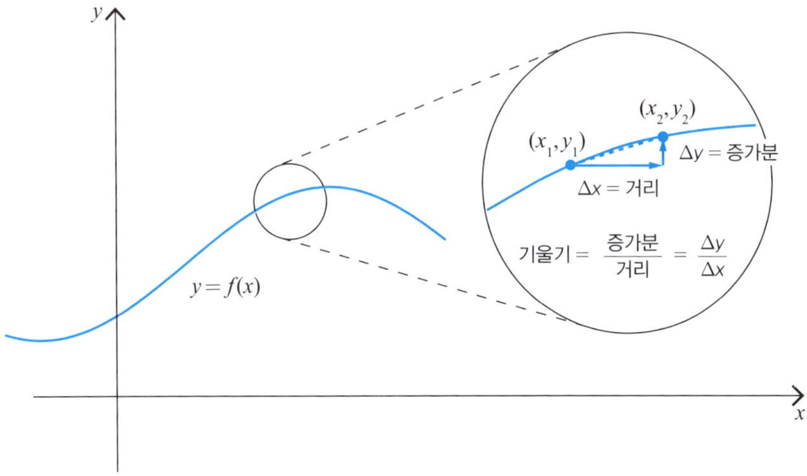

그림 2.1 $y = f(x)$의 기울기.

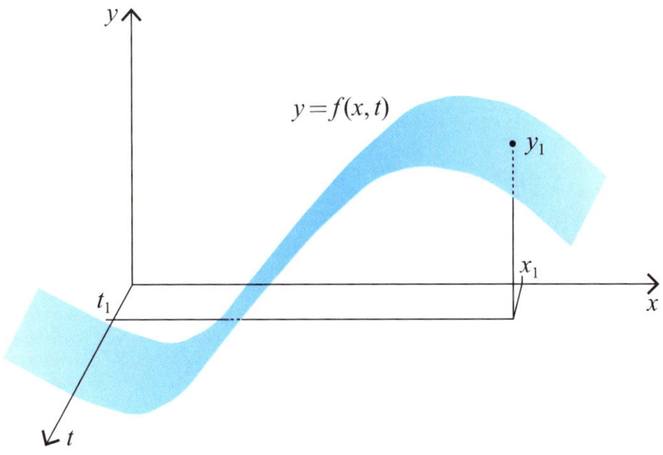

그림 2.2 삼차원에 있는 $y = f(x, t)$의 표면.

함수의 기울기를 함수로 미분하여 구하는 과정을 $y = f(x, t)$로 확장하기 위해 그림 2.2에 나타낸 것과 같은 y를 x와 t로 나타낸 삼차원 그래프를 고려하자. 함수 $y(x, t)$는 이 그래프에서 휘어있는 곡면으로 나타내었고, (x, t) 평면 위에 있는 표면의 높이가 함수 y 값이다. y는 x와 t에 모두 의존하므로 표면의 높이는 x와 t가 변할 때 올라가거나 내려온다. 그리고 높이 y는 다른 방향에 대해서 다른 비율로 변하므로 한 점에서 다른 점으로 움직일 때 한 개의 미분으로 높이의 변화를 규정짓기에는 일반적으로 불충분하다.

그림 2.3의 위치에서 표면의 기울기는 (t는 일정하게 유지하면서) x가 증가하는 방향으로 움직일 때 매우 급하지만, (x 값은 일정하게 유지하고) t가 증가하는 방향으로 움직이면 기울기는 거의 0이라는 것을 주목하여라.

이 그림에서 다른 방향으로 다른 기울기가 나타나는 것으로 편미분의 유용함을 보일 수 있다. 여기서 그 미분은 (그림 2.3에서 x나 t와 같이) 한 독립적인 변수가 변하고, 다른 모든 독립변수는 일정하게 고정하여 얻는다. 따라서 편미분 $\partial y/\partial x$는 그 위치에서 x 방향으로만 움직일 때 기울기를 나타내고, 편미분 $\partial y/\partial t$는 t 방향으로만 움직일 때 기울기를 나타낸다. 이 편미분은 가끔 $\partial y/\partial x|_t$와 $\partial y/\partial t|_x$로 쓰기도 하는데 여기서 수직선 다음의 첨자는 고정된 변수를 나타낸다.

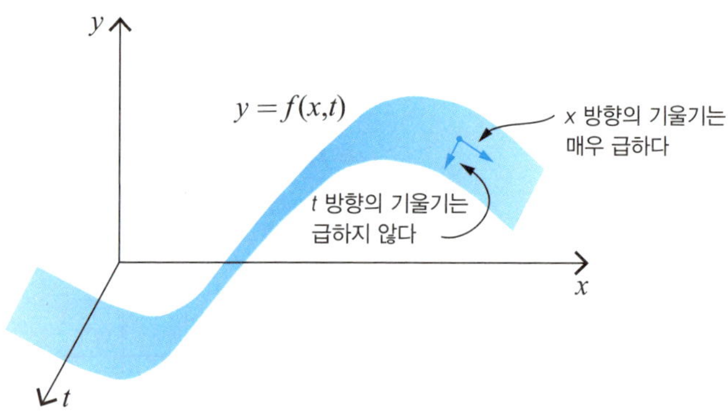

그림 2.3 삼차원 공간에서 곡면의 기울기.

다행스럽게도 상미분을 취하는 방법을 알면 이미 편미분을 구하는 방법을 알게 된다. (미분을 하려는 한 변수만 제외하고) 모든 다른 변수를 상수로 취급하고, 보통 하듯이 미분을 한다. 다음 예제에서 이것이 어떻게 작동하는지 보게 될 것이다.

예제 2.1 함수 $y(x, t) = 3x^2 - 5t$에 대해 x와 t에 대한 y의 편미분을 구하여라.

y를 x에 대해 편미분하려면 t를 상수로 취급한다.

$$\frac{\partial y}{\partial x} = \frac{\partial(3x^2 - 5t)}{\partial x} = \frac{\partial(3x^2)}{\partial x} - \frac{\partial(5t)}{\partial x}$$

$$= 3\frac{\partial(x^2)}{\partial x} - 0 = 6x.$$

y를 x에 대해 편미분하려면 t를 상수로 취급한다.

$$\frac{\partial y}{\partial t} = \frac{\partial(3x^2 - 5t)}{\partial t} = \frac{\partial(3x^2)}{\partial t} - \frac{\partial(5t)}{\partial t}$$
$$= 0 - 5\frac{\partial t}{\partial t} = -5.$$

"고차" 상미분을 할 때

$$\frac{d}{dx}\left(\frac{dy}{dx}\right) = \frac{d^2y}{dx^2}$$

과

$$\frac{d}{dt}\left(\frac{dy}{dt}\right) = \frac{d^2y}{dt^2}$$

처럼 하듯이 고차항의 편미분을 할 수 있다. 따라서 예를 들어

$$\frac{\partial}{\partial x}\left(\frac{\partial y}{\partial x}\right) = \frac{\partial^2 y}{\partial x^2}$$

은 x 방향을 따라 움직일 때 y의 x 방향 기울기의 변화를 알려주고,

$$\frac{\partial}{\partial t}\left(\frac{\partial y}{\partial t}\right) = \frac{\partial^2 y}{\partial t^2}$$

은 t 방향으로 움직일 때 t 방향 기울기의 변화를 알려준다.

$\partial^2 y/\partial^2 x$와 같은 표현은 미분의 미분이지 일차미분을 제곱한 $(\partial y/\partial x)^2$과는 다르다는 것을 아는 것이 중요하다. (첫 번째는 기울기의 변화이고, 두 번째는 기울기의 제곱이다.) 관습에 따라 미분의 차수는 "d"나 "∂"와 함수 사이에 d^2y나 $\partial^2 y$와 같이 쓰므로, 미분을 다룰 때 위첨자의 위치를 조심하여 보아야 한다.

$y(x, t)$와 같은 파동함수의 삼차원 그림은 그림 2.2와 2.3에 나타낸 간단한 함수보다 훨씬 복잡할 것이다. 예를 들어 그림 2.4에 그린 파동함수 $y(x, t) = A\sin(kx - \omega t)$를 고려하자.

이 그림에서 파동함수 y의 거리에 대한 변화는 양의 x축을 따라(오른쪽으로) 보면 알 수 있고, 시간에 대한 y의 변화는 양의 t축을 따라(그림에서 나오는 방향) 보면 알 수 있다. x 항과 t 항의 부호는 반대이므로, 이 파동은 양의 x 방향으로 진행한다. 시간이 지날수록 파면이 오른쪽으로 이동하는 것을 볼 수 있을 것이다. (파동을 시간 $t = 0$와 나중의 세 시각에 나타내었다.)

파동의 시간 변화를 보는 것을 돕기 위해 1에서 4로 이름 붙인 검은 점에 다른 네 시각에서 위치 $x = 0$에서 파동함수의 값을 나타내었다. (이 점은 모두 (y, t) 평면에 있고, 그림 2.4에서는 그림자로 나타내었다.) 시간 $t = 0$에서 다른 시각으로 갈 때(즉 t축을 따라) 파동함수의 모양은 $x = 0$에서 함수 $y(x, t) = A \sin(kx - \omega t)$에서 예상했듯이 음의 사인함수이다. 왜냐하면 $A \sin(-\omega t) = -A \sin(\omega t)$이기 때문이다.

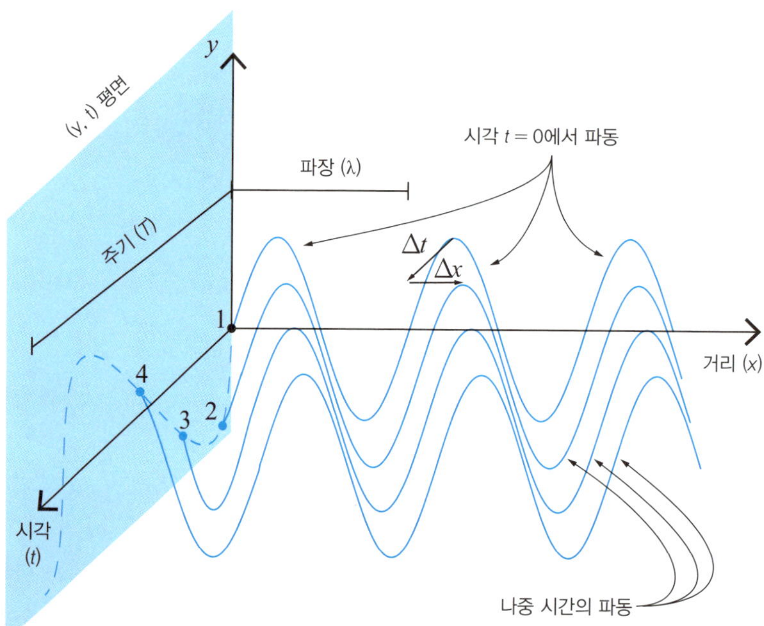

그림 2.4 사인 파동 $y(x, t) = A \sin(kx - \omega t)$의 삼차원 그림.

다음 절에서 논의할 파동방정식은 파동함수의 편미분을 포함하므로 일정한 파동수 k와 각진동수 ω에 대한 $y(x, t) = A \sin(kx - \omega t)$의 편미분을 고려하면 도움이 될 것이다. y를 x에 대해 일차미분을 취하면

$$
\begin{aligned}
\frac{\partial y}{\partial x} &= \frac{\partial[A\sin(kx-\omega t)]}{\partial x} \\
&= A\frac{\partial[\sin(kx-\omega t)]}{\partial x} = A\cos(kx-\omega t)\frac{\partial(kx-\omega t)}{\partial x} \\
&= A\cos(kx-\omega t)\left[\frac{\partial(kx)}{\partial x} - \frac{\partial(\omega t)}{\partial x}\right] = A\cos(kx-\omega t)\left[k\frac{\partial x}{\partial x} - 0\right]
\end{aligned}
$$

즉

$$
\frac{\partial y}{\partial x} = Ak\cos(kx-\omega t) \tag{2.1}
$$

을 얻는다. y를 x에 대해 이차편미분을 취하면

$$
\begin{aligned}
\frac{\partial^2 y}{\partial x^2} &= \frac{\partial[Ak\cos(kx-\omega t)]}{\partial x} \\
&= Ak\frac{\partial[\cos(kx-\omega t)]}{\partial x} = -Ak\sin(kx-\omega t)\frac{\partial(kx-\omega t)}{\partial x} \\
&= -Ak\sin(kx-\omega t)\left[\frac{\partial(kx)}{\partial x} - \frac{\partial(\omega t)}{\partial x}\right] \\
&= -Ak\sin(kx-\omega t)\left[k\frac{\partial x}{\partial x} - 0\right]
\end{aligned}
$$

즉

$$
\frac{\partial^2 y}{\partial x^2} = -Ak^2\sin(kx-\omega t) \tag{2.2}
$$

가 된다.

시각 $t = 0$에서 이 파동함수와 x에 대한 일차, 이차편미분을 그림 2.5에 나타내었다. 식 (2.1)과 (2.2)에서 예상했듯이 x에 대한 일차미분은 코사인 함수의 모양이고, x에 대한 이차 편미분은 음의 사인 함수 모양이다.

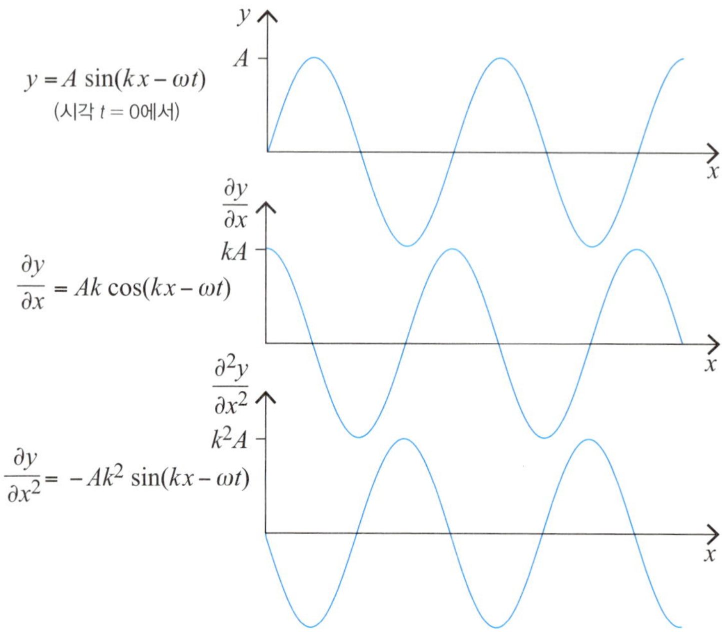

그림 2.5 조화파동의 공간 미분.

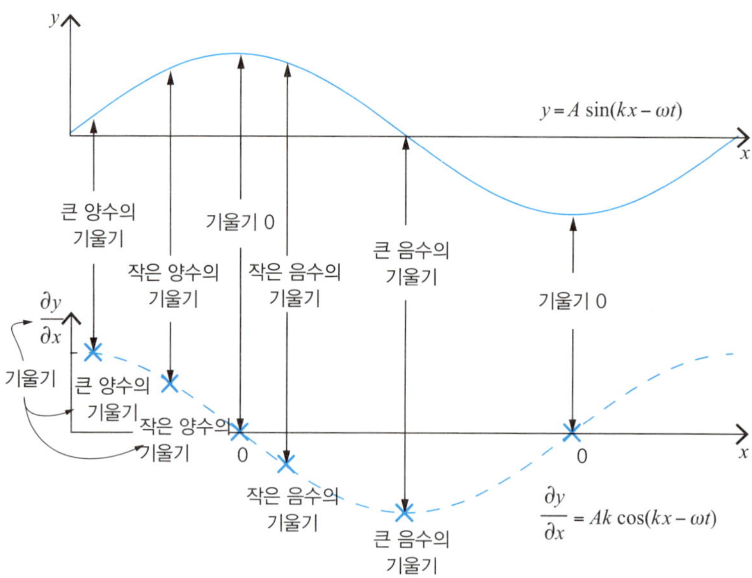

그림 2.6 기울기를 나타내는 일차미분.

$y(x, t)$의 일차 편미분의 코사인 형태가 어떻게 파동함수의 기울기와 연관이 있는지 궁금하다면 그림 2.6을 보자. x의 각 값에서 함수 y의 기울기는 그 x 값에서 $\partial y/\partial x$를 그린 값이 된다. 그리고 $y(x, t)$의 이차편미분의 음의 사인 함수 모양이 파동함수의 기울기 변화와 연관이 있는지 보려면 그림 2.7을 보자. y 기울기의 변화를 추정하려면 기울기가 덜 양수가 될 때 혹은 기울기가 더 음수가 될 때는 언제나 기울기의 변화는 음수가 된다는 것을 기억하자. 마찬가지로 기울기가 더 양수가 되거나 기울기가 덜 음수가 될 때 기울기 변화는 양수이다.

이제 이 파동함수의 시간에 대한 변화를 보면 t에 대한 y의 일차 편미분은

$$\begin{aligned}\frac{\partial y}{\partial t} &= \frac{\partial[A\sin(kx-\omega t)]}{\partial t}\\ &= A\frac{\partial[\sin(kx-\omega t)]}{\partial t} = A\cos(kx-\omega t)\frac{\partial(kx-\omega t)}{\partial t}\\ &= A\cos(kx-\omega t)\left[\frac{\partial(kx)}{\partial t}-\frac{\partial(\omega t)}{\partial t}\right]\\ &= A\cos(kx-\omega t)\left[0-\omega\frac{\partial t}{\partial t}\right]\end{aligned}$$

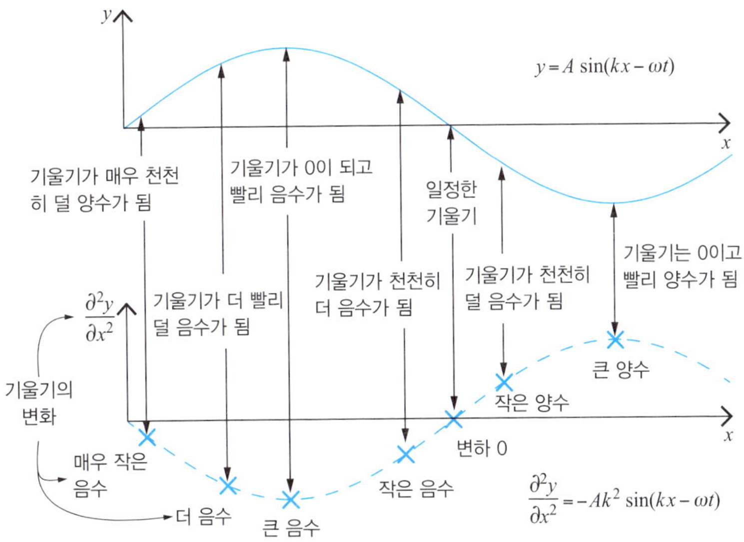

그림 2.7 기울기의 변화로써 이차 미분.

즉 다음과 같다.

$$\frac{\partial y}{\partial t} = -A\omega \cos(kx - \omega t). \tag{2.3}$$

y를 t에 대해 이차편미분을 하면

$$\begin{aligned}\frac{\partial^2 y}{\partial t^2} &= \frac{\partial[-A\omega \cos(kx - \omega t)]}{\partial t} \\ &= -A\omega \frac{\partial[\cos(kx - \omega t)]}{\partial t} = A\omega \sin(kx - \omega t)\frac{\partial(kx - \omega t)}{\partial t} \\ &= A\omega \sin(kx - \omega t)\left[\frac{\partial(kx)}{\partial t} - \frac{\partial(\omega t)}{\partial t}\right] \\ &= A\omega \sin(kx - \omega t)\left[0 - \omega\frac{\partial t}{\partial t}\right]\end{aligned}$$

이다. 즉 다음을 얻는다.

$$\frac{\partial^2 y}{\partial t^2} = -A\omega^2 \sin(kx - \omega t). \tag{2.4}$$

그러면 이 편미분은 이 장의 주제(즉 파동함수)와 어떤 관계가 있는가? 다음 절에서 보겠지만 가장 많이 보게 될 파동방정식의 형태는("고전적 파동방정식") 시간과 [식 (2.4)] 거리[식 (2.2)]에 대해 파동함수를 이차 편미분한 것 사이의 관계에 기초를 두고 있다.

2.2 고전 파동방정식

이 장의 도입부에서 파동함수의 가장 흔한 형태는 선형, 이차, 동차 편미분방정식이라고 하였다. 이것을 종종 "고전" 파동방정식이라고 부르고 보통 다음과 같이 쓴다.

$$\frac{\partial^2 y}{\partial x^2} = \frac{1}{v^2}\frac{\partial^2 y}{\partial t^2}. \tag{2.5}$$

이 식을 유도하는 몇 가지 다른 방법이 있다. 많은 저자들은 잡아당긴 줄에 Newton의 제2법칙을 적용하는 접근방법을 사용하고, 이것이 어떻게 작동하는지 4장에서 볼 수 있다. 그러나 식 (2.5)의 양변에 나타나는 편미분의 의미를 조심스럽게 생각하여 파동방정식에 대한 물리적 이해를 잘 할 수 있다고 생각한다.

이 이차 편미분은 파동함수 $y(x,\ t)$의 기울기의 변화를 포함하므로 여러 상황에서 거리에 따른 파동함수의 기울기가 시간에 따른 기울기와 어떻게 관련되는지 생각하는 것이 도움이 된다. 예를 들어 양의 x 방향으로 이동하는 사인 파동을 나타내는 파동함수 $y(x,\ t) = A\sin(kx - \omega t)$를 고려하자. 시각 $t = 0$에서 거리에 대한 파동함수를 그린 것을 그림 2.8의 윗부분에 나타내었고, 점 1과 2 사이에서 $y(x,\ t)$의 기울기는 이동하는 동안 올라간 $(\Delta y/\Delta x)$로 나타내었다.

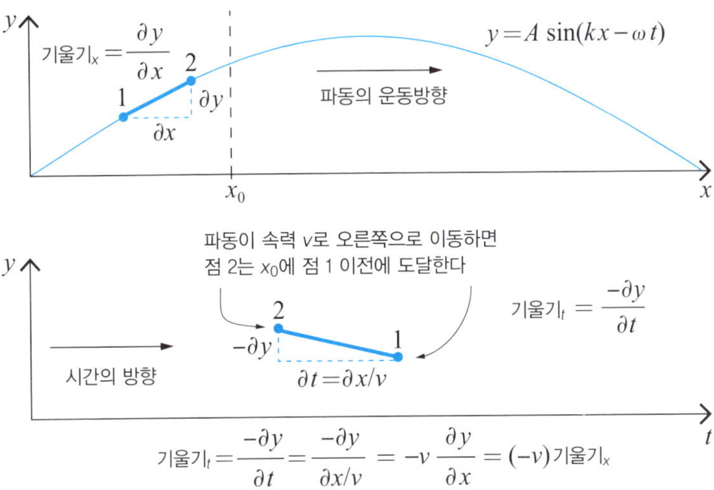

그림 2.8 양의 x 방향으로 움직이는 파동의 공간과 시간에 대한 기울기.

위치 x_0에 앉아서 시간이 지나면서 (파동이 만든 흔들림인) y 값을 측정하는 것을 상상해보자. 파동이 양의 x로 움직이면서(즉 거리 그림에서 오른쪽으로) 점 2라고 부른 파동 부분은 점 1 이전에 이 위치에 도달한다. 그러므로 파동이 이 위치를 지날 때 y 값을 그리면 이 값들은 그림 2.8의 아래 부분에 보인 것처럼 점 2의 값에서 점 1의 값으로 감소할 것이다. 따라서 (주어진 위치에서) 시간에 대해 측정한 기울기는 (주어진 시간에) 거리에 대해 측정한 기울기의 두 가지 차이가 있다. 첫 번째 차이는 (거리 그림에서 이동거리는 Δx이지만 시간에서 이동거리는 Δt이므로) 기울기의 크기는 다르다. 두 번째 차이는 거리에 대한 기울기의 부호는 양수이지만, 시간에 대한 기울기의 부호는 음수라는 것이다.

시간에 대한 거리 기울기를 비교하는 것은 실용적이지 않은 연습문제같아 보일지 모르지만, 이렇게 비교해보면 고전 파동방정식[식(2.5)]에서 한 단계 더 나간 파동방정식을 얻게 된다. 이를 이해하려면 거리 증가분 Δx는 시간 증가분 Δt와 파동속력 v로 연관되어 있다는 사실을 이용하는 것이다.

$$\Delta x = v\,\Delta t. \tag{2.6}$$

이러한 Δx와 Δt 사이의 관계는 시간에 대한 기울기 $(-\Delta y/\Delta t)$는 $-\Delta y/(\Delta x/v) = -v\Delta y/\Delta x$로 쓸 수 있다는 것을 의미한다. 따라서 시간에 대한 기울기는 거리에 대한 기울기에 $-v$만 곱하면 된다. 거리와 시간에 대한 증가분을 0으로 접근시키면 Δs는 편미분이 되고, 기울기 사이의 관계는 다음과 같이 쓸 수 있다.

$$\frac{\partial y}{\partial t} = -v\frac{\partial y}{\partial x} \quad \text{또는} \quad \frac{\partial y}{\partial x} = -\frac{1}{v}\frac{\partial y}{\partial t}. \tag{2.7}$$

이것은 완벽하게 사용할 수 있는 일차 파동방정식이지만, 이 식은 양의 x 방향으로 움직이는 파동에 대해서만 적용할 수 있다. 왜 그런지 보려면 (그림 2.9의 위쪽 그림에서 왼쪽인) 음의 x 방향으로 움직이는 파동에 대해 거리와 시간에 대한 기울기를 생각해보자.

이 경우 왼쪽으로 움직이는 파동은 위치 x_0에서 관측자를 지나가므로 점 1로 부르는 파동 부분은 점 2 이전에 도달하므로 파동함수 값은 이 간격 동안 증가할 것이다. 이는 시간에 대한 y의 그래프는 (거리에 대한 y의 그래프가 그렇듯이) 양의 기울기를 갖는다는 것을 의미한다. 따라서 시간 기울기 $(\Delta y/\Delta t)$는 $\Delta y/(\Delta x/v) = v\Delta y/\Delta x$로로 쓸 수 있고, 이 파동에 대해서 시간에 대한 기울기는 거리에 대한 기울기에 v를 곱하면 된다. 다시 거리와 시간의 증가분을 0으로 줄이면 기울기 사이의 관계는 다음과 같이 쓸 수 있다.

$$\frac{\partial y}{\partial t} = v\frac{\partial y}{\partial x} \quad \text{또는} \quad \frac{\partial y}{\partial x} = \frac{1}{v}\frac{\partial y}{\partial t}. \tag{2.8}$$

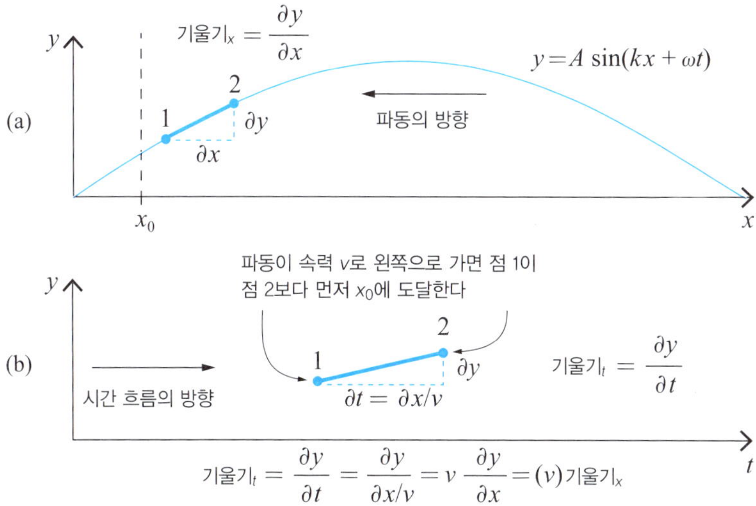

그림 2.9 음의 x 방향으로 움직이는 파동의 공간과 시간의 기울기.

따라서 음의 x 방향으로 움직이는 파동의 일차 파동방정식[식 (2.8)]은 양의 x 방향으로 움직이는 파동의 일차 파동방정식[식 (2.7)]과 부호가 다르다. 파동방정식이 더 유용하려면 어느 방향으로도 움직이는 파동에 적용할 수 있어야 하고, 이것이 이차 고전 파동방정식의 장점이다. 그 식을 얻으려면 기울기뿐만 아니라 거리와 시간에 대한 파동함수의 기울기의 변화를 고려해야 한다.

양의 x 방향으로 움직이는 파동의 기울기 변화를 그림 2.10에 나타내었다. 위에서 설명했듯이 이 파동의 거리에 대한 기울기는 양수이고, 시간에 대한 기울기는 음수이다.

하지만 이제 거리와 시간에 대한 기울기 변화를 살펴보자. 어떤 간격에 걸쳐 x가 증가하면 파동함수의 기울기가 덜 양수가 되어서 기울기의 변화는 음수이다. 그리고 파동이 위치 x_0에서 관측자를 지나갈 때 시간에 대한 파동함수의 기울기는 음수이고, 이 간격 동안 더 음수가 된다. 기울기 값이 더 음수가 되므로 기울기의 변화 또한 음수이다. 그러므로 거리에 대한 기울기와 시간에 대한 기울기는 이 파동에 대해서 반대 부호를 갖지만 기울기의 변화는 시간과 공간에 대해 모두 음수이다. 이 경우 식 (2.6)을 사용하여 거리의 증가분과 시간의 증가분 사이의 관계를 맺으면 v가 (하나는 기울기에서, 다른 하나는 기울기의 변화에서) 두 번 나온다. 여기서 거리와 시간 증가분을 0으로 접근시키면 고전적인 파동방정식을 얻는다.

$$\frac{\partial^2 y}{\partial x^2} = \frac{1}{v^2}\frac{\partial^2 y}{\partial t^2}. \tag{2.5}$$

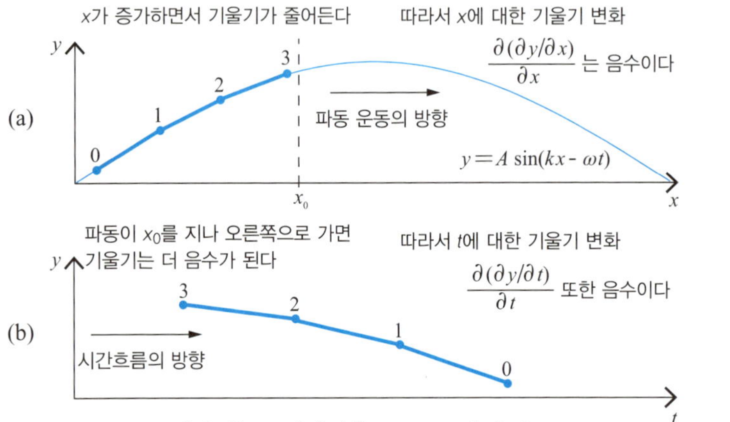

$$\text{기울기}_t\text{의 변화} = \frac{\partial(\partial y/\partial t)}{\partial t} = \frac{\partial[\partial y/(\partial x/v)]}{(\partial x/v)} = (v^2)\frac{\partial(\partial y/\partial x)}{\partial x} = (v^2)\,\text{기울기}_x\text{의 변화}$$

그림 2.10 양의 x 방향으로 움직이는 파동의 기울기 변화.

이 식은 반대 방향(즉 음의 x 방향)으로 이동하는 파동에 대해서도 성립하는가? 그런지 보기 위해 그림 2.11에 나타낸 거리와 시간에 대한 기울기의 변화를 고려하자. 이 경우 거리에 대한 기울기와 시간에 대한 기울기는 모두 양수이고, 기울기는 모두 거리와 시간에 대해 덜 양수가 되므로 기울기의 변화는 여기서도 두 경우 모두 음수이다. 따라서 거리와 시간에 대한 기울기 변화는 같은 인자(양의 v^2)와 관련이 있고, 기울기 변화를 관련시키는 식은 다시 식 (2.5)이다.

따라서 일차 파동방정식은 한 방향으로 이동하는 파동에 적용되지만, 이차 파동방정식은 양의 x 방향이나 음의 x 방향으로 이동하는 파동에 대해서도 같은 형태이다. 이 개념을 보이기 위해 사인 함수형 파동을 이용했지만 결과는 일반적이고, 임의의 모양에 대한 파동에 대해 적용된다.

이러한 파동방정식에 대한 기하학적 접근이 마음에 들지 않는다면 $y(x, t) = A\sin(kx - \omega t)$와 같은 파동함수의 미분에 바탕한 사인파동의 일차와 이차 파동방정식을 이용하는 직접적인 방법을 배우면 좋을 것이다. 다음 식

$$\frac{\partial y}{\partial x} = Ak\cos(kx - \omega t) \tag{2.1}$$

$$\frac{\partial^2 y}{\partial x^2} = -Ak^2\sin(kx - \omega t) \tag{2.2}$$

로부터

$$\frac{\partial y}{\partial t} = -A\omega\cos(kx - \omega t) \tag{2.3}$$

$$\frac{\partial^2 y}{\partial t^2} = -A\omega^2\sin(kx - \omega t) \tag{2.4}$$

가 되어 $A\cos(kx - \omega t)$에 대해 식 (2.3)을 풀면 일차 파동방정식을 얻을 수 있다.

$$A\cos(kx - \omega t) = -\frac{1}{\omega}\frac{\partial y}{\partial t}.$$

그리고 이 표현을 식 (2.1)에 대입하면 다음을 얻는다.

$$\frac{\partial y}{\partial x} = Ak\cos(kx - \omega t) = -\frac{k}{\omega}\frac{\partial y}{\partial t}.$$

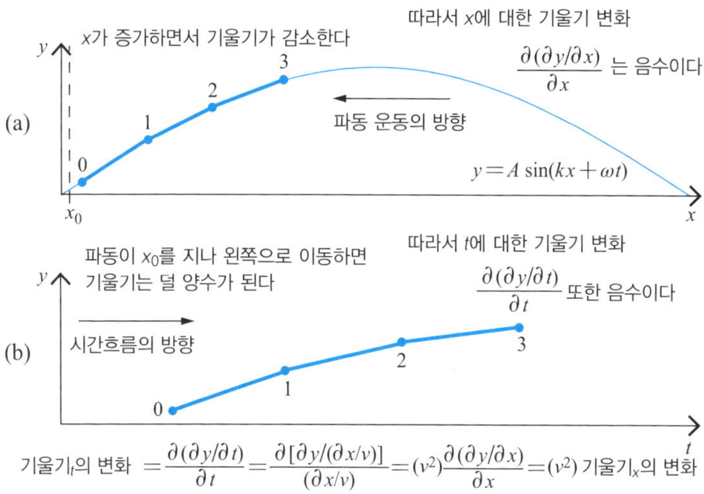

그림 2.11 음의 x 방향으로 이동하는 파동의 기울기 변화.

$v = \omega/k$의 관계[식 (1.36)]을 이용하여 다음과 같이 쓰면

$$\frac{\partial y}{\partial x} = -\frac{1}{v}\frac{\partial y}{\partial t}$$

이고, 이것은 양의 x 방향으로 이동하는 파동에 대한 일차 피동방정식인 식 (2.7)과 같다. 파동함수 $y(x,\ t) = A\sin(kx - \omega t)$에서 시작하면 음의 x 방향으로 이동하는 일차 파동방정식을 얻을 것이다. [식 (2.8)]

이차 방정식[식 (2.2)와 (2.4)]에 대해 비슷하게 분석하면 고전적인 이차 파동방정식을 얻는다. 첫 번째 단계는 $A\sin(kx - \omega t)$에 대해 식 (2.4)를 푸는 것이다.

$$A\sin(kx - \omega t) = -\frac{1}{\omega^2}\frac{\partial^2 y}{\partial t^2}.$$

그리고 이것을 식 (2.2)에 대입하면 다음을 얻는다.

$$\frac{\partial^2 y}{\partial x^2} = -Ak^2\sin(kx - \omega t) = \frac{k^2}{\omega^2}\frac{\partial^2 y}{\partial t^2}.$$

다시 $v = \omega/k$의 관계[식 (1.36)]을 이용하면

$$\frac{\partial^2 y}{\partial x^2} = \frac{1}{v^2}\frac{\partial^2 y}{\partial t^2}$$

을 얻고, 이것이 고전적인 이차 파동방정식이다. [식 (2.5)] $y(x,\ t) = A\sin(kx + \omega t)$인 파동함수로 시작해도 같은 결과를 얻는다.

다시 한 번 이 접근방법을 보이기 위해 조화(사인) 함수를 사용했지만 이는 일반적인 파동함수 $f(kx - \omega t)$와 $f(kx + \omega t)$에 대해서도 성립한다.

파동방정식의 성질을 논의하기 전에 이 절에서 제시한 형태와 매우 다른 파동방정식의 형태를 보게 될 수도 있다는 것을 말하고 싶다. 조화파동에 대해 식 (2.2)를 쓰는 한 가지 흔한 방법은

$$\frac{\partial^2 y}{\partial x^2} = -Ak^2\sin(kx - \omega t) = -k^2 y \tag{2.9}$$

이다. 왜냐하면 이 경우 $y = A\sin(kx - \omega t)$이기 때문이다.

같은 이유로 식 (2.4)는 다음과 같이 쓸 수 있다.

$$\frac{\partial^2 y}{\partial t^2} = -A\omega^2 \sin(kx - \omega t) = -\omega^2 y. \tag{2.10}$$

시간에 대한 일차 미분을 변수 위에 점으로 표시한 $dx/dt = \dot{x}$와 $\partial y/\partial t = \dot{y}$, 그리고 시간에 대한 이차미분을 변수 위에 점 두 개로 표시한 $\partial^2 y/\partial t^2 = \ddot{y}$와 같이 "한 점"과 "두 점"을 이용한 표기법도 볼 것이다. 이 표기법을 사용하면 식 (2.10)은

$$\ddot{y} = -\omega^2 y$$

으로 쓸 수 있고, 고전적인 파동방정식은 다음과 같다.

$$\frac{\partial^2 y}{\partial x^2} = \frac{1}{v^2}\ddot{y}.$$

미분에 대한 다른 흔한 표기방법은 미분을 취하는 변수를 나타내는 첨자를 사용하는 것이다. 예를 들어 y를 x에 대해 일차 편미분 한 것은

$$\frac{\partial y}{\partial x} \equiv y_x$$

과 같이 쓸 수 있고, 기호 $\equiv$는 "정의한다"는 뜻이다. 이 표기법을 이용하면 t에 대한 이차 편미분은

$$\frac{\partial^2 y}{\partial t^2} \equiv y_{tt}$$

으로 써서, 고전적인 파동방정식은 다음과 같다.

$$y_{xx} = \frac{1}{v^2} y_{tt}.$$

고전적인 파동방정식은 다른 방향의 편미분을 더하여 고차원으로 확장시킬 수 있다. 예를 들어 공간에 대한 삼차원 파동함수 $\Psi(x, y, z, t)$에 대해 고전적인 파동방정식은

$$\frac{\partial^2 \Psi}{\partial x^2} + \frac{\partial^2 \Psi}{\partial y^2} + \frac{\partial^2 \Psi}{\partial z^2} = \frac{1}{v^2}\frac{\partial^2 \Psi}{\partial t^2} \tag{2.11}$$

이다. 이것은

$$\nabla^2\Psi = \frac{1}{v^2}\frac{\partial^2\Psi}{\partial t^2} \tag{2.12}$$

로도 쓸 수 있다. 기호 ∇^2는 Laplacian 연산자로 5장에서 설명할 것이다.

어떤 형태를 보든 파동방정식은 거리에 대한 파동형태의 기울기 변화는 시간에 대한 파동함수 기울기 변화에 $1/v^2$를 곱하는 것을 나타낸다.

2.3 파동방정식의 성질

고전적인 파동방정식을 만나면 "선형, 동차, 이차 편미분 방정식"이라는 단어의 일부나 전체가 따라올 것이다. 어떤 경우는 이 형용사 목록에 "쌍곡"이라는 단어도 볼 것이다. 각 용어는 고전적인 파동방정식의 중요한 성질을 나타내는 매우 특별한 의미가 있다. 그러나 이 단어의 일부가 적용되지 않는 파동방정식도 있으므로 시간을 들여 이 용어를 이해하는 것이 도움이 된다.

고전적인 파동방정식의 "선형" 성질은 아마도 가장 중요하겠지만, 선형과 그 의미에 대한 논의는 다른 성질에 대한 논의보다 약간 길다. 그리고 "편"에 대한 논의가 가장 짧으므로 이것부터 시작하고, 선형에 대한 논의는 마지막에 하겠다.

편 고전적인 파동방정식은 **편미분방정식**(PDE:partial differential equation)이다. 왜냐하면 이 식에서 파동함수의 변화는 (x와 t 같이) 한 개 보다 많은 변수에 의존하기 때문이다. 이와는 대조적으로 변화가 한 변수에만 의존하는 **상미분방정식**(ODE: ordinary differential equation)이 있다. 이에 대한 예는 Newton의 제2법칙으로 물체의 가속도(즉 물체 위치의 시간에 대한 이차미분)은 물체에 작용하는 외부힘의 합(ΣF_{ext})을 물체의 질량(m)으로 나눈 것과 같다. 일차원에서 쓰면 다음과 같다.

$$\frac{d^2x}{dt^2} = \frac{\Sigma F_{\text{ext}}}{m}. \tag{2.13}$$

2.1절에서 설명했듯이 편미분방정식에는 (d/dt와 같이) 기호 d 대신 ($\partial/\partial t$와 같이) 기호 ∂이 있는 것을 보면 알 수 있다. 상미분방정식은 일반적으로 편미분방정식보다 풀기 쉬우므로 PDE의 어떤 형태에 대한 한 가지 푸는 방법은 이 식을 ODE로 바꾸는 것이다. 이 장의 2.4절에서 이 방법을 보게 될 것이다.

동차 고전 파동방정식은 동차이다. 왜냐하면 이 식에는 종속변수(이 경우 변위 y)와 ($\partial y/\partial x$나 $\partial^2 y/\partial t^2$와 같은) 종속변수의 미분만을 포함하기 때문이다. 수학적으로 이것은 고전적인 (동차) 파동방정식의 형태는

$$\frac{\partial^2 y}{\partial x^2} - \frac{1}{v^2}\frac{\partial^2 y}{\partial t^2} = 0 \tag{2.14}$$

와 같고, 이와 대조적으로 비동차인 경우는 다음과 같다.

$$\frac{\partial^2 y}{\partial x^2} - \frac{1}{v^2}\frac{\partial^2 y}{\partial t^2} = F(x, t). \tag{2.15}$$

여기서 $F(x, t)$는 (y가 아닌) 독립변수 x와 t의 어떤 함수를 나타낸다.

미분방정식이 동차인지 결정하려면 미분을 포함한 종속변수 $y(x, t)$를 포함하는 모든 항을 등호 왼쪽으로 옮기고, $y(x, t)$를 포함하지 않는 모든 항을 우변으로 옮긴다. 우변에 어떤 항도 없으면[즉 식 (2.14)와 같이 우변이 0이면] 미분방정식은 동차이다. 그러나 우변에 [종속변수 y를 포함하지 않는 식 (2.15)의 $F(x, t)$와 같은 임의의 항] 어떤 항이라도 있으면 이 식은 비동차이다. (이러한 식을 "비동차식"이라고 부른다.)

미분방정식이 0인지 확인만 하는 함정에 빠지지 말아야 한다. 결국 (종속변수를 포함하든 하지 않든) 모든 항을 등호의 좌변으로 옮겨 우변을 0으로 만들 수 있기 때문이다. 동차임을 조사하려면 각 항의 내용을 살펴보고 종속변수 $y(x, t)$를 포함하지 않는 항을 식의 우변으로 옮겨야 한다.

비동차식에서 추가적인 함수 $F(x, t)$가 정확히 무엇을 의미하는지 의아할 것이다. 적용 분야에 따라 이 항을 "샘" 혹은 "외부힘"이라고 부르고 이러한 용어가 그 의미에 좋은 실마리를 제공할 것이다. 종속변수를 포함하지 않는 양은 항상 어떤 종류의 외부 자극을 나타낸다. 이를 보기 위해 식 (2.13)을 다시 보자. 위치 x와 그 미분항은 모두 좌변에 있지만, 우변에 $\Sigma F_{\text{ext}}/m$이라는 표현이 있으므로 Newton의 제2법칙은 비동차식이다.[1] 이 경우 $F(x, t) = \Sigma F_{\text{ext}}/m$의 물리적인 의미는 분명하다. 그것은 바로 물체에 작용하는 전체 외부힘을 물체의 질량으로 나눈 값이고, 따라서 힘을 질량으로 나눈 차원을 가져야 하고, SI 단위를 쓰면 N/kg이다. 그렇지만 이 함수가 힘의 차원

---

1 Newton의 제2법칙에 대한 동차식이 있기는 한데 그것은 제1법칙은 $d^2x/dt = 0$이다. 이것은 전체 외부힘이 0인 경우이다.

을 갖지 않는 경우에도 이것과 다른 함수 $F(x, t)$를 "외부힘"이라고 부르는 경우가 있다. 어떻게 부르든 이와 같은 항은 외부 자극이 기여하는 것을 나타낸다.

이차 고전 파동방정식은 이차 편미분방정식이다. 왜냐하면 이분방정식의 차수는 항상 그 식에서 가장 고차항의 미분으로 결정되기 때문이다. (그리고 이 경우 시간과 공간에 대한 미분은 모두 이차 미분이다.) 공간에 대한 미분은 이차이지만, 시간에 대한 미분이 일차이더라도 이 식은 이차식이다. 이 장의 2.4절에서 이러한 예(열 방정식)를 볼 것이다.

이차 편미분방정식은 물리학과 공학에서 매우 흔하게 나타나는데 아마 어떤 양의 변화의 변화는 일차 미분보다 더 기본적이고, 적어도 우리가 측정할 수 있는 것에 더 밀접하게 연관되어 있기 때문일 것이다. 예를 들어 Newton의 제2법칙에서 전체 외부힘과 관련된 것은 물체 위치의 변화(속도)가 아니라 물체 속도의 변화(가속도)이고, 가속도는 위치의 이차 미분이다. 마찬가지로 고전 파동방정식에서 시간에 대한 기울기 변화와 관계된 것은 거리에 대한 파동의 기울기 변화이고, 이 기울기의 변화는 이차 미분에 해당한다.

쌍곡 이 절 첫 부분에서 언급했듯이 고전 파동방정식을 "쌍곡" 미분방정식이라고 부르는 미분방정식를 분류하는 방법을 접하게 될 것이다. 기하학 강의에서 배웠겠지만 쌍곡선은 (타원과 포물선과 더불어) 단순한 식으로 표현할 수 있는 원뿔곡선의 형태이다. 그리고 고전 파동방정식은 쌍곡선에 대한 식

$$\frac{y^2}{a^2} - \frac{x^2}{b^2} = 1 \tag{2.16}$$

과 비슷한 형태를 갖고 있다. 여기서 상수 a와 b가 쌍곡선의 "평평한 정도"를 결정한다.

이것을 고전 파동방정식[식 (2.5)]과 비교하려면 먼저 고전 파동방정식의 좌변에 있는 두 항을 보는 것이 도움이 된다.

$$\frac{\partial^2 y}{\partial x^2} - \frac{1}{v^2}\frac{\partial^2 y}{\partial t^2} = 0. \tag{2.17}$$

이것은 도움이 되지만 식 (2.16)은 아직 고전 파동방정식처럼 보이지는 않는다. 이

두 식이 비슷하다고 생각하는 방법은 다음과 같다. 이차 미분항 $\partial^2 y/\partial x^2$는 대수적인 이차항 $(y/a)^2$와 같은 위치에 있고, 이차 미분항 $(1/v^2)(\partial^2 y/\partial t^2)$는 대수적인 이차항 $(x/b)^2$와 같은 위치에 있다. 이차 편미분방정식은 일차 미분의 제곱과 같지 않다는 것을 기억하는 것이 중요하다. "이차"는 미분방정식에서는 "이차 미분을 취하는 것이고", 대수적인 식에서 "이차"는 "제곱이나 일차 변수 두 개를 곱한"다는 것을 의미한다. 이것을 주의하면 고전 파동방정식과 쌍곡선에 대한 식은 두 이차항의 차이를 포함한다고 말할 수 있다. 따라서 파동방정식의 이차 미분과, 이 사이의 음의 부호를 포함하면 파동방정식이 "쌍곡" 형태가 된다.

여기서 쌍곡선에 대한 식의 우변은 1이고, 고전 파동방정식의 우변은 0이라는 사실을 걱정할 것이다. 하지만 다음의 식

$$\frac{y^2}{a^2} - \frac{x^2}{b^2} = 0 \tag{2.18}$$

을 고려하면 그 답은 원점을 지나는 두 직선이고, 이것은 쌍곡선의 특별한 경우이다. 따라서 파동방정식의 동차 형태는 "쌍곡"을 설명하는 데 적합하다. 그리고 2.4절에서 보겠지만 시간의 일차 미분과 공간의 이차 미분을 포함하는 유용한 미분방정식이 있고, 이와 같은 식은 "포물" 방정식으로 분류한다.

선형 고전 파동방정식은 파동함수 $y(x, t)$와 $y(x, t)$의 미분에 대한 일차식만 있고, 파동함수와 미분의 곱을 포함하는 교차항은 없기 때문에 선형이라고 한다. 선형 미분방정식은 이차(그리고 고차) 미분을 포함할 수 있다. 왜냐하면 (2.1절에서 설명했듯이) $\partial^2 y/\partial x^2$는 y의 기울기의 x에 대한 변화를 나타내지, $(\partial y/\partial x)^2$와 같지 않기 때문이다. 미분방정식이 파동함수와 미분의 고차항이나 교차항을 포함하면 그 미분방정식은 비선형이라고 한다.

고전 파동방정식을 포함한 모든 선형 미분방정식의 매우 강력한 특징은 그 답이 "중첩 원리"를 만족한다는 것이다. 이 원리는 두 개 혹은 그 이상의 파동이 같은 공간에 동시에 있을 때 무슨 일이 일어나는지 설명한다. 이는 파동의 행동이 고체 물체의 행동과 매우 다른 상황이다. 고체 물체가 같은 공간에 같은 시간에 있으려고 하면 일반적으로 운동이나 형태를 변화시키는 충돌이 일어나지만, 각 물체를 구별할 수 있다. 대조적으로 두 선형 파동이 동시에 같은 곳에 있으면 평형상태로부터 변위는 결

합되어 역시 파동방정식을 만족시키는 새로운 파동을 만든다. 이 과정에서 상호작용하는 동안 결합된 파동만 관측할 수 있지만 이 과정에서 어떤 파동도 파괴되지 않는다. 파동이 겹치는 지역에서 멀어지면 각 파동이 원래 성질을 다시 관측할 수 있다. 따라서 입자와는 달리 파동은 충돌하기 보다는 서로 "지나갈" 수 있고, 겹치는 동안 새로운 파동을 만들어낸다. (6장에서 입자와 파동에 대한 더 완벽한 비교를 할 것이다.)

중첩원리로 이 현상을 설명한다. 수학적으로 중첩원리란 두 파동함수 $y_1(x, t)$와 $y_2(x, t)$가 각각 선형 파동방정식을 만족한다면 시간과 공간의 모든 점에서 이들의 합 $y_{total}(x, t) = y_1(x, t) + y_2(x, t)$ 또한 그 해가 된다. 각 파동이 파동방정식을 같은 속력 v로 움직이는 두 파동에 대해 써서 이를 증명할 수 있다.

$$\begin{aligned}\frac{\partial^2 y_1(x,t)}{\partial x^2} - \frac{1}{v^2}\frac{\partial^2 y_1(x,t)}{\partial t^2} &= 0,\\ \frac{\partial^2 y_2(x,t)}{\partial x^2} - \frac{1}{v^2}\frac{\partial^2 y_2(x,t)}{\partial t^2} &= 0.\end{aligned} \tag{2.19}$$

그리고 이 두 식을 더하면 다음을 얻는다.

$$\frac{\partial^2 y_1(x,t)}{\partial x^2} + \frac{\partial^2 y_2(x,t)}{\partial x^2} - \frac{1}{v^2}\frac{\partial^2 y_1(x,t)}{\partial t^2} - \frac{1}{v^2}\frac{\partial^2 y_2(x,t)}{\partial t^2} = 0.$$

이것을 간단히 쓰면

$$\frac{\partial^2 [y_1(x,t) + y_2(x,t)]}{\partial x^2} - \frac{1}{v^2}\frac{\partial^2 [y_1(x,t) + y_2(x,t)]}{\partial t^2} = 0$$

이고, $y_{total}(x, t) = y_1(x, t) + y_2(x, t)$이므로 다음과 같이 쓸 수 있다.

$$\frac{\partial^2 y_{total}(x,t)}{\partial x^2} - \frac{1}{v^2}\frac{\partial^2 y_{total}(x,t)}{\partial t^2} = 0. \tag{2.20}$$

따라서 파동방정식을 만족하는 두 개(혹은 그 이상의) 파동을 더한 결과는 파동방정식을 만족하는 다른 파동이 된다. 그리고 파동이 다른 속력으로 움직일 때도 성립하는지 궁금하다면 그 답은 역시 그렇다는 것이고, 다른 속력의 효과에 대해서는 3장의 2.4절에서 볼 수 있다.

다음의 예제를 보면 어떻게 중첩원리가 작동하는지 볼 수 있다.

예제 2.2 다음 파동함수로 주어지는 두 개의 사인파동을 고려하자.

$$y_1(x,t) = A_1 \sin(k_1 x + \omega_1 t + \epsilon_1),$$
$$y_2(x,t) = A_2 \sin(k_2 x + \omega_2 t + \epsilon_2).$$

이 두 파동이 $A_1 = A_2 = A = 1$로 진폭이 같고, $k_1 = k_2 = k = 1$ rad/m로 파동수가 같고, $\omega_1 = \omega_2 = \omega = 2$ rad/s로 같지만, 첫 번째 파동 $y_1(x, t)$의 위상상수는 $\epsilon_1 = 0$이고, 두 번째 파동 $y_2(x, t)$의 위상상수는 $\epsilon_2 = +\pi/3$일 때 이 두 파동을 더해 얻는 파동의 특성을 결정하여라.

거리와 시간 항은 두 파동에서 모두 같은 부호를 가지므로 두 파동 모두 음의 x 방향으로 이동하는 것을 알 수 있고, 파동의 위상속도는 $v = \omega/k$이므로[식 (1.36) 참조] 두 파동의 속력도 같다. 두 파동의 위상상수를 비교하면 $y_2(x, t)$는 $y_1(x, t)$에 대해 위상차 $\pi/3$만큼 앞서간다. (이 경우에 더 양수인 위상상수를 가지면 파동이 앞서간다는 것을 기억하지 못한다면 1장 1.6절을 참조하여라.) 위에 주어진 값을 대입하면 두 파동은 다음과 같이 쓸 수 있고,

$$y_1(x,t) = A_1 \sin(k_1 x + \omega_1 t + \epsilon_1) = \sin(x + 2t + 0),$$
$$y_2(x,t) = A_2 \sin(k_2 x + \omega_2 t + \epsilon_2) = \sin(x + 2t + \pi/3) \tag{2.21}$$

$x = 0$에서는 그림 2.12와 같다.

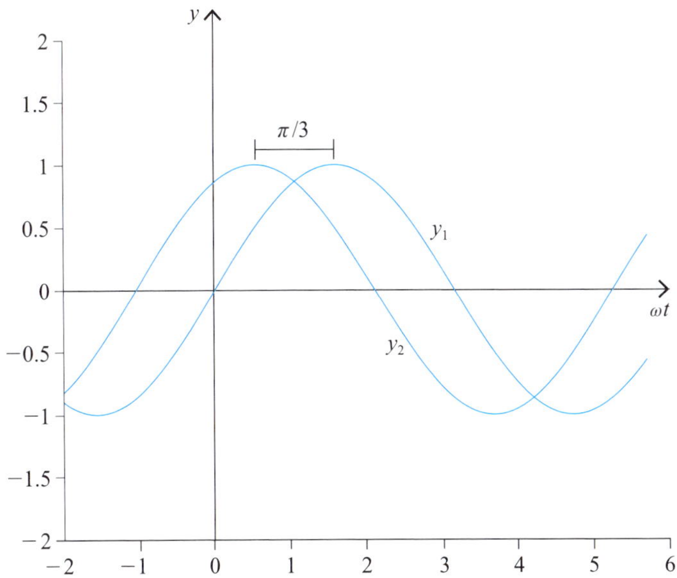

그림 2.12 위치 $x = 0$에서 $y_1 = \sin(\omega t)$와 $y_2 = \sin(\omega t + \pi/3)$의 파동형태.

이 두 파동이 어떻게 더해져서 새 파동을 만드는지 이해하려면 그림 2.13을 보자. 이 그림은 두 파동을 그래프 방법을 이용해 더하면 점선으로 그린 다른 사인파동이 나온다는 것을 나타낸다. 이 최종 파동은 원래 두 파동과 진동수는 같지만, 위상상수는 다르고, 진폭은 더 크다.

계산해보면 같은 결과를 얻는다. 최종 파동에 대한 표현

$$y_{\text{total}}(x, t) = \sin(x + 2t) + \sin(x + 2t + \pi/3) \tag{2.22}$$

에서 시작하자. 여기서 유용한 삼각함수 공식은

$$\sin\theta_1 + \sin\theta_2 = 2\sin\left(\frac{\theta_1 + \theta_2}{2}\right)\cos\left(\frac{\theta_1 - \theta_2}{2}\right) \tag{2.23}$$

이고 $\theta_1 = x + 2t$와 $\theta_2 = x + 2t + \pi/3$를 대입하면 다음을 얻는다.

$$y_{\text{total}}(x, t) = 2\sin\left(\frac{2(x + 2t) + \pi/3}{2}\right)\cos\left(\frac{-\pi/3}{2}\right). \tag{2.24}$$

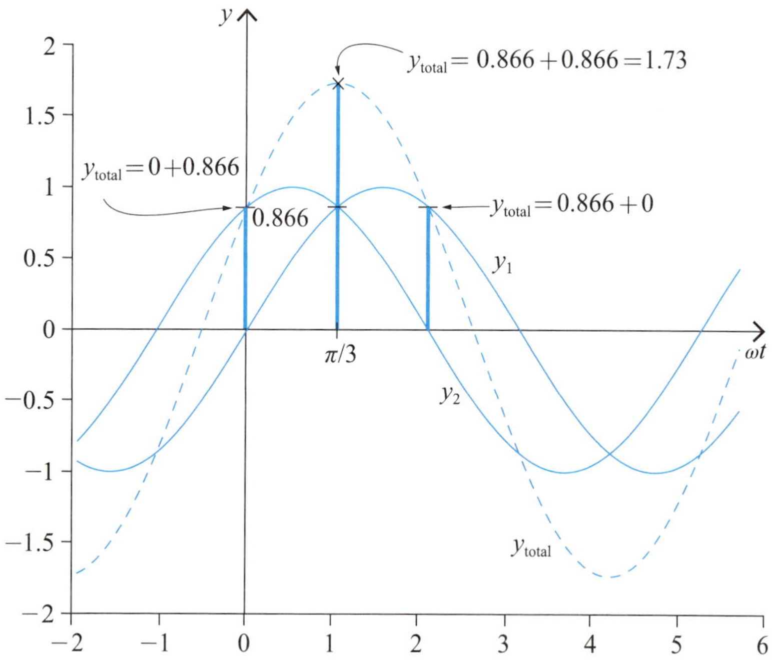

그림 2.13 sin(ωt)와 sin(ωt + π/3)의 덧셈.

이 표현의 사인 항은 $\sin(x+2t+\pi/6)$으로 간단하게 쓸 수 있고, 이는 파동수 $k=1$ rad/m, 각진동수 $\omega=1$ rad/s인 파동이다. (따라서 원래 파동과 파장, 진동수가 같다.) 그러나 위상상수는 $\epsilon=\pi/6$이다. (이 경우 원래 위상인 0과 $\pi/3$의 평균이다.) 진폭은 어떻게 되는가? 식 (2.24)의 나머지 부분을 보면 $A=2\cos(-\pi/6)\approx 1.73$이다. 따라서 진폭은 원래 $A=1$보다 크지만, 두 배는 아니다. (왜냐하면 이 경우 원래 두 파동은 동시에 최대값에 도달하지 않기 때문이다.)

파동의 중첩을 분석하는 다른 매우 강력한 방법은 위상자를 이용하는 것이다. 1.7절에서 단순화된 위상자 접근을 사용하면 이전의 예제에서 사용한 각각의 파동은 시각 $t=0$에서 위치 $x=0$에서 그림 2.14에 나타낸 것과 같이 회전하는 위상자로 표현할 수 있다. 이 단순화한 접근방법에서 임의의 시각에서 파동함수의 값은 회전하는 위상자를 수직축에 투영시켜 얻는다는 것을 기억하면 주어진 순간에 $y_1(x, t)$와 $y_2(x, t)$의 값은 다음과 같다.

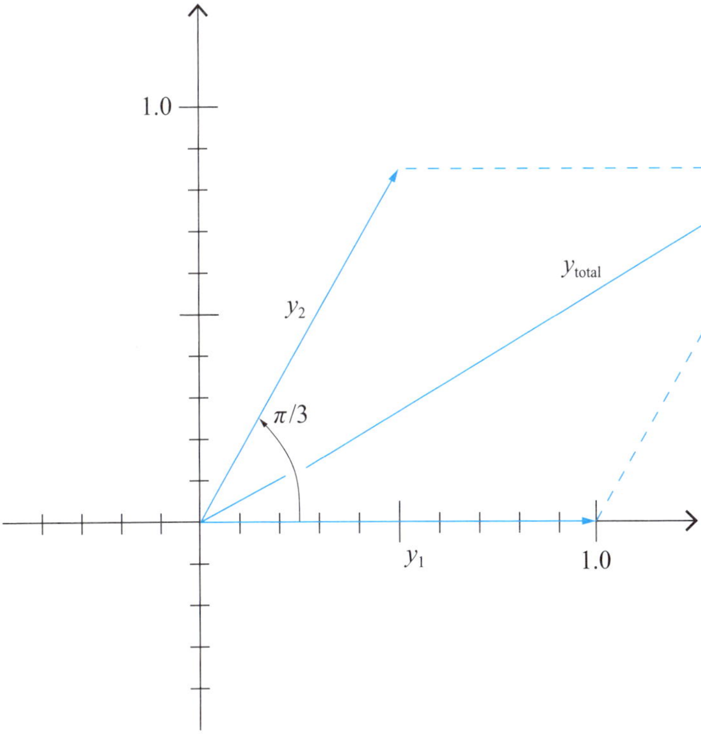

그림 2.14 위상자를 사용하여 파동 더하기.

$$y_1(0,0) = A_1 \sin[k_1 x + \omega_1 t + \epsilon_1] = (1)\sin[(1)(0) + (2)(0) + 0] = 0,$$
$$y_2(0,0) = A_2 \sin[k_2 x + \omega_2 t + \epsilon_2] = (1)\sin[(1)(0) + (2)(0) + \pi/3]$$
$$= 0.866.$$

위상자 접근방법의 강력함은 이 두 위상자를 더한 최종 위상자를 매우 쉽게 결정할 수 있다는 것을 보면 명백해진다. 두 파동 $y_1(x, t)$와 $y_2(x, t)$의 결합을 나타내는 위상자의 진폭과 방향을 구하려면 파동을 나타내는 두 위상의 벡터합을 구하면 된다. 벡터합을 구하는 여러 방법은 1.3절에 있다. 그래프로 "평행사변형" 방법을 이용하는 것은 그림 2.14에 있다. 최종 y_{total}을 보면 그 크기는 y_1 혹은 y_2 크기의 거의 두 배이고, 최종 위상자의 위상상수는 y_1의 위상상수 0과 y_2의 위상상수 $\pi/3$의 중간에 있다. 자를 이용하면 y_{total}의 길이는 사실 1.73이고, 위상상수는 $\pi/6$이어서 y_{total} 위상자를 수직축으로 투영하면 앞에서 논의한 대수적인 파동합을 구하는 방법에서 구했듯이 0.866을 얻는다.

최종 위상자 y_{total}를 구하기 위해 "성분 더하기" 접근방법을 좋아한다면 그림 2.14의 기하학적 형태를 이용할 수 있다. 여기서 y_1의 x 성분은 1이고, y 성분은 0인 반면 y_2의 x 성분은 $1\cos(\pi/3) = 0.5$이고, y 성분은 $1\sin(\pi/3) = 0.866$이다. y_1과 y_2의 x 성분을 더하면 y_{total}의 x 성분 1.5를 얻고, y_1과 y_2의 y 성분을 더하면 y_{total}의 y 성분은 0.866이 된다. 따라서 y_{total}의 크기와 위상각도는

$$A_{\text{total}} = \sqrt{(1.5^2 + 0.866^2)} = 1.73, \tag{2.25}$$

$$\epsilon_{\text{total}} = \tan^{-1}\left(\frac{0.866}{1.5}\right) = \pi/6 \tag{2.26}$$

이고, y_{total} 위상을 수직축에 투영한 길이는 $y_{\text{total}}(0, 0)$에 대해 예상했듯이 $1.73\sin(\pi/6) = 0.866$을 얻는다.

그러므로 위상자를 이용하면 파동을 바로 더할 수 있지만, 이 덧셈은 선택한 특정한 시간($t = 0$)에서만 했다는 것에 대해 걱정할 수도 있다. 그러나 두 위상자는 (파동의 각진동수는 같으므로) 같은 비율 ωt로 회전하기 때문에 위상자 y_1과 위상자 y_2 사이의 각도는 항상 같다. 이것은 그림 2.15에 나타낸 것과 같이 수직축에 투영한 양은 변하지만 최종 위상자 y_{total}은 시간에 대해 변하지 않는다는 것을 의미한다.

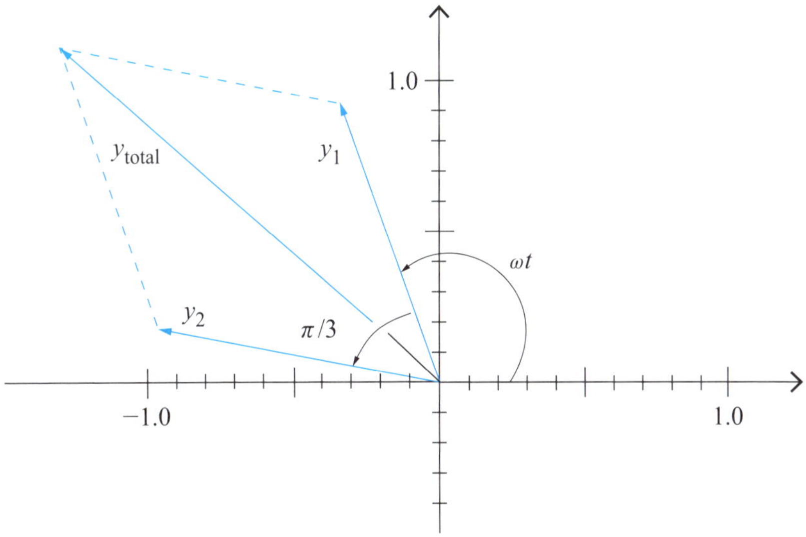

그림 2.15 나중 시간에 위상자에 의한 파동 더하기.

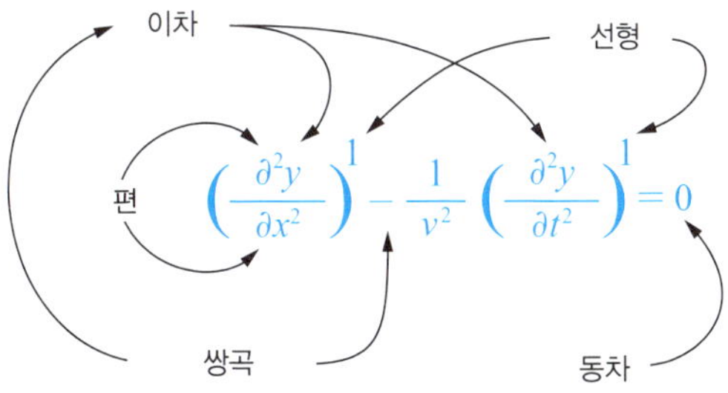

그림 2.16 확장시킨 파동방정식.

요약 이 절에서 논의한 고전 파동방정식의 모든 특징은 그림 2.16에 나타낸 확장시킨 식에 요약하였다.

2.4 파동방정식과 관련된 편미분방정식

고전 파동방정식은 이차, 선형, 쌍곡이지만, 시간과 공간에 대한 운동에 속하는 다른 편미분방정식이 있고, 이러한 방정식은 어떤 특징은 비슷하고, 어떤 특징은 고전 파동방정식의 특징과 다르다. 이 절에서는 이러한 몇 개의 식에 대해 짧게 논의할 것이다. 이를 통해 파동방정식의 해를 이해하는 데 도움이 되는 개념과 기술을 얻을 수 있기 때문이다.

이류 방정식 이차 고전 파동방정식과는 달리 이류 방정식은 일차 파동방정식이다. 사실 이 식은 2.2절에서 이미 보았다. 이것은 한쪽 방향으로 가는 파동방정식이다.

$$\frac{\partial y(x,t)}{\partial x} = -\frac{1}{v}\frac{\partial y(x,t)}{\partial t} \tag{2.27}$$

한쪽 방향으로 가는 파동방정식이 무슨 소용이 있는가? "이류"는 흐름을 따라 물체가 움직일 때 물체가 움직이는 방법을 특별히 기술하는 일종의 전달과정(즉 물질이나 에너지가 한 곳에서 다른 곳으로 이동하는 방법)이다. 예를 들어 강물 안의 오염물질이나, 공기 흐름 안의 꽃가루가 있다면 이류 방정식은 고전 파동방정식보다 더 간단히 운동의 모형을 만들 수 있다.

Korteweg-de Vries 방정식 모든 파동방정식은 선형이다. 비선형 파동방정식 중 잘 알려진 예는 Korteweg-de Vires(KdV) 방정식이다. 이 식은 예를 들어 "홀로파"나 "솔리톤"이라고 부르는 작은 진폭, 얇은 층에 한정된 물 파동을 기술한다. kdV 방정식의 형태는 다음과 같다.

$$\frac{\partial y(x,t)}{\partial t} - 6y(x,t)\frac{\partial y(x,t)}{\partial x} + \frac{\partial^3 y(x,t)}{\partial x^3} = 0. \tag{2.28}$$

가운데 있는 $6y(\partial y/\partial x)$가 비선형 항이다. 왜냐하면 이 항은 $y(x, t)$를 포함하는 다른 두 개 항의 곱을 포함하기 때문이다. 이 식은 비선형방정식이므로 그 해는 더이상 중첩원리를 만족하지 않는다. 상호작용하는 동안 전체 진폭은 원래 진폭의 합이 아니다. 그러나 솔리톤이 서로 지나고 나면 원래 형태로 돌아온다.

열 방정식 고전 파동방정식이 쌍곡 형태인 반면 열방정식은 $y = ax^2$와 비슷한 형태를 갖는 포물 형태이다. 다르게 표현하면 공간에 대해 이차인 반면(따라서 이차 PDE이다) 시간에 대해사는 일차만 있다.

$$\frac{\partial y(x,t)}{\partial t} = a\frac{\partial^2 y(x,t)}{\partial x^2}. \tag{2.29}$$

여기서 a는 열확산율로 계를 통해 얼마나 쉽게 열전달이 되는가를 알려주는 척도이다. 열 방정식은 시간과 공간에 대한 흔들림을 기술하지만 보통 파동방정식으로 분류하지 않는 것을 볼 것이다. 그것은 해의 형태가 진동하기 보다는 흩어지기 때문이다. 그러나 파동 묶음 또한 시간에 대해 흩어질 수 있으므로 이 경우에 겹치는 부분이 있다.

열 방정식의 해가 시간에 따라 흩어진다는 것을 어떻게 알 수 있는가? 이것은 "변수 분리"라고 부르는 흔한 방법을 통해 할 수 있는 해의 시간에 의존하는 부분을 조사하면 알 수 있다. 이 방법 뒤에는 해 $y(x, t)$가 공간과 시간에 의존하지만 시간에 대한 행동 $T(t)$는 공간의 행동 $X(x)$에 무관하다는 가정을 하고 있다.

$$y(x, t) = T(t)X(x). \tag{2.30}$$

왜 예를 들어 $y(x, t) = T(t) + X(x)$가 아니고 이러한 형태인가? 그 답은 식 (2.30)은 많은 물리적으로 의미있는 상황에 대해 성립하기 때문이다. 그래서 시간에 대한 파동함수의 변화를 결정하는 문제는 시간에 의존하는 항 $T(t)$에 대한 표현을 구하는 것으로 압축된다.

이것이 어떻게 작동하는지 보기 위해 식 (2.30)을 열 방정식에 대입하면 다음을 얻는다.

$$\frac{\partial[T(t)X(x)]}{\partial t} = a\frac{\partial^2[T(t)X(x)]}{\partial x^2}. \tag{2.31}$$

$X(x)$는 시간에 대해 상수이므로 $\partial/\partial t$에 영향을 받지 않고, 시간 미분 밖으로 나온다. 마찬가지로 $T(t)$는 공간에 무관하므로 $\partial/\partial x$에 영향을 받지 않는다. 미분에서 이 함수를 끄집어내면 다음을 얻는다.

$$X(x)\frac{\partial T(t)}{\partial t} = aT(t)\frac{\partial^2 X(x)}{\partial x^2}. \tag{2.32}$$

다음 단계는 t의 모든 함수와 미분을 분리하여 한 변에 놓고, x에 의존하는 부분을 우변에 놓는 것이다. 이것은 양변을 $X(x)$와 $T(t)$로 나눈 것과 같다. 사실 변수분리 방법에 대해 읽을 때 저자들이 이 단계에서 식 $y(x, t) = T(t)X(x)$로 명백히 나누는 것을 볼 것이다.

이제 열 방정식의 형태는 다음과 같다.

$$\frac{1}{T(t)}\frac{\partial T(t)}{\partial t} = a\frac{1}{X(x)}\frac{\partial^2 X(x)}{\partial x^2}. \tag{2.33}$$

이 방정식은 특별히 유용해보이지 않지만, 한 걸음 뒤로 물러서서 각 변을 고려하자. 좌변은 시간(t)에만 의존하고 위치(x)에 의존하지 않는다. 우변은 위치에만 의존하고, 시간에 따라 변하지 않는다. 그러나 이 식이 모든 위치에서 모든 시간에 성립하려면 어느 변도 전혀 변하지 말아야 한다. (변한다면 고정된 위치에서 시간이 지나가면 좌변은 변하지만 우변은 변하지 않을 것이다.) 따라서 양변 모두 상수여야 하고, 양변이 같으므로, 같은 상수이어야 한다. 이 상수를 $-b$라고 부르면 식 (2.33)은

$$\frac{1}{T(t)}\frac{dT(t)}{dt} = -b \tag{2.34}$$

가 되고, 이것은 상미분방정식이다. 또한 분리할 수 있다. 즉 T와 t를 식의 양변에 놓을 수 있다는 뜻이다. 간단히 $T(t)$를 T로 쓰고, 양변에 dt를 곱하면

$$\frac{1}{T}dT = -b\,dt$$

이 된다. 양변을 적분하면

$$\int \frac{dT}{T} = \int -b\,dt$$

즉

$$\ln T = -bt + c$$

이 된다. 여기서 c는 양변에 대해 결합된 적분상수이다. $T(t)$에 대해 풀기 위해 로그의 역함수인 지수함수를 적용하여 $e^{\ln T} = T$를 이용한다. 그러면 다음을 얻는다.

$$T(t) = e^{-bt+c} = e^{-bt}e^{c} = Ae^{-bt}. \tag{2.35}$$

이 표현에서 상수 e^c를 A로 흡수시켰다. 마지막 항(e^{-bt})이 해를 흩어지게 만든다. 공간에서 어떻게 변하든 전체 해는 e^{-bt}로 지수함수적으로 붕괴하고, 붕괴비율은 상수 b로 결정된다.

슈뢰딩거 방정식 슈뢰딩거 방정식은 고전 파동방정식보다 열 방정식과 더 비슷하지

만 6장에서 보게 되듯이 그 해는 파동의 특징을 갖는다. 열 방정식과 같이 슈뢰딩거 방정식은 시간에 대해 일차 미분과 위치에 대한 일차 미분을 포함한다. 그러나 시간 미분에 추가적인 인자 i가 있어서 이 인자가 해의 성질에 중요한 영향을 끼친다. 이것은 슈뢰딩거 방정식의 형태를 고려하면 볼 수 있다.

$$i\hbar\frac{\partial y(x,t)}{\partial t} = -\frac{\hbar^2}{2m}\frac{\partial^2 y(x,t)}{\partial t^2} + Vy(x,t). \tag{2.36}$$

이 식에서 V는 계의 퍼텐셜에너지이고, $\hbar$는 환원 Planck 상수이다(6장 참조).

열 방정식과 마찬가지로 해의 시간에 대한 행동은 변수분리를 이용하여 구할 수 있다. 전체 해가 식 (2.30)의 형태를 가지고 있다고 가정하면 슈뢰딩거 방정식의 형태는 다음과 같다.

$$i\hbar\frac{\partial T(t)X(x)}{\partial t} = -\frac{\hbar^2}{2m}\frac{\partial^2 T(t)X(x)}{\partial t^2} + VT(t)X(x). \tag{2.37}$$

$T(t)$를 공간 미분에서, $X(x)$를 시간 미분에서 꺼내고 $T(t)X(x)$로 나누면 다음을 얻는다.

$$\frac{i\hbar}{T(t)}\frac{\partial T(t)}{\partial t} = -\frac{\hbar^2}{2mX(x)}\frac{\partial^2 X(x)}{\partial t^2} + V. \tag{2.38}$$

위에서 설명한 같은 방법을 사용하면 시간에만 의존하는 식은

$$\frac{i\hbar}{T(t)}\frac{dT(t)}{dt} = E \tag{2.39}$$

이다. 이 상수는 계의 에너지이고, 따라서 E라고 불렀다. 이제 이 식은 상미분방정식이고

$$\frac{dT}{T} = -\frac{iE}{\hbar}\,dt$$

로 배열할 수 있다. 양변을 적분하면

$$\ln T = -\frac{iEt}{\hbar} + c$$

을 얻고, $T(t)$에 대해 풀면 다음을 얻는다.

$$T(t) = Ae^{-iEt/\hbar}. \tag{2.40}$$

1장의 1.5절에서 설명했듯이 감소하는 지수함수 e^{-x}와는 달리 e^{ix}의 실수와 허수 부분은 진동한다. 따라서 슈뢰딩거방정식의 해는 열 방정식의 해와 매우 다르다.

2.5 연습문제

2.1 함수 $f(x, t) = 3x^2t^2 + \frac{1}{2}x + 3t^3 + 5$에 대해 $\partial f/\partial x$와 $\partial f/\partial t$를 구하여라.

2.2 연습문제 2.1의 함수 $f(x, t)$에 대해 $\partial^2 f/\partial x^2$와 $\partial^2 f/\partial t^2$를 구하여라.

2.3 연습문제 2.1의 함수 $f(x, t)$에 대해 $\partial^2 f/\partial x \partial t$와 $\partial^2 f/\partial t \partial x$의 결과는 같음을 보여라.

2.4 함수 $Ae^{i(kx-\omega t)}$는 고전 파동방정식을 만족하는가? 그렇다면 증명하여라. 그렇지 않다면 그 이유를 설명하여라.

2.5 함수 $A_1e^{i(kx+\omega t)} + A_2e^{i(kx-\omega t)}$는 고전 파동방정식을 만족하는가? 그렇다면 증명하여라. 그렇지 않다면 그 이유를 설명하여라.

2.6 함수 $Ae^{i(ax+bt)^2}$는 고전 파동방정식을 만족하는가? 그렇다면 이 함수가 기술하는 파동의 속력은 얼마인가?

2.7 쌍곡 방정식 $y^2/a^2 - x^2/b^2 = 1$을 여러 a와 b 값에 대한 해를 그려라.

2.8 $y_1 = A \sin(kx + \omega t + \epsilon_1)$과 $y_2 = A \sin(kx + \omega t + \epsilon_2)$와 그 합을 $A = 1$ m, $k = 1$ rad/m, $\omega = 2$ rad/s일 때 $x = 0.5$ m와 $x = 1.0$ m에서 적어도 한 진동주기를 포함시켜 시간 영역에서 그려라. $\epsilon_1 = 1.5$ rad, $\epsilon_2 = 0$이다.

2.9 앞의 문제의 파동형태와 (그 합의) 위상자를 시간 $t = 0.5$ s, $t = 1.0$ s에서 그려라.

2.10 함수 $Ae^{i(kx-\omega t)}$는 식 (2.27)로 주어진 이류방정식을 만족하는가? 함수 $Ae^{i(kx+\omega t)}$는 어떤가?

03
파동성분

역학적 파동, 전자기파, 양자파동을 공부하기 전에 파동방정식의 일반적인 해(3.1절)와, 이 해에 대한 경계조건의 중요성(3.2절)을 이해하는 것이 도움이 될 것이다. 그리고 진동수가 한 개인 파동은 파동이론에 중요한 여러 개념을 도입할 때 유용하지만, 실제 세계에서는 여러 진동수 성분을 포함하는 파동을 보게 될 것이다. 이 성분을 함께 더해 얻는 최종 파동은 Fourier 합성의 주제이고, 각 성분의 진폭과 위상은 Fourier 분석을 통해 결정할 수 있다. Fourier 이론에 대한 기초(3.3절)를 이해하면 파동묶음과 분산이라는 중요한 주제(3.4절)를 다룰 준비가 될 것이다. 다른 장과 마찬가지로 이 주제에 대한 논의는 모듈화되어 있으므로 이 장의 어떤 절도 이미 잘 알고 있으면 자유롭게 뛰어넘을 수 있다.

3.1 파동방정식의 일반해

고전 일차원 파동방정식

$$\frac{\partial^2 y}{\partial x^2} = \frac{1}{v^2}\frac{\partial^2 y}{\partial t^2} \tag{3.1}$$

의 일반해를 구할 때 18세기의 프랑스 수학자 Jean le Rond d'Alembert가 개발한 접근방법을 만나게 된다. d'Alembert의 해를 이해하기 위해 x와 t가 포함된 새로운 두

변수를

$$\xi = x - vt,$$
$$\eta = x + vt$$

로 정의하여 시작하고, 이 변수를 이용하여 파동방정식을 어떻게 쓸 수 있는지 고려하자. 파동방정식은 공간과 시간에 대해 모두 이차미분을 포함하므로 연쇄법칙

$$\frac{\partial y}{\partial x} = \frac{\partial y}{\partial \xi}\frac{\partial \xi}{\partial x} + \frac{\partial y}{\partial \eta}\frac{\partial \eta}{\partial x}$$

으로부터 시작한다. 그러나 $\partial\xi/\partial x$와 $\partial\eta/\partial x$는 모두 1이므로 다음과 같다.

$$\frac{\partial y}{\partial x} = \frac{\partial y}{\partial \xi}(1) + \frac{\partial y}{\partial \eta}(1) = \frac{\partial y}{\partial \xi} + \frac{\partial y}{\partial \eta}.$$

x에 대해 이차미분을 취하면 다음을 얻는다.

$$\begin{aligned}\frac{\partial^2 y}{\partial x^2} &= \frac{\partial}{\partial x}\left(\frac{\partial y}{\partial \xi} + \frac{\partial y}{\partial \eta}\right)\\ &= \frac{\partial}{\partial \xi}\left(\frac{\partial y}{\partial \xi} + \frac{\partial y}{\partial \eta}\right)\frac{\partial \xi}{\partial x} + \frac{\partial}{\partial \eta}\left(\frac{\partial y}{\partial \xi} + \frac{\partial y}{\partial \eta}\right)\frac{\partial \eta}{\partial x}\\ &= \left(\frac{\partial^2 y}{\partial \xi^2} + \frac{\partial^2 y}{\partial \xi\,\partial \eta}\right)(1) + \left(\frac{\partial^2 y}{\partial \eta\,\partial \xi} + \frac{\partial^2 y}{\partial \eta^2}\right)(1).\end{aligned}$$

그러나 함수 y의 이차미분이 연속이면 섞인 편미분의 미분순서에 무관하므로

$$\frac{\partial^2 y}{\partial \xi\,\partial \eta} = \frac{\partial^2 y}{\partial \eta\,\partial \xi}$$

이고 다음을 얻는다.

$$\frac{\partial^2 y}{\partial x^2} = \frac{\partial^2 y}{\partial \xi^2} + 2\frac{\partial^2 y}{\partial \xi\,\partial \eta} + \frac{\partial^2 y}{\partial \eta^2}. \tag{3.2}$$

y의 시간에 대한 미분에도 같은 과정을 적용하면

$$\frac{\partial y}{\partial t} = \frac{\partial y}{\partial \xi}\frac{\partial \xi}{\partial t} + \frac{\partial y}{\partial \eta}\frac{\partial \eta}{\partial t} \tag{3.3}$$

을 얻는다. 이 경우 $\partial\xi/\partial x = -v$이고 $\partial\eta/\partial x = +v$이므로

$$\frac{\partial y}{\partial t} = \frac{\partial y}{\partial \xi}(-v) + \frac{\partial y}{\partial \eta}(v) = -v\frac{\partial y}{\partial \xi} + v\frac{\partial y}{\partial \eta}$$

이다. t에 대한 이차미분을 취하면 다음을 얻는다.

$$\begin{aligned}\frac{\partial^2 y}{\partial t^2} &= \frac{\partial}{\partial t}\left(-v\frac{\partial y}{\partial \xi} + v\frac{\partial y}{\partial \eta}\right)\\ &= \frac{\partial}{\partial \xi}\left(-v\frac{\partial y}{\partial \xi} + v\frac{\partial y}{\partial \eta}\right)\frac{\partial \xi}{\partial t} + \frac{\partial}{\partial \eta}\left(-v\frac{\partial y}{\partial \xi} + v\frac{\partial y}{\partial \eta}\right)\frac{\partial \eta}{\partial t}\\ &= \left(-v\frac{\partial^2 y}{\partial \xi^2} + v\frac{\partial^2 y}{\partial \xi\,\partial \eta}\right)(-v) + \left(-v\frac{\partial^2 y}{\partial \eta\,\partial \xi} + v\frac{\partial^2 y}{\partial \eta^2}\right)(v).\end{aligned}$$

따라서 결과는 다음과 같다.

$$\frac{\partial^2 y}{\partial t^2} = v^2\frac{\partial^2 y}{\partial \xi^2} - 2v^2\frac{\partial^2 y}{\partial \xi\,\partial \eta} + v^2\frac{\partial^2 y}{\partial \eta^2}. \tag{3.4}$$

x와 t에 대한 y의 이차미분을 이용하면 이 표현[식(3.2)와 (3.4)]을 파동방정식[식(3.1)]에 대입해보자. 그러면

$$\frac{\partial^2 y}{\partial \xi^2} + 2\frac{\partial^2 y}{\partial \xi\,\partial \eta} + \frac{\partial^2 y}{\partial \eta^2} = \frac{1}{v^2}\left(v^2\frac{\partial^2 y}{\partial \xi^2} - 2v^2\frac{\partial^2 y}{\partial \xi\,\partial \eta} + v^2\frac{\partial^2 y}{\partial \eta^2}\right)$$

즉 다음을 얻는다.

$$\left(\frac{\partial^2 y}{\partial \xi^2} - \frac{\partial^2 y}{\partial \xi^2}\right) + \left(2\frac{\partial^2 y}{\partial \xi\,\partial \eta} + 2\frac{\partial^2 y}{\partial \xi\,\partial \eta}\right) + \left(\frac{\partial^2 y}{\partial \eta^2} - \frac{\partial^2 y}{\partial \eta^2}\right) = 0.$$

이것을 보면 x와 t를 ξ와 η로 변수변환을 시키면 고전 파동방정식이 다음과 같이 간단하게 된다는 것을 알 수 있다.

$$\frac{\partial^2 y}{\partial \xi\,\partial \eta} = 0. \tag{3.5}$$

이 식에서 곧바로 많은 물리적 통찰을 얻을 수는 없지만 이를 적분하면 파동방정식에 대한 해의 많은 성질이 나타난다. 이를 보기 위해 이 식을

$$\frac{\partial}{\partial\xi}\left(\frac{\partial y}{\partial\eta}\right) = 0$$

으로 쓰고, 이것이 무엇을 의미하는지 생각해보자. $\partial y/\partial\eta$를 ξ로 편미분한 것이 0이면 $\partial y/\partial\eta$은 ξ에 의존하지 않는다. 즉 $\partial y/\partial\eta$는 η만의 함수라는 것을 의미하므로

$$\frac{\partial y}{\partial\eta} = F(\eta) \tag{3.6}$$

과 같이 쓸 수 있고, F는 y가 η에 대해 어떻게 변하는지 나타내는 함수를 표현한다. 이 식을 적분하면 다음을 얻는다.

$$y = \int F(\eta)d\eta + \text{상수}. \tag{3.7}$$

여기서 "상수"는 η의 의존하지 않은 임의의 함수를 나타낸다. (따라서 이것은 ξ에 대한 임의의 함수일 수 있다.) 이 함수를 $g(\xi)$라고 부르면 식 (3.7)은

$$y = \int F(\eta)d\eta + g(\xi) \tag{3.8}$$

이 되고, $F(\eta)$의 적분을 $F(\eta)$라고 부르는 다른 η의 함수로 놓으면

$$y = f(\eta) + g(\xi) \tag{3.9}$$

즉

$$y = f(x + vt) + g(x - vt) \tag{3.10}$$

을 얻는다. 이것이 일차원 고전 파동방정식의 일반해이고, 파동방정식을 만족하는 모든 파동함수 $y(x,\ t)$는 같은 속력을 반대 방향으로 진행하는 두 파동의 합으로 해석할 수 있다는 것을 알려준다. 왜냐하면 $f(x + vt)$는 속력 v로 음의 x 방향으로 움직이는 흔들림을 나타내고, $g(x - vt)$는 역시 속력 v로 양의 x 방향으로 움직이는 흔들림을 나타내기 때문이다.

물론 가장 일반적인 해와 같이 식 (3.10)을 보면 무엇이 일어나는지에 대한 큰 그림을 볼 수 있지만 특정한 시간과 위치에서 $y(x,\ t)$의 값을 구하고 싶으면 추가적인 정보가 필요할 것이다. 그 정보는 보통 경계조건의 형태로 주어지고, 이것이 다음 절의

주제이다. 그러나 파동방정식에 대한 d'Alembert의 해를 어떻게 사용할 수 있는지 빨리 보고 싶으면 다음 예제를 보면 된다.

예제 3.1 식 (3.10)의 함수 f와 g가 모두 진폭 A인 사인 파동을 나타낸다면 파동함수 $y(x, t)$는 어떻게 행동하는가?

이 질문에 답하려면 f와 g를 다음과 같이 쓴다.

$$f(x+vt) = A\sin(kx+\omega t),$$
$$g(x-vt) = A\sin(kx-\omega t).$$

(이 식의 우변에 v가 나타나지 않았다고 걱정이 되면 1장에서 $kx-\omega t$는 $k(x-\omega t/k)$로 쓸 수 있고, $\omega/k = v$임을 기억하여라. 여기서 v는 파동의 위상속도이다.)

f와 g에 대한 이 표현을 파동방정식[식(3.10)]의 일반해에 대입하면 다음을 얻는다.

$$\begin{aligned} y &= f(x+vt) + g(x-vt) \\ &= A\sin(kx+\omega t) + A\sin(kx-\omega t). \end{aligned}$$

하지만

$$\sin(kx+\omega t) = \sin(kx)\cos(\omega t) + \cos(kx)\sin(\omega t)$$

과

$$\sin(kx-\omega t) = \sin(kx)\cos(\omega t) - \cos(kx)\sin(\omega t)$$

의 관계가 있으므로 다음을 얻는다.

$$\begin{aligned} y &= A[\sin(kx)\cos(\omega t) + \cos(kx)\sin(\omega t)] \\ &\quad + A[\sin(kx)\cos(\omega t) - \cos(kx)\sin(\omega t)] \\ &= A[\sin(kx)\cos(\omega t) + \sin(kx)\cos(\omega t) + \cos(kx)\sin(\omega t) \\ &\quad - \cos(kx)\sin(\omega t)] \\ &= 2A\sin(kx)\cos(\omega t). \end{aligned}$$

파동함수 y에 대한 이 표현은 겉으로 보기에는 이동하는 파동 같이 보이지만(여기에는 kx와 ωt가 모두 있기는 하다) kx와 ωt는 다른 항에 나타나고, 이것은 공간에 시간에 대한 파동의 행동에 깊은 영향을 준다.

이 행동은 몇 개의 다른 시각에 x의 영역에서 y를 그려보면 알 수 있다. 그림 3.1에서 볼 수 있듯이 파동함수 $y(x, t)$는 공간에 대해서는 사인함수이고, 시간에 대해서는 진동하지만, 마루, 골, 0이 되는 부분은 진행하는 파동이 그렇듯이 x축을 따라 움직이지는 않는다. 그 대신 마루와 0의 위치는 ($\sin kx$의 마루와 0으로 주어지는 곳에) 같은 곳에 남아있지만, 마루의 크기는 [$\cos(\omega t)$ 항 때문에] 시간에 따라 변한다. 이 코사인 항은 시간 주기 T에 대해 반복되고 $T = 2\pi/\omega$이고, 사인항은 공간 간격 λ에 대해 반복된다. 여기서 $\lambda = 2\pi/k$이다.

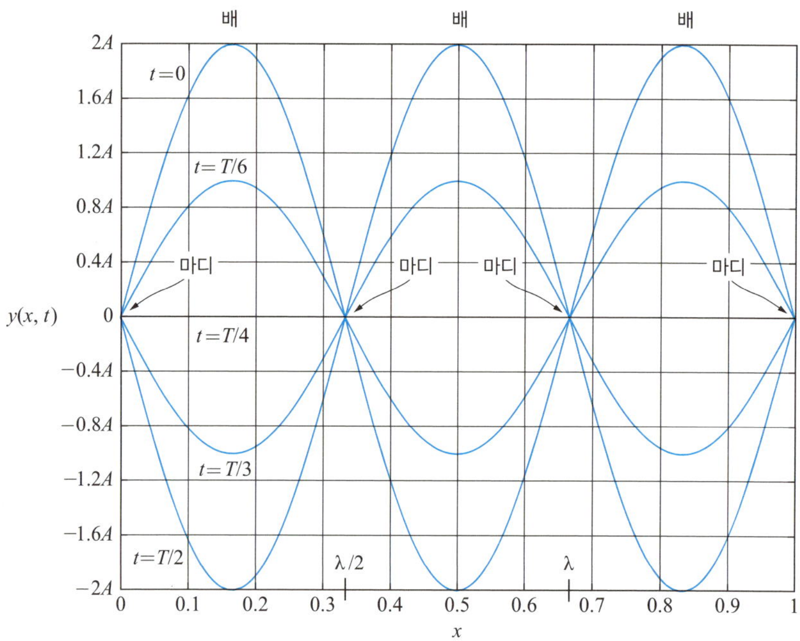

그림 3.1 다섯 개의 다른 시각에 거리 1.5 파장에 걸친 $y(x, t)$.

따라서 이 파동함수는 두 개의 진행하는 파동을 더한 것이지만, 그 결과는 "정지파동"이라고 부르는 진행하지 않는 파동이 된다. 그림 3.1에 나타내었듯이 0이 되는 지점을 정지파동의 "마디"라고 부르고, 마루와 골이 있는 위치를 정지파동의 "배"라고 부른다.

어떻게 이와 같이 진폭이 같고, 반대로 진행하는 파동이 존재할 수 있는가? 한 가지 가능성은 한 방향으로 진행하는 한 개의 파동이 고정된 장벽에서 반사되고, 반사된 파동이 원래 파동과 결합하여 정지파동을 만드는 것이다. 이 경우 고정된 장벽이 다음 절에서 볼 수 있는 경계조건의 한 예이다.

3.2 경계조건

경계조건은 왜 파동이론에서 중요한가? 한 가지 이유는 다음과 같다. 미분방정식은 그 성질이 함수의 변화에 대해 알려주는 것이다. (혹은 식에 이차 미분이 있으면 함수 변화의 변화에 대해 알려준다.) 함수가 어떻게 변하는지 아는 것은 매우 유용하며 어떤 문제에서는 이것만 알면 된다. 그러나 많은 문제에서는 함수가 어떻게 변하는가 하는 것뿐만 아니라 어떤 위치나 시간에서 함수는 어떤 값을 가지는가 하는 것도 알아야 할 경우가 있다.

여기서 경계조건이 들어온다. 경계조건은 함수나 그 미분을 시간이나 공간에서 특정한 위치에서 특정한 값을 "정해준다".[1] 미분방정식의 해가 경계조건을 만족하도록 제한하면 다른 위치에서 함수 혹은 그 미분값을 결정할 수 있다. 결정할 수 있다고 말하는 것은 적절하게 주어진 경계조건이 아니면 불충분하거나 모순되는 정보를 줄 수 있기 때문이다.

경계조건의 부분집합으로 "초기 조건"이라는 것이 있다. 이것은 (흔히 $t = 0$으로 취하는) 고려하는 주기의 시작 시간이나 미분방정식이 적용되는 영역의 공간의 경계면 아래에서 함수값을 지정한다.

경계조건이 어떻게 작동하는지 보기 위해 파동방정식의 d'Alembert의 일반해[식(3.10)]를 고려하자. 어떤 문제에서는 초기 변위를 $I(x) = y(x, 0)$로, 처음 (가로) 속도로[2] $V(x) = \partial y(x, t)/\partial t|_{t=0}$를 준다. 이 조건과 d'Alembert의 일반해를 이용하여 임의의 위치(x)와 시간(t)에서 함수 $y(x, t)$의 값을 결정할 수 있다.

그러기 위해 일반해[식(3.10)]에 $t = 0$으로 놓자.

$$y(x, t)|_{t=0} = f(x + vt)|_{t=0} + g(x - vt)|_{t=0}. \tag{3.11}$$

---

1 "Dirichlet" 경계조건은 함수값 자체를 지정하고, "Neumann" 경계조건은 함수의 미분값을 지정하고, "Cauchy"(혹은 "혼합") 경계조건에서는 Dirichlet과 Neumann 경계조건이 결합되어 있다.

2 가로속도는 파동의 위상속도가 아니다. 역학적 가로파동에서 가로속도는 파동이 진행하는 방향에 수직으로 움직이는 매질 입자의 속도이다. (4장 참조.)

이것은

$$y(x, 0) = f(x) + g(x) = I(x) \tag{3.12}$$

로 쓸 수 있고, $I(x)$는 각 x값에 대한 초기 변위이다. 다시 변수 $\eta = x + vt$와 $\xi = x - vt$를 사용하고, 시간에 대해 미분을 취하고 $t = 0$으로 놓으면 다음을 얻는다.

$$\left.\frac{\partial y(x, t)}{\partial t}\right|_{t=0} = \left.\frac{\partial f}{\partial \eta}\frac{\partial \eta}{\partial t}\right|_{t=0} + \left.\frac{\partial g}{\partial \xi}\frac{\partial \xi}{\partial t}\right|_{t=0}.$$

이 식에서 미분을 취한 후에 시간을 0으로 놓는다는 것이 중요하다. 이것이 의미하는 바는 $\partial\eta/\partial t = v$와 $\partial\xi/\partial t = -v$뿐만 아니라 $\partial f/\partial\eta = \partial f/\partial x$와 $\partial g/\partial\xi = \partial g/\partial x$로도 쓸 수 있다는 것이다. 따라서 가로 속도에 대한 초기 조건은

$$\left.\frac{\partial y(x, t)}{\partial t}\right|_{t=0} = \frac{\partial f}{\partial x}v - \frac{\partial g}{\partial x}v = V(x)$$

이고 $V(x)$는 각 x의 위치에서 초기 속도를 지정하는 함수이다. 따라서 다음을 얻는다.

$$\frac{\partial f}{\partial x} - \frac{\partial g}{\partial x} = \frac{1}{v}V(x).$$

이 식을 x에 대해 적분하면 $V(x)$의 적분을 $f(x)$와 $g(x)$로

$$f(x) - g(x) = \frac{1}{v}\int_0^x V(x)dx \tag{3.13}$$

로 쓸 수 있고, $x = 0$은 답에 영향을 끼치지 않는 임의의 시작 위치를 나타낸다. 식 (3.12)에서 이미 초기 변위(I)는 $f(x)$와 $g(x)$로

$$f(x) + g(x) = I(x) \tag{3.12}$$

로 쓸 수 있으므로 식 (3.13)을 식 (3.12)에 더하여 $f(x)$를 분리시킬 수 있어서

$$2f(x) = I(x) + \frac{1}{v}\int_0^x V(x)dx$$

즉 다음과 같이 쓸 수 있다.

$$f(x) = \frac{1}{2}I(x) + \frac{1}{2v}\int_0^x V(x)dx. \tag{3.14}$$

마찬가지로 식 (3.12)에서 식 (3.13)을 빼면 $g(x)$를 분리할 수 있어서

$$2g(x) = I(x) - \frac{1}{v}\int_0^x V(x)dx$$

즉 다음과 같이 쓸 수 있다.

$$g(x) = \frac{1}{2}I(x) - \frac{1}{2v}\int_0^x V(x)dx. \tag{3.15}$$

이 모든 계산을 왜 하는가? 이제 $f(x)$와 $g(x)$를 변위에 대한 초기조건 $I(x)$와 가로 속도의 초기조건 $V(x)$로 나타내었다. 그리고 x를 $f(x)$에 대한 식에서 $\eta = x + vt$로 바꾸면 다음을 얻는다.

$$f(\eta) = f(x + vt) = \frac{1}{2}I(x + vt) + \frac{1}{2v}\int_0^{x+vt} V(x + vt)dx.$$

이제 $g(x)$에 대한 식에서 x를 $\xi = x - vt$로 바꾸면 다음을 얻는다.

$$g(\xi) = g(x - vt) = \frac{1}{2}I(x - vt) - \frac{1}{2v}\int_0^{x-vt} V(x - vt)dx.$$

이 두 식으로 모든 공간과 시간에 대해 해 $y(x, t)$를 변위(I)와 가로 속도(V)의 초기 조건으로 쓸 수 있다.

$$\begin{aligned} y(x, t) &= f(x + vt) + g(x - vt) \\ &= \frac{1}{2}I(x + vt) + \frac{1}{2v}\int_0^{x+vt} V(x + vt)dx \\ &\quad + \frac{1}{2}I(x - vt) - \frac{1}{2v}\int_0^{x-vt} V(x - vt)dx. \end{aligned}$$

여기서 마지막 항의 적분 구간을 바꾸고, 음의 부호를 붙이고, 적분을 결합하여 간단하게 쓰면 다음과 같다.

$$y(x, t) = \frac{1}{2}I(x + vt) + \frac{1}{2}I(x - vt) + \frac{1}{2v}\int_{x-vt}^{x+vt} V(z)dz. \tag{3.16}$$

여기서 z는 허깨비 변수이다.(즉 적분되는 변수이므로 어떤 이름으로 선택해도 된다.)

식 (3.16)은 초기 조건이 $I(x)$와 $V(x)$로 주어지는 파동방정식의 d'Aelmbert 일반해

이다. 그러므로 $I(x)$와 $V(x)$를 알면 이 식을 이용하여 임의의 위치(x)와 시간(t)에서 해를 구할 수 있다.

식 (3.16)과 같은 식을 보면 언제나 그 물리적인 중요성을 이해하려고 해야 한다. 이 경우 첫 두 항은 바로 초기 변위(즉 파동 윤곽) 중 반은 $-x$ 방향으로 움직이고, 다른 반은 $+x$ 방향으로 움직이는 것을 나타낸다.

세 번째 항의 의미는 그렇게 명백하지 않지만, 적분 한계를 고려하면 이것은 임의의 위치(x)에서 흔들림이 쌓인 것이라는 것을 알 수 있어야 한다. 왜 이것이 사실인지 이해하려면 $x - vt$부터 $x + vt$까지의 구간에 대한 중요성을 고려하자. 이것은 속력 v로 이동하는 흔들림이 위치 x에 도달하는 데 걸리는 시간 동안 이동한 거리의 영역이다. 그러므로 이 x 구간에 대한 초기 속도함수 V의 적분은 임의의 x 위치에서 흔들림이 얼마나 "쌓였는지" 알려준다.

다음 예제를 보면 식 (3.16)을 이용하여 $I(x)$와 $V(x)$가 주어졌을 때 어떻게 $y(x, t)$를 구할 수 있는지 볼 수 있다.

예제 3.2 초기 변위조건이

$$y(x,0) = I(x) = \begin{cases} 5\,[1 + x/(L/2)], & -L/2 < x < 0, \\ 5\,[1 - x/(L/2)], & 0 < x < L/2, \\ 0 & \text{다른 곳} \end{cases}$$

이고, 가로 속도에 대한 초기 조건이

$$\left.\frac{\partial y(x,t)}{\partial t}\right|_{t=0} = 0$$

인 파동에 대해 $y(x, t)$를 구하여라.

초기 변위(I)와 가로 속도(I)가 주어졌으므로 식 (3.16)을 이용하여 $y(x, t)$를 구할 수 있다. 그러나 그림 3.2와 같이 초기 변위함수를 그려서 시작하는 것이 종종 도움이 된다. 이 경우 초기 가로 속도는 0이므로 이 함수를 그릴 필요는 없다.

이제 초기 변화가 어떻게 생겼는지 알았으므로 식 (3.16)을 사용할 준비가 되었다.

$$y(x,t) = \frac{1}{2}I(x-vt) + \frac{1}{2}I(x+vt) + \frac{1}{2v}\int_{x-vt}^{x+vt} V(z)dz$$
$$= \frac{1}{2}[I(x-vt) + I(x+vt)] + 0.$$

그림 3.3에서 볼 수 있듯이 이것은 바로 파동의 처음 모양[$I(x)$]의 반이 시간이 지나도 모양을 유지하면서 음의 x 방향과 양의 x 방향으로 진행하는 파동이다. 이 그림에서 $x = 0$에 중심이 있는 큰 삼각형은 시각 $t = 0$에서 $\frac{1}{2}[I(x-vt)]$와 $\frac{1}{2}[I(x+vt)]$를 더한 것이고, 이것은 바로 $I(x)$이다. 나중 시간 $t = t_1$에서 파동함수 $I(x-vt)$는 오른쪽(양의 x 방향)으로 거리 vt_1만큼 이동한 반면, 반대로 이동하는 파동함수 $I(x+vt)$는 같은 거리를 왼쪽(음의 x 방향)으로 이동하였으므로 파동함수의 두 성분은 더이상 겹치지 않는다. 시간이 지날수록 $t = t_2$에 대한 그림을 보면 알 수 있듯이 두 파동함수 성분은 계속해서 더 멀어진다.

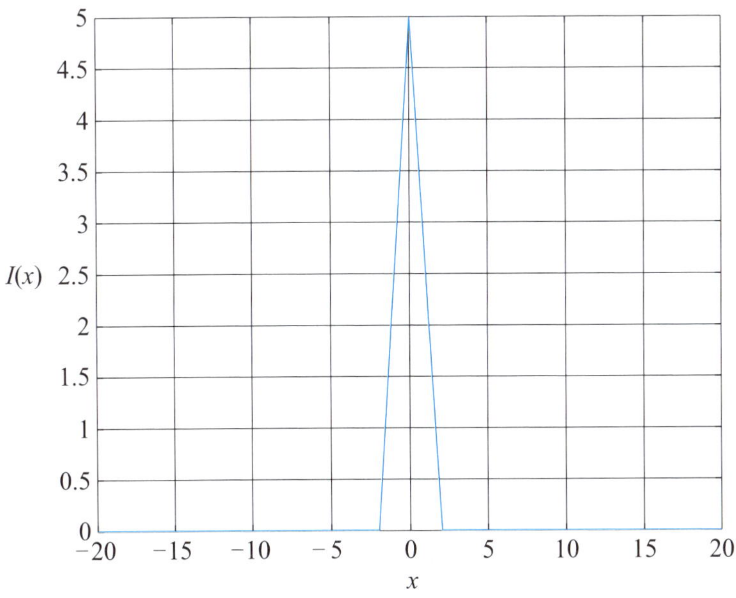

그림 3.2 $L = 4$인 초기 변위 $I(x)$.

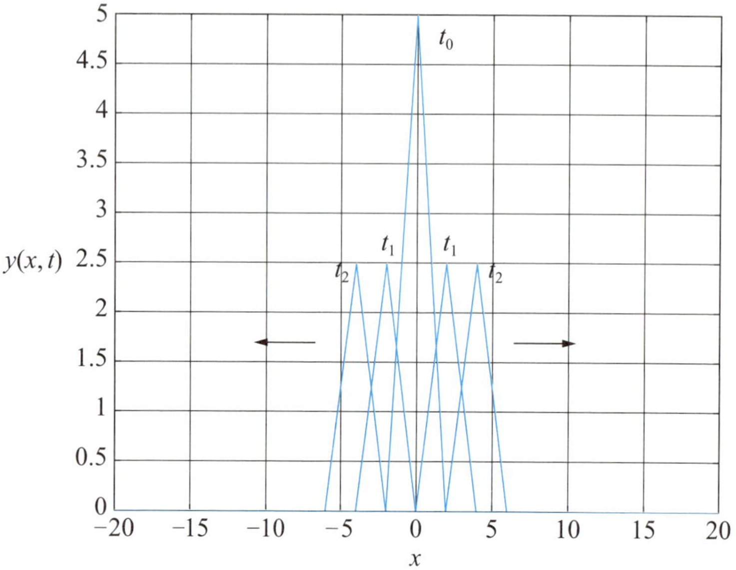

그림 3.3 시각 $t = 0$와 나중의 두 시각에서 반대로 이동하는 삼각형 파동성분.

이 예를 통해 초기조건[시각 $t = 0$에서 변위 $I(x)$와 가로속도 $V(x)$]이 주어지면 $y(x, t)$를 결정하기 위해 파동방정식의 d'Alembert 해를 이용할 수 있는 방법을 알 수 있다. 이 절을 시작할 때 언급했듯이 초기조건은 문제의 "경계"에서 함수나 그 미분을 지정하는 경계조건의 부분집합이다. 이러한 "경계"는 시간적이거나(예를 들어 시간은 0이거나 무한대이다), 공간적이다(예를 들어 $x = 0$와 $x = L$이다).

파동방정식의 해를 구하기 위해 이와 같은 일반적인 경계조건을 어떻게 사용하는지 보려면 먼저 2.4절의 열방정식에 대한 논의에서 도입한 변수분리를 이해할 필요가 있다. 그 절에서 설명했듯이 이 방법을 사용할 때 둘 혹은 그 이상의 변수(일차원 파동방정식에서 x와 t와 같이)를 포함하는 편미분방정식은 한 변수만 포함하는 함수의 곱으로 쓸 수 있다는 것을 가정한다. 따라서 일차원 파동방정식에서 해 $y(x, t)$는 x에만 의존하는 함수 $X(x)$와 t에만 의존하는 다른 함수 $T(t)$의 곱이라고 가정한다. 따라서 $y(x, t) = X(x)T(t)$이고, 고전 파동방정식

$$\frac{\partial^2 y}{\partial x^2} = \frac{1}{v^2}\frac{\partial^2 y}{\partial t^2}$$

은

$$\frac{\partial^2[X(x)T(t)]}{\partial x^2} = \frac{1}{v^2}\frac{\partial^2[X(x)T(t)]}{\partial t^2} \tag{3.17}$$

이 된다. 그러나 시간 함수 $T(t)$는 x에 의존하지 않고, 공간 함수 $X(x)$는 시간에 의존하지 않으므로 T를 첫 번째 미분 밖으로 꺼내고, X를 두 번째 미분에서 꺼낸다.

$$T(t)\frac{\partial^2 X(x)}{\partial x^2} = \frac{1}{v^2}X(x)\frac{\partial^2 T(t)}{\partial t^2}. \tag{3.18}$$

다음 단계는 양변을 두 항의 곱$[X(x)T(t)]$로 나누는 것이다.

$$\frac{1}{X(x)}\frac{\partial^2 X(x)}{\partial x^2} = \frac{1}{v^2}\frac{1}{T(t)}\frac{\partial^2 T(t)}{\partial t^2}. \tag{3.19}$$

좌변은 x에만 의존하고 우변은 t에만 의존한다는 것을 주목하여라. 2.4절에서 설명한 대로 이것은 이 식의 좌변과 우변 모두 상수라는 것을 의미한다. ("분리상수"라고 부르는) 이 상수를 α라고 놓고, 다음과 같이 쓴다.

$$\frac{1}{X}\frac{\partial^2 X}{\partial x^2} = \alpha,$$
$$\frac{1}{v^2}\frac{1}{T}\frac{\partial^2 T}{\partial t^2} = \alpha$$

즉 다음과 같다.

$$\frac{\partial^2 X}{\partial x^2} = \alpha X \tag{3.20}$$

$$\frac{\partial^2 T}{\partial t^2} = \alpha v^2 T. \tag{3.21}$$

이제 이 식의 의미를 생각해보자. 이 식을 보면 (X와 T의) 각 함수의 이차미분은 상수에 함수를 곱한 것과 같다. 어떤 함수가 이런 조건을 만족하는가? 2장에서 논의한 대로 (사인과 코사인과 같은) 조화함수가 이 조건을 잘 만족한다.

식 (3.20)과 (3.21)을 만족하는 조화함수의 변수를 결정하기 위해 상수 α를 $-k^2$로 놓자. 이 상수를 음수의 제곱으로 놓는 것이 어떻게 도움이 되는지 이해하기 위해 $X(x)$에 대한 식을 고려하자.

$$\frac{\partial^2 X}{\partial x^2} = \alpha X = -k^2 X. \tag{3.22}$$

이 식의 해는 $\sin(kx)$와 $\cos(kx)$가 있다. 이것은 $\sin(kx)$와 $\cos(kx)$를 식 (3.22)에 대입해서 확인할 수 있다. 그리고 kx가 사인 혹은 코사인 함수의 변수로 나타날 때 k의 의미는 분명하다. x는 거리를 나타내므로 k는 거리 차원을 각도(SI 단위에서는 미터를 라디안으로)로 바꾸어야 한다. 1장에서 설명했듯이 이것이 정확히 파동수($k = 2\pi/\lambda$)의 역할이다. 따라서 분리상수 α를 $-k^2$로 놓으면 파동방정식의 해에 파동수가 분명히 나타나는 것을 확인할 수 있다.

$T(t)$에 대한 식은 어떤가? 이 경우 분리상수를 $-k^2$로 놓으면

$$\frac{\partial^2 T}{\partial t^2} = \alpha v^2 T = -v^2 k^2 T \tag{3.23}$$

이 되고, 그 해는 $\sin(kvx)$와 $\cos(kvx)$이다. 이것은 kv는 각진동수(ω)를 나타내야 한다. 이것은 k가 파동수, v가 파동의 위상속도를 나타낸다면 정확히 그렇게 된다. (왜냐하면 $(2\pi/\lambda)v = 2\pi\lambda f/\lambda = 2\pi f = \omega$이기 때문이다.)

그러므로 파동방정식에서 변수를 분리하면 $y(x,\ t) = X(x)T(t)$ 형태의 해를 얻게 되고, $X(x)$ 함수는 $\sin(kx)$나 $\cos(kx)$이고, $T(t)$ 항은 $\sin(kvx)$나 $\cos(kvx)$이다. 이것은 유용하지만 공간함수 $X(x)$에 대해서, 그리고 시간함수 $T(t)$에 대해 사인 혹은 코사인(혹은 이들의 결합)을 어떻게 선택하는가?

그 답은 경계조건이다. 공간이나 시간에서 특정한 위치에서 해(혹은 그 미분)의 값을 알면 (경계조건을 만족하는) 적당한 함수를 선택할 수 있다. 그 조건은 줄 끝에서 변위가 0인 점이거나, 전자기파의 샘 근처에 도체 평면이거나 양자파동의 경우 퍼텐셜장벽이 될 수 있다.

경계조건이 어떻게 적용되는지 보는 예제를 풀기 전에 사인과 코사인의 결합(더 나은 것은 사인과 코사인의 가중치를 둔 결합)이 사인이나 코사인보다 더 일반적인 해가 되는지 이해하는 것을 먼저 생각해보자. 이것을 보기 위해 함수 $X(x) = \sin(kx)$나 $X(x) = \cos(kx)$를 $x = 0$에서 고려하자. 함수 $X(x) = \sin(kx)$는 $x = 0$에서 0이 되어야 하고($\sin 0 = 0$이다) 함수 $X(x) = \cos(kx)$는 $x = 0$에서 최대값을 갖는다. ($\cos 0 = 1$이다.) 그러나 $x = 0$에서 경계조건이 변위가 0도 최대값도 아니면 어떻게 되는가? 사

인함수만, 혹은 코사인 함수만 사용하면 그 해는 결코 경계조건을 만족할 수 없다.

이제 함수 $X(x)$를 사인과 코사인 함수의 가중치를 둔 결합, 즉 $X(x) = A\cos(kx) + B\sin(kx)$로 정의하면 어떻게 되는지 알아보자. 계수 A와 B는 이 결합에서 "코사인이 얼마나 있는지"와 "사인이 얼마나 있어서" 섞이는지 알려주고, 각각의 적당한 양을 더하면 매우 강력한 효과를 얻을 수 있다.

이를 보기 위해 그림 3.4에 있는 네 개의 파동 형태를 보자. 각각의 파동 형태는 $X(x) = A\cos(kx) + B\sin(kx)$를 나타내지만, 가중치 A와 B의 상대값을 변화시킨 것이다. 그래프에서 볼 수 있듯이 $kx = 0$(가장 왼쪽)에서 최대가 되는 파동 형태는 $A = 1$이고, $B = 0$이므로 코사인 함수만 있다. $kx = 90°$(가장 오른쪽)에 있는 파동 형태는 $A = 0$이고, $B = 1$이어서 사인함수만 있다.

이제 순수한 코사인 함수와 순수한 사인 함수 중간에서 최대값이 있는 두 개의 파동 형태를 보자. "거의 코사인"이라고 이름 붙인 $A = 0.868$, $B = 0.5$인 파동은 $kx = 30°$에서 최대가 되고, ("거의 사인"이라고 이름 붙인) $A = 0.5$, $B = 0.866$인 파동은 최대값이 $kx = 60°$에 있다. 여기서 볼 수 있듯이 사인과 코사인이 차지하는 비중에 따라 결합된 파동의 최대값의 왼쪽-오른쪽 위치가 결정된다. 이 경우 $A^2 + B^2 = 1$을 유지하여 모든 파동의 높이는 같게 하였지만, 어떤 x 값에서 $X(x)$가 특정한 값을 갖는 경계조건이 있으면 가중치 A와 B는 이러한 조건을 만족시키기 위해 조절할 수 있다.

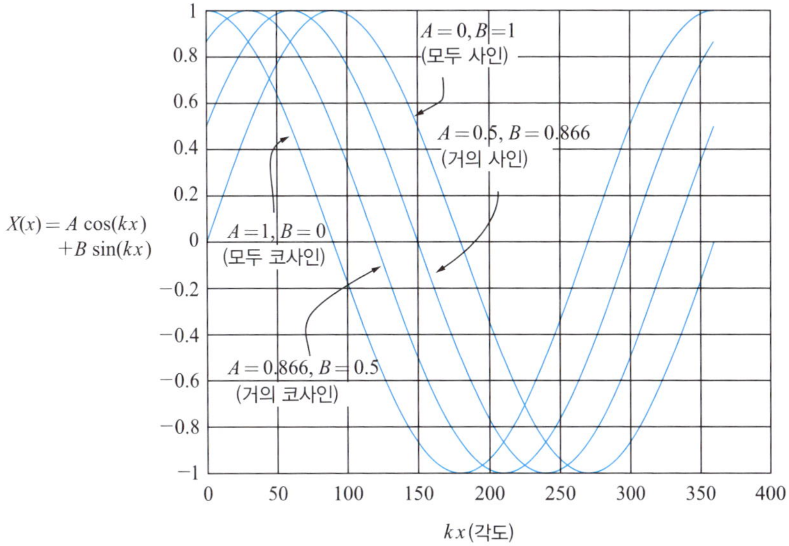

그림 3.4 사인과 코사인 함수에 가중치를 둔 결합.

이로 인해 파동에 대해 공부할 때 "가장 일반적인 해는 이러한 함수의 결합이다"라는 문장을 마주치게 되는 이유를 알 수 있다. 적절한 가중치로 사인과 코사인과 같은 함수를 결합하면 파동방정식에 대한 해는 사인이나 코사인만으로는 이룰 수 없는 훨씬 더 많은 영역의 조건을 만족할 수 있다.

파동함수를 x나 t 축으로 이동하는 것은 위상상수(ϕ_0)를 사용하여 일반해를 $C\sin(\omega t+\phi_0)$로 나타낼 수 있다. 이 경우 파동의 높이는 상수 C를 조절하여 경계조건과 맞추는 반면, 시간축에 대한 최대값의 위치는 위상상수 ϕ_0로 결정한다.

다음 예제에서 특정한 위치에 제한된 줄 문제에 경계조건을 적용하는 것을 볼 것이다.

예제 3.3 양쪽 끝이 고정된 줄에서 만들어지는 파동의 변위 $y(x,t)$를 구하여라.

줄의 양쪽 끝이 고정되어 있으므로 줄의 끝에 해당되는 위치에서 모든 시간에 변위 $y(x,t)$는 0이 되어야 한다는 것을 알고 있다. 줄의 한쪽 끝이 $x=0$에 있고, 다른 끝은 $x=L$에 있다고 하면 (L은 줄의 길이이다) $y(0,t)=0$이고 $y(L,t)=0$이다. $y(x,t)$를 거리의 함수 $X(x)=A\cos(kx)+B\sin(kx)$와 시간의 함수 $T(t)$의 곱으로 분리하면 다음과 같이 쓸 수 있다.

$$\begin{aligned} y(0,t)=X(0)T(t)=[A\cos(0)+B\sin(0)]\,T(t)&=0,\\ [(A)(1)+(B)(0)]\,T(t)&=0. \end{aligned}$$

이것은 모든 시간(t)에 성립해야 하므로 코사인 항의 계수 A는 0이 되어야 한다. 줄의 다른쪽 끝($x=L$)에서 경계조건을 적용하면 다음을 얻는다.

$$\begin{aligned} y(L,t)=X(L)T(t)=[A\cos(kL)+B\sin(kL)]\,T(t)&=0,\\ [0\cos(kL)+B\sin(kL)]\,T(t)&=0. \end{aligned}$$

여기서도 다시 이것이 모든 시간에 대해 성립해야 한다는 사실을 사용하면 $B=0$이거나 $\sin(kL)=0$이어야 한다. $B=0$이면 어느 시간에서도 줄의 모든 부분에 변위가 없는 매우 지루한 경우에 해당되므로(이미 $A=0$이라는 것을 기억하여라) B는 0이 아니고 $\sin(kL)$이 0인 경우를 고려하는 것이 더 재미있다. $k=2\pi/\lambda$이므로 이 경우 다음이 성립한다.

$$\sin(kL) = \sin\left(\frac{2\pi L}{\lambda}\right) = 0,$$
$$\frac{2\pi L}{\lambda} = n\pi,$$
$$\lambda = \frac{2L}{n}.$$

여기서 n은 임의의 양의 정수이다. (n을 0이나 음수로 취하는 것은 흥미 있는 물리현상을 만들어내지 않는다.)

이것은 양쪽 끝이 고정된 줄에서 파장(λ)는 ($n=1$인 경우) $2L$, ($n=2$일 때는) L, ($n=3$일 때는 $2L/3$ 등의 값을 갖는다. 각각의 경우가 어떻게 생겼는지 그림 3.5에 나타내었다.

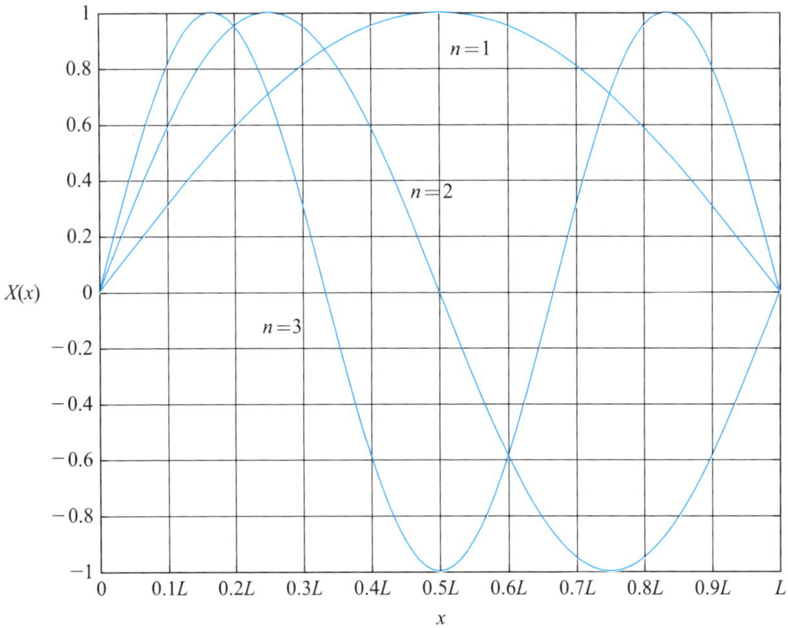

그림 3.5 양쪽 끝이 고정된 줄에서 나타나는 첫 세 개의 모드.

따라서 양의 정수 n에 대해 $\lambda = 2L/n$은 양쪽 끝이 고정된 줄에 대해 허용된 파장을 정의한다. 이 값 사이의 임의의 λ는 줄의 끝에서 변위가 0이 되지 않으므로 경계조건 $X(0)=0$와 $X(L)=0$을 만족시키지 못한다. 그러므로 일반해는 이 파동 형태의 가중치를 둔 결합이다.

$$X(x) = B_1 \sin\left(\frac{\pi x}{L}\right) + B_2 \sin\left(\frac{2\pi x}{L}\right) + B_3 \sin\left(\frac{3\pi x}{L}\right) + \cdots$$
$$= \sum_{n=1}^{\infty} B_n \sin\left(\frac{n\pi x}{L}\right).$$

여기서 계수 B_n은 각 파동이 얼마나 있는지 정확히 결정한다. 그리고 이 계수의 크기는 줄을 흔드는 방법에 의존한다.

예를 들어 한 곳 혹은 여러 곳에서 줄을 처음 변위로 잡아당겨 "튕길" 수 있다. 이 경우 한 경계조건은 시간 $t = 0$에서 각 위치의 처음 변위 $y(x, 0)$를 지정하고, 다른 경계조건은 시간 $t = 0$에서 처음 가로 속도 $\partial y(x, t)/\partial t$가 0이 되도록 지정한다.

다른 방법은 주어진 위치에서 처음 가로 속도를 갖도록 줄을 "칠" 수 있다. 이 경우 한 경계조건은 시간 $t = 0$에서 각 위치에서 처음 변위 $y(x, 0) = 0$을 지정하고, 다른 경계조건은 시간 $t = 0$에서 처음 가로 속도 $\partial y(x, t)/\partial t$가 주어진 속도 v_0로 지정하면 된다.

이것이 어떻게 작동하는지 보려면 줄을 작은 망치로 두드릴 때 처음 가로 속도 v_0를 주면, 줄은 처음에 평형상태에 있다. [모든 x에 대해 변위가 0이므로 $y(x, 0) = 0$] 위에서 설명한대로 공간과 시간 성분을 분리하여 $T(t)$를 사인과 코사인의 결합

$$T(t) = C\cos(kvt) + D\sin(kvt) = C\cos\left(\frac{2\pi}{\lambda}vt\right) + D\sin\left(\frac{2\pi}{\lambda}vt\right)$$

으로 나타내고, 계수 C와 D는 경계조건으로 결정한다.

$X(x)$에 대해 분석했을 때 양쪽 끝이 고정된 줄에 대해 $\lambda = 2L/n$을 얻었으므로 $T(t)$에 대한 표현은 다음과 같다.

$$T(t) = C\cos\left(\frac{2\pi}{\lambda}vt\right) + D\sin\left(\frac{2\pi}{\lambda}vt\right)$$
$$= C\cos\left(\frac{2\pi}{2L/n}vt\right) + D\sin\left(\frac{2\pi}{2L/n}vt\right)$$
$$= C\cos\left(\frac{n\pi}{L}vt\right) + D\sin\left(\frac{n\pi}{L}vt\right).$$

이 표현을 가지고 모든 x 값에서 시간 $t = 0$일 때 변위가 0인 경계조건을 적용하면

다음을 얻는다.

$$y(x, 0) = X(x)T(0) = X(x)[C\cos(0) + D\sin(0)] = 0,$$
$$X(x)[(C)(1) + (D)(0)] = 0.$$

$X(x) = \sum_{n=1}^{\infty} B_n \sin(n\pi x/L)$은 모든 x 값에 대해 0이 아니므로 C가 0이 되어야 한다. 따라서 $T(t)$에 대한 일반해는 각 n 값에 대한 사인항의 합으로 쓸 수 있다.

$$T(t) = \sum_{n=1}^{\infty} D_n \sin\left(\frac{n\pi}{L} vt\right).$$

$X(x)$와 $T(t)$에 대한 표현을 결합하고 계수 D_n을 B_n에 흡수시키면 변위에 대한 해는 다음과 같다.

$$y(x, t) = X(x)T(t) = \sum_{n=1}^{\infty} B_n \sin\left(\frac{n\pi x}{L}\right)\sin\left(\frac{n\pi vt}{L}\right). \tag{3.24}$$

이 표현의 $n = 1$인 항을 그림 3.6에서 $kvt = 0$과 $kvt = 2\pi$ 사이에 50개의 다른 시간에서 그렸다. 그림에서 볼 수 있듯이 이것은 정지파동의 예이다. $n = 1$인 경우 (변위가 0인 위치인) 마디가 두 개 있는데 각각 줄의 양쪽 끝에 있고, (최대 변위의 위치인) 배는 중심에 한 개 있다. 이 그림의 모양을 각 두 개의 사인 항의 역할을 고려하여 식 $y(x, t)$[식 (3.24)]와 관련지을 수 있다. $\sin(n\pi x/L)$인 공간의 사인항은 [혹은 $n = 1$일 때 $\sin(\pi x/L)$] $x = 0$에서 $x = L$인 거리에 사인 파동의 반 주기를 만든다. (왜냐하면 $\sin(\pi x/L)$의 변수가 이 x의 영역에서 0에서 π까지 진행하기 때문이다.)

시간에 의존하는 사인항 $\sin(n\pi x/L)$[혹은 $n = 1$일 때 $\sin(\pi vt/L)$]을 이해하려면 $vt = (\lambda f)t$이고 $f = 1/T$임을 기억하자. 여기서 T는 주기이다. 따라서 $n\pi vt/L = n\pi\lambda t/(TL)$이고, 양 끝이 고정된 줄에 대해서 $\lambda = 2L/n$이므로 이것은 $2n\pi Lt/(nTL) = 2\pi t/T$가 된다. 이 형태로 쓰면 이 항은 시간 $t = 0$에서 0에서($\sin 0 = 0$이므로) 시간 $t = T/4$에서 최대값 $+1$로($\sin[2\pi(T/4)/T] = \sin(\pi/2) = 1$이므로), 그리고 시간 $t = T/2$에서 다시 0으로($\sin[2\pi(T/2)/T] = \sin(\pi) = 0$이므로), 시간 $t = 3T/4$에서 음의 최대값 -1로($\sin[2\pi(3T/4)/T] = \sin(3\pi/2) = -1$이므로), 그리고 다시 시간 $t = T$에서 0으로($\sin[2\pi(T)/T] = \sin(2\pi) = 0$이므로) 돌아온다. 이것이 그림 3.6에서 사인 파동의 반이 "채워 넣는" 선들로 볼 수 있는 시간에 대한 진동이다.

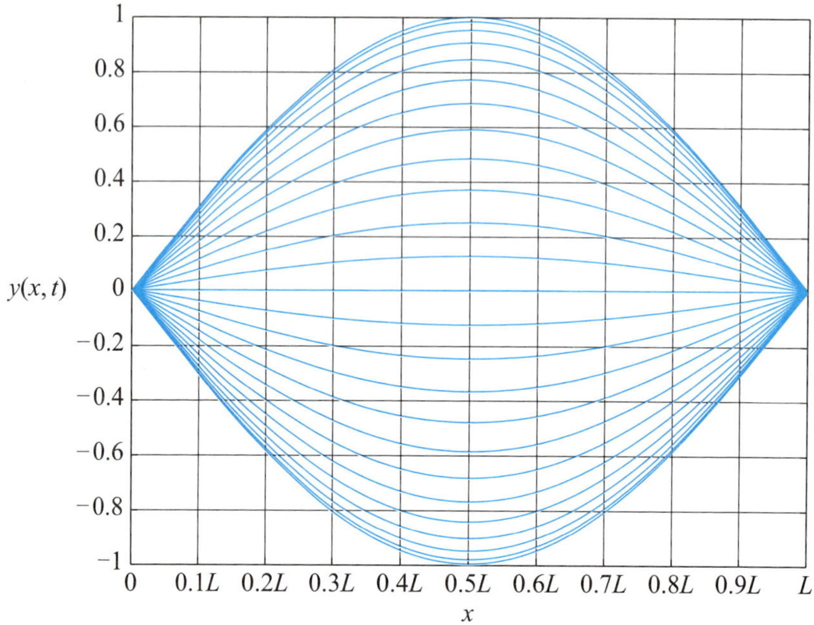

그림 3.6 $n = 1$일 때 $kvt = 0$에서 2π 사이에 50개의 시간에 대한 $y(x, t)$.

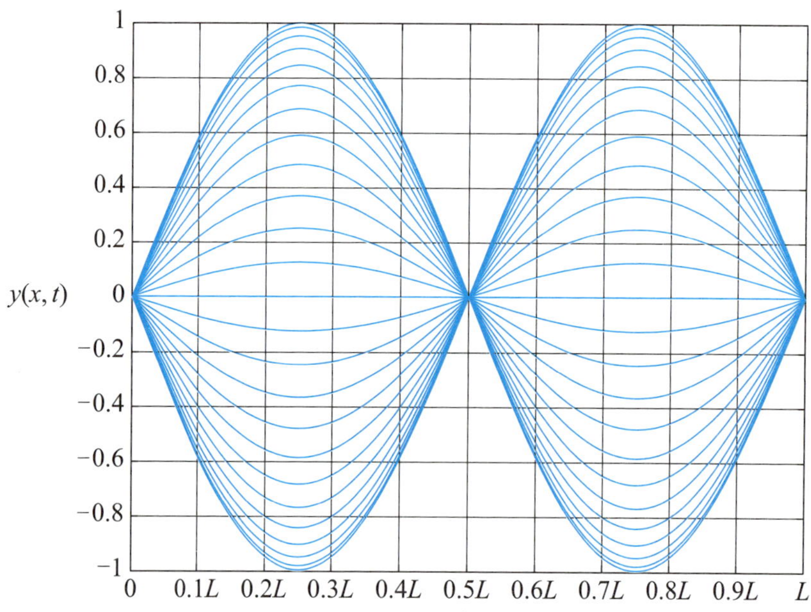

그림 3.7 $n = 2$일 때 $y(x, t)$.

$n = 2$인 경우도 마찬가지로 분석할 수 있지만, 이 경우 다른 점은 그림 3.7에서 볼 수 있듯이 거리 $x = 0$에서 $x = L$에 걸쳐 공간적으로 한 주기에 해당하는 사인 항이 나타난다. 이 경우 세 개의 마디, 두 개의 배가 있다는 것을 주목하여라. 일반적인 규칙은 양쪽 끝이 고정된 줄에 대해 $n + 1$개의 마디, n개의 배가 있다는 것이다. 그림 3.8에 $n = 3$인 경우를 나타내었고, 공간에 대한 사인 항은 거리 $x = 0$에서 $x = L$에 걸쳐 1.5 주기가 나타난다.

이러한 양쪽 끝이 고정된 줄의 진동모드를 "정규"모드라고 부르고 n 값을 모드의 "차수"라고 부른다. $n = 1$인 모드는 진동의 기본모드라고 부르며 더 큰 n값의 모드는 고차 모드라고 부른다. 특히 6장에서 양자파동을 취급할 때 정규 모드를 "고유함수"라고 부르기도 한다.

이 절에서 설명한 기술은 줄에 나타나는 파동 형태에 대해 매우 많은 정보를 제공하지만 식 (3.24)의 B_n과 같은 계수 값을 어떻게 경계조건으로부터 결정하는지 논의하지 않았다. 이 과정을 이해하려면 Fourier 이론의 기초를 알아야 할 필요가 있고, 이것이 다음 절의 주제이다.

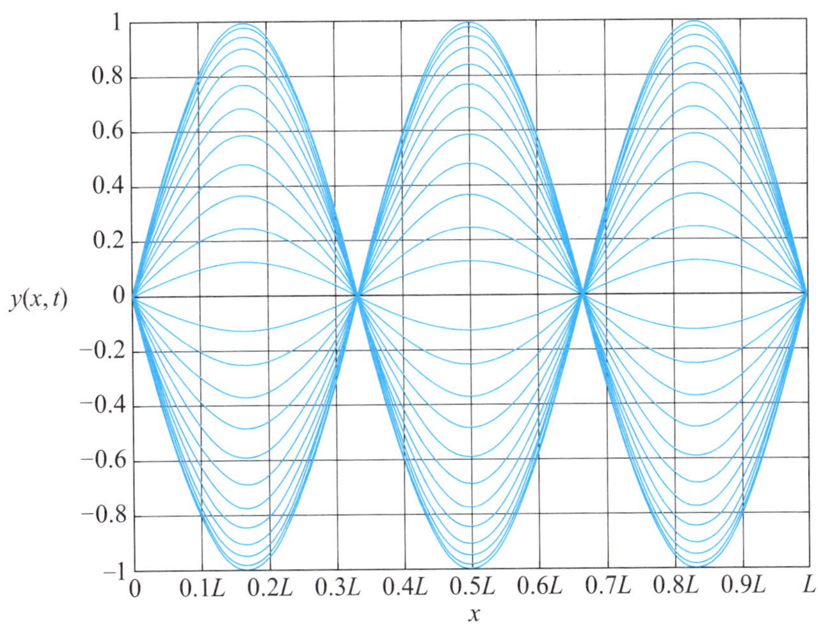

그림 3.8 $n = 3$인 경우의 $y(x, t)$.

3.3 Fourier 이론

이 장의 소개에서 설명했듯이 Fourier 이론에서는 관련은 있지만 다른 두 가지 주제를 다룬다. 그것은 Fourier 합성과 Fourier 분석이다. 그 이름이 암시하듯이 Fourier 합성의 주제는 사인과 코사인(이것을 "기준 함수"라고 부른다)을 사용하여 올바른 진동수 성분을 결합하여 최종 파동을 합성하는 것이다. Fourier 분석에서 목표는 주어진 파동 형태를 그 파동을 구성하는 진동수 성분으로 "분해"하고 이 성분의 진폭과 위상을 구하는 것이다.

앞의 두 절을 따라왔다면 이미 Fourier 이론 위에 있는 중요한 원리 중 한 가지에 대한 예를 보았을 것이다. 그 원리는 "중첩"이라고 부르고, 파동방정식 해의 임의의 합도 또한 해라는 것이다. 1장에서 설명했듯이 파동방정식이 선형이므로 이것이 성립한다. 왜냐하면 이차미분을 취하는 것은 선형연산이기 때문이다. 그러므로 (반대로 진행하는 두 파동의 결합으로 나타나는 파동을 표현하는) 파동방정식에 대한 d'Alembert의 일반해와 사인과 코사인을 결합하는 것은 모두 중첩의 예이다.

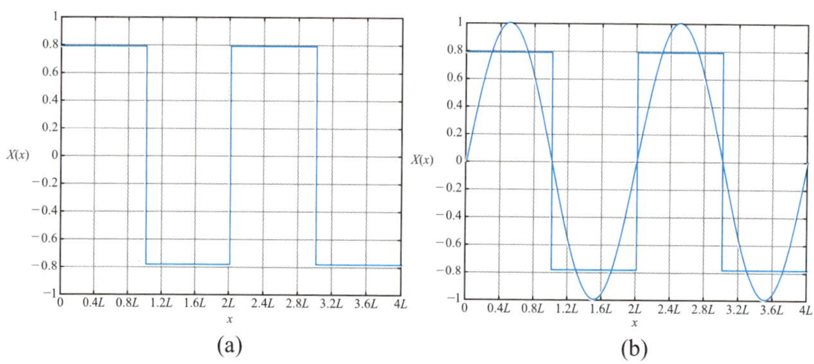

그림 3.9 정사각형 파동.

중첩의 실제 효력은 프랑스 수리물리학자 Jean Baptiste Joseph Fourier가 1800년대 초반에 아무리 복잡한 함수도 (사인과 코사인인) 조화함수의 합으로 만들 수 있다는 것을 증명하여 인식하게 되었다. Fourier는 열전도물질을 따라 흐르는 열에 대해 연구하고 있었지만, 지난 200년 동안 그의 이론은 과학과 공학의 많은 다른 영역에 적용되었다.

Fourier 합성에서 어떻게 중첩이 작동하는지 예를 보려면 그림 3.9(a)에 있는 정사각형 파동을 고려하자. 이 그림은 $-\infty$에서 ∞에 이르는 모든 x값에 퍼져 있는 파동의 두 주기를 나타내었고, (자신이 반복하는 거리인) 공간적 주기는 $2L$이다. 직선과 날카로운 꼭지점이 있는 이러한 함수가 있을 것 같지 않지만, 사인과 코사인 함수를 부드럽게 휘게 하여 만들 수 있다. 그러나 이 매우 똑바른 함수에 수렴하게 하려면 알맞은 진폭과 진동수를 갖는 사인 파동을 더해야 한다.

이 과정이 작용하는 것을 보기 위해 그림 3.9(b)의 사인파동을 보자. (한 전체 주기에 해당하는 거리인) 이 파동의 공간 주기는 정사각형 파동의 주기와 같도록 선택하였다. 이것은 0을 지나는 점이 정사각형 파동의 점과 일치하는 것을 보면 알 수 있다. 사인 파동의 진폭은 정사각형 파동의 진폭보다 약 27% 크다. 그 이유는 추가적인 사인 파동을 이 "기본" 파동에 더할 때 분명해진다.

그림 3.9(b)의 사인 파동의 진동수는 그림 3.9(a)의 정사각형 파동의 진동수와 같더라도, "정사각형 어깨" 부분과 정사각형 파동의 수직으로 올라가는 것은 사인 파동에는 없다. 그러나 그림 3.10(a)를 보면 기본 파동이 있는 위치에서 사인파동은 정사각형 파동의 값을 넘어서는 것을 볼 수 있고, 이 두 번째 파동은 음의 값을 갖는다. 따라서 이것을 기본 파동에 더하면 이 넘어서는 값을 줄이고, 합의 값을 정사각형 파동 값에 더 가깝게 가도록 한다. 마찬가지로 기본 파동이 정사각형 파동보다 아래에 있는 위치에서는 두 번째 파동은 양의 값을 가져서 낮은 점을 "채우려는" 경향이 있다. 기본 파동과 두 번째 사인 파동을 더한 것을 그림 3.10(b)에서 보면 정사각형 파동에 대한 어림은 더 많이 해야 하지만, 훨씬 좋아진 것을 볼 수 있다.

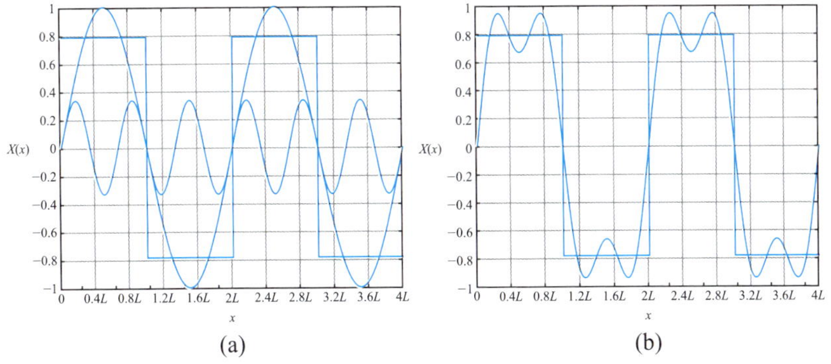

그림 3.10 두 개의 사인 항(a)과 그 합(b).

아마 짐작했듯이 다음 단계는 다른 사인 파동을 더하는 것이고 이 세 번째 성분은 기본 파동보다 진동수가 다섯 배 크고, 진폭은 기본 파동의 1/5이다. 왜 이러한 진동수 값과 진폭의 값을 가져야 하는가? 그림 3.11(a)에서 볼 수 있듯이 이 세 번째 사인 파동은 기본 파동과 두 번째 사인 파동의 합이 정사각형 파동보다 작은 여러 곳에서는 양의 값을 갖고, 넘어서는 위치에서는 음의 값을 갖는다. 세 번째 사인 파동이 이 혼합에 더해서 생기는 파동형태를 그림 3.11(b)에 나타내었고, 이것은 분명히 정사각형 파동에 대한 더 좋은 어림이다.

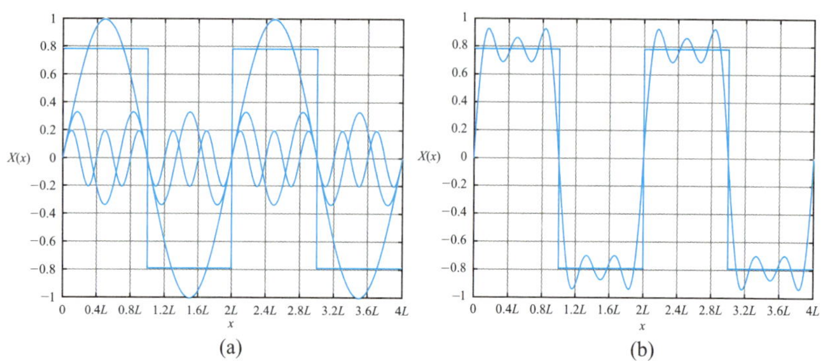

그림 3.11 세 개의 사인 항(a)과 그 합(b).

적절한 진동수와 진폭을 갖는 더 많은 사인 파동을 계속 더하면 그 합은 더욱 더 원하는 정사각형 파동에 가까워진다. 이 경우 진동수는 기본 진동수의 정수배이고, 진폭은 같은 인자만큼 감소해야 한다. 따라서 이 정사각형 파동에 수렴하는 사인 파동의 합에 나타나는 항은 $\sin(\pi x/L)$, $\frac{1}{3}\sin(3\pi x/L)$, $\frac{1}{5}\sin(5\pi x/L)$ 등이다. 16개의 항을 더한 결과를 그림 3.12(a)에 나타내었고, 그림 3.12(b)에는 64 개의 항을 더한 결과를 나타내었다. 정사각형 파동에 대한 어림은 더 많은 항을 더할수록 좋아지고, 이 급수는 무한한 항이 있다고 하더라도 성분의 합과 이상적인 정사각형 파동 사이의 차이를 적당히 작게 만들려면 수 백개 항까지 더할 필요는 없다.

항상 남아있는 차이 중에 정사각형 파동의 수직 증가 직전과 직후에 작은 넘어가는 지나침과 진동이 있다. 이것을 “Gibbs 잔물결”이라고 부르고, 이로 인해 급수의 아무리 많은 항을 더하더라도 정사각형 파동의 불연속점에서 약 9% 정도의 지나침이 생긴다. 그러나 그림 3.12(a)와 그림 3.12(b)에서 볼 수 있듯이 더 많은 항을 더하면 Gibbs

잔물결의 진동수가 증가되고, 뛰어오르는 점 근처에서 수평적인 크기는 작아진다.

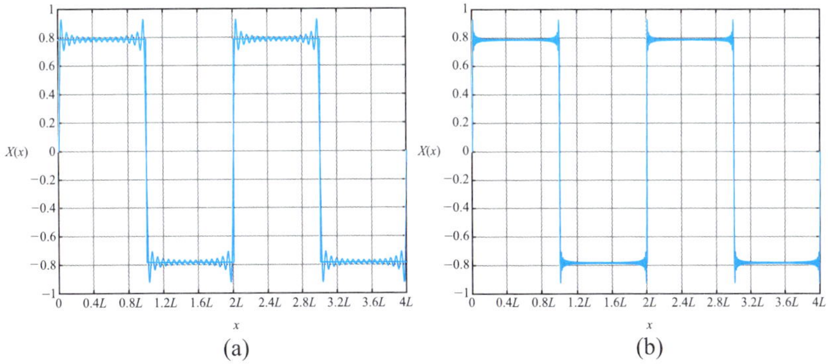

그림 3.12 16개의 사인항(a)과 64개의 사인 항(b).

그림 3.10이나 3.11은 Fourier 합성 과정을 보일 때는 유용하지만 파동의 진동수 성분을 나타내는 훨씬 더 효율적인 방법이 있다. 파동 자체를 공간이나 시간에 대해 그리는 대신(즉 변위 값을 수직축에, 거리나 시간을 수평축에 그리는 그래프를 그리는 대신) 각 진동수 성분의 진폭을 나타내는 막대그래프를 그릴 수 있다. 이 그래프 형태를 "진동수 스펙트럼"이라고 하고, 수직축에는 각 진동수 성분의 진폭을, 수평축에는 진동수(f 혹은 ω) 혹은 파동수(k)를 나타낸다. ("공간 진동수 영역 그림"이라고도 부르는) 파동수 스펙트럼의 예를 그림 3.13에 나타내었다.

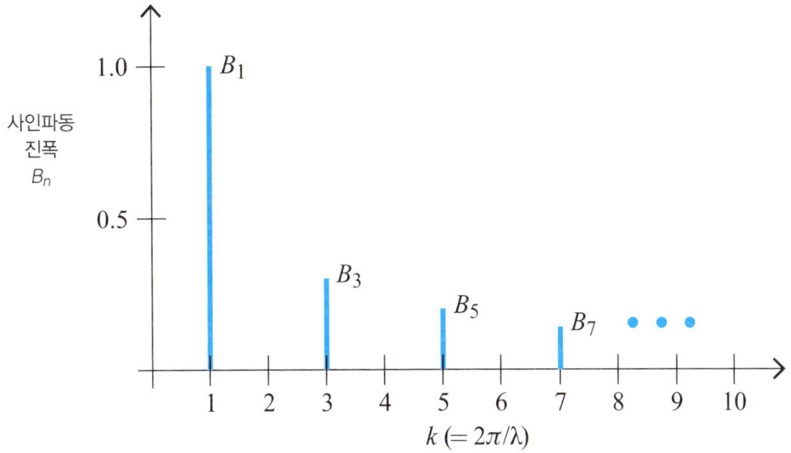

그림 3.13 정사각형 파동의 사인 파동 스펙트럼의 한쪽 그림.

이 그림에 이 정사각형 파동을 만드는 첫 네 개의 사인 파동의 진폭을 나타내었다. (이들은 B_1, B_3, B_5와 B_7이다. 이 정사각형 파동에 대해서 짝수 n에 대해서 성분은 모두 0이라는 것을 기억하여라.) 정사각형 파동이 (그림 3.9(a)와 같이 ±0.785가 아니라) +1과 −1 값 사이서 진동하게 만들고 싶으면 진동수 성분의 각 계수에 $4/\pi \approx 1.27$을 곱하면 된다.

이것이 양의 진동수에 대해서만 진동수 성분의 크기를 나타낸 "한쪽" 크기 스펙트럼의 예이다. 이것을 보면 최종 파동에 어떤 진동수 성분(그리고 얼마나 많이)이 있는지 볼 수 있지만, 이 진폭이 (예를 들어 코사인 파동이 아니라) 사인 파동에 적용된다는 것을 알 수 있는 유일한 방법은 그래프의 지표이다. 전체 "양쪽" 스펙트럼을 보면 양과 음의 진동수에 대해 성분의 진폭이 있다. 이와 같은 스펙트럼은 (1장의 1.7절에서 설명한) 사인과 코사인 파동을 이루는 회전하는 위상자에 대한 모든 정보를 포함한다. 단일 진동수인 코사인 파동의 양쪽 스펙트럼을 그림 3.14(a)에 나타내었고, 단일 진동수인 사인 파동의 양쪽 스펙트럼은 그림 3.15(b)에 나타내었다. 이 두 파동 모두 파동수는 $k = 3$이다. 전체 양쪽 스펙트럼에서 진동수 0인 양변에 있는 막대의 높이는 코사인의 계수(A_n)과 사인의 계수(B_n)의 반이다. 이것은 코사인[식 (1.43)]과 사인[식 (1.44)]에 대한 Euler 식과 일치한다. 또한 코사인 파동의 음의 진동수 성분과 양의 진동수 성분은 모두 양수이지만, 사인 파동의 양의 진동수 성분은 음수이다. 이것은 식(1.43)과 (1.44)의 반대로 회전하는 위상자의 부호와 일치한다.[3]

3 음의 진동수가 아니라 양의 진동수 성분을 음으로 나타낸 것이 궁금하면 사인 함수에 대한 Euler 식에서 분모에 i가 있어서 $1/i = -i$임을 주목하여라.

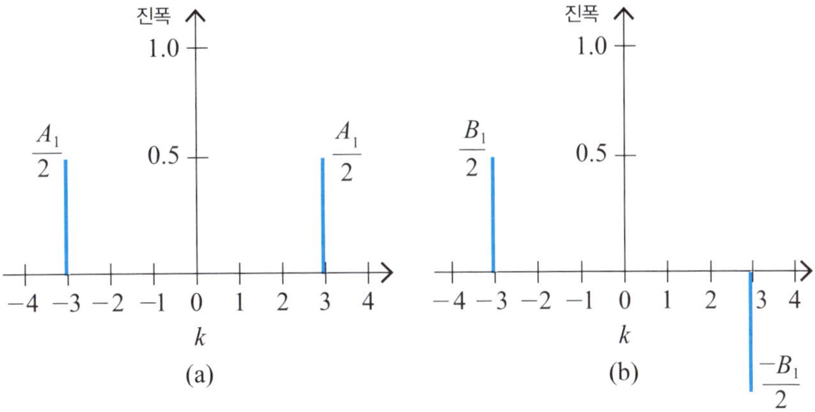

그림 3.14 코사인 파동(a)과 사인 파동(b)에 대한 양쪽 스펙트럼.

공간 파동함수 $X(x)$와 시간 파동함수 $T(t)$와 같은 함수에 동시에 Fourier 합성을 적용하는 것을 보게 될 것이다. 최종 파동함수는 공간에 대해 적용할 때는 (파동수 성분이라고도 부르는) 거리에 대해 주기적인 (즉 반복되는) 공간 진동수로 이루어져 있다. 주기가 $2L$인 공간 파동함수에 대한 Fourier 합성에 대해 수학적으로 표현하면 다음과 같다.

$$X(x) = A_0 + \sum_{n=1}^{\infty}\left[A_n \cos\left(\frac{n2\pi x}{2L}\right) + B_n \sin\left(\frac{n2\pi x}{2L}\right)\right]. \tag{3.25}$$

이 표현에서 A_0 항은 (진동하지 않는) $X(x)$의 일정한 평균값이다. (직류는 진동하지 않으므로 "DC 값"이라고도 부른다.) (A_1, A_2, A_3 등) 계수 A_n은 각 코사인 성분이 얼마나 있는지 알려주고, (B_1, B_2, B_3 등) 계수 B_n은 사인 성분이 얼마나 더해져서 함수 $X(x)$를 만드는지 알려분다. 식 (3.25)에서 분자와 분포의 인자 2를 상쇄시키지 않아서 공간 주기($2L$)의 역할을 뚜렷하게 나타내었다.

시간에 대한 적용에서 최종 파동함수는 시간에 대해 주기적인 시간 진동수 성분으로 이루어져 있다. $T(t)$와 같은 시간 함수를 공간 주기 P로 쓰면 다음과 같다.[4]

$$T(t) = A_0 + \sum_{n=1}^{\infty}\left[A_n \cos\left(\frac{n2\pi t}{P}\right) + B_n \sin\left(\frac{n2\pi t}{P}\right)\right]. \tag{3.26}$$

4 함수 $T(t)$와 혼동을 피하기 위해 주기를 P로 나타내었다.

여기서 식 (3.25)에 비슷한 점이 있는데 다만 사인과 코사인 함수의 분수에 공간 주기 $2L$ 대신 시간 주기 P를 집어넣은 것만 다르다.

다시 한 번 그림 3.9(a)의 정사각형 파동을 만드는 DC 항(A_0), 코사인 성분(A_n)과 사인 성분(B_n)에 대한 Fourier 계수를 고려하자. 계수 값의 일부나 모두를 바꾸면 모든 항을 더했을 때 나타나는 함수의 성질을 매우 변화시킬 수 있다. 예를 들어 사인 계수의 진폭을 $1/n$보다는 $1/n^2$으로 변하게 하고, 매번 두 번째 계수를 음수로 바꾸어 정사각형 계수를 수정하면 그림 2.15에 있는 파동 형태를 얻는다. 여기서 볼 수 있듯이 이와 같이 계수가 달라지면 정사각형 파동이 아니라 삼각형 파동이 된다.

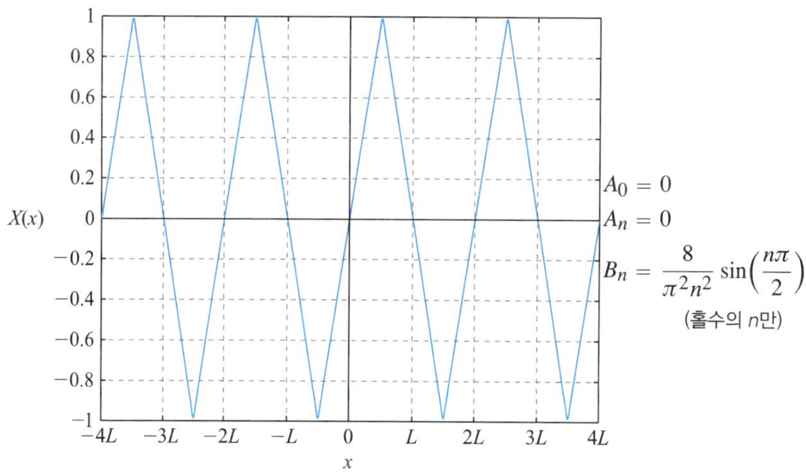

그림 3.15 주기적인 삼각형 파동에 대한 Fourier 급수.

사인 계수(B_n)에 대한 식을 삼각형 파동의 그래프 오른쪽에 나타내었다. 이 식에서 $\sin(n\pi/2)$ 항 때문에 계수 B_3, B_7, B_{11} 등은 음수이다. 각 항의 인자 $8/\pi^2$를 붙여 최종 파동의 최대값과 최소값이 $+1$과 -1 사이에 있도록 하였다.

이제 그림 3.16에 나타난 벗어난 삼각형 파동을 보자. 이것은 겉으로 보기에는 그림 3.15의 삼각형 파동과 비슷하게 보이지만, 조심스럽게 검사해보면 여러 중요한 차이가 나타나서 이 파동 형태를 합성하는 데 필요한 Fourier 계수의 집합은 다르다는 것을 의미한다.

이 차이 중의 하나는 이 삼각형 파동은 모두 x축 위에 있다는 것이고, 따라서 평균값은 0이 아니다. A_0라고 부르는 Fourier 계수의 역할에 대한 이전의 논의를 살펴보면 이 경우 "DC 항"은 0이 아니라고 의심할 것이다.

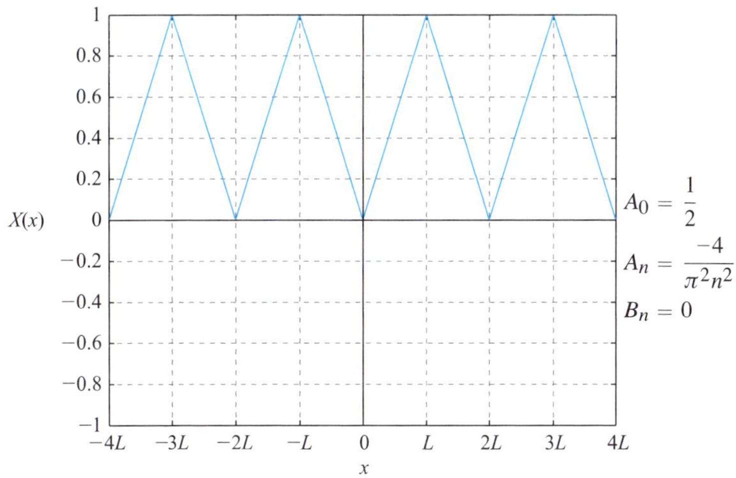

그림 3.16 벗어난 주기적인 삼각형 파동에 대한 Fourier 급수.

이 파동에서 다른 중요한 차이는 $x = 0$의 왼쪽에 있는 값과 오른쪽 값을 비교하면 알 수 있다. 이 경우 $x = 0$의 양쪽에 같은 거리에 있는 값은 같다. [즉 $X(-x) = X(x)$이다.] 이러한 $x = 0$에 대한 대칭성 때문에 짝함수가 되고, 반면 그림 3.15의 삼각형 파동은 이 경우 $X(-x) = -X(x)$이므로 홀함수가 된다. 함수가 짝함수, 혹은 홀함수인 것은 Fourier 계수에 대해 무엇을 알려주는가? 사인함수와 코사인 함수의 성질을 고려하자. 코사인 함수는 짝함수이고[$\cos(-x) = \cos(x)$], 사인 함수는 홀함수이므로 [$\sin(-x) = -\sin(x)$], 임의의 짝함수는 모두 코사인 성분만 있고, 임의의 홀함수는 모두 사인 성분으로만 이루어진다.

그림 3.16에서 벗어난 DC 항과 삼각형 파동의 짝함수 성질을 고려하면 계수 A_0는 0이 아니고, (코사인) 계수 A_n 또한 0이 아니고, (사인) 계수 B_n은 모두 0일 것이라고 짐작할 수 있다. 그리고 그림 3.16의 오른쪽에 있는 계수에 대한 식에서 볼 수 있듯이 이 짐작은 정확히 맞다.

여기서 모든 함수는 Fourier 급수로 표현할 수 있는지, 그리고 정확히 어떻게 주어진 함수에 대한 Fourier 계수를 결정할 수 있는지 궁금할 것이다. 첫 번째 물음에 대한 답은 Dirichlet 조건에 의해 얻을 수 있고, 두 번째 물음에 대한 답은 이 절의 뒷부분에서 공부할 Fourier 분석이다.

Dirichlet 조건에[5] 의하면 어떤 함수가 주어진 구간에서 극대값(최대값과 최소값)이 유한개 있고, 유한한 불연속점이 유한개 있는 한 임의의 주기적 함수에 대해 Fourier 급수는 수렴한다. (불연속점에서 벗어난) 함수가 연속적인 위치에서 Fourier 급수는 그 함수값에 수렴하고, (무한하지 않은) 유한한 불연속점의 위치에서 Fourier 급수는 불연속점 양쪽 값의 평균값에 수렴한다. 따라서 예를 들어 정사각형 파동에서 함수값이 큰 값에서 작은 값으로 갑자기 변하는 위치에서 Fourier 급수는 큰 값과 작은 값의 중점으로 수렴한다. 여러 책에서 Dirichlet 조건에 대해 많이 찾아볼 수 있고, 과학과 공학에서 Fourier 급수가 수렴하는 많은 유용한 함수가 있다는 것을 확인할 수 있을 것이다.

위에서 언급한 것과 같이 사인과 코사인 성분을 결합하여 최종 파동형태를 만드는 과정을 Fourier 합성이라고 하고, 파동 형태에 어떤 성분이 있는지 결정하는 과정을 Fourier 분석이라고 한다. Fourier 분석의 요점은 사인과 코사인 함수의 직교성에 있다. 이 방법으로 사용하면 "직교성"은 수직에 대한 개념을 일반화한 것이며, 매우 특별한 방법으로 관련이 없다는 것을 의미한다.

직교함수를 이해하려면 두 함수 $X_1(x)$와 $X_2(x)$를 고려하자. (두 함수가 수직으로 0에 중심이 있도록) 평균값을 빼고, x의 모든 값에서 X_1의 값과, 같은 x 값에서 X_2의 값을 곱한다고 상상하자. 그리고 (x가 띄엄띄엄한 값이라면) 이 각 점에서의 곱셈에 대한 결과를 모두 더하고, (x에 대한 연속함수라면) 적분해보자. 함수 $X_1(x)$와 $X_2(x)$가 직교하면 이 합이나 적분 결과는 0이다.

아래에 이 과정을 보여주는 그래프의 예가 있지만 먼저 조화 사인과 코사인 함수에 대한 (정수 n과 m에 대해) 직교성에 대한 수학적 표현을 고려하자.

$$\frac{1}{2L}\int_{-L}^{L}\sin\left(\frac{n2\pi x}{2L}\right)\sin\left(\frac{m2\pi x}{2L}\right)dx=\begin{cases}\frac{1}{2}\text{ if } n=m,\\ 0\text{ if } n\neq m,\end{cases} \tag{3.27}$$

$$\frac{1}{2L}\int_{-L}^{L}\cos\left(\frac{n2\pi x}{2L}\right)\cos\left(\frac{m2\pi x}{2L}\right)dx=\begin{cases}\frac{1}{2}\text{ if } n=m>0,\\ 0\text{ if } n\neq m,\end{cases} \tag{3.28}$$

5 이것을 "Dirichlet 조건"이라고 부르지만, 3.2절에서 논의한 Dirichlet 경계조건과는 다르다.

$$\frac{1}{2L}\int_{-L}^{L}\sin\left(\frac{n2\pi x}{2L}\right)\cos\left(\frac{m2\pi x}{2L}\right)dx = 0. \tag{3.29}$$

이 식에서 (공간 주기가 $2L$인) 기본 사인 혹은 코사인 함수의 한 주기에 대해서 적분을 한다. 첫 식은 다른 진동수($n \neq m$)를 갖는 두 조화 사인파동은 서로 직교한다는 것을 나타내고, 반면에 같은 진동수($n = m$)의 두 사인 파동은 직교하지 않는다는 것을 알려준다. 마찬가지로 두 번째 식을 보면 다른 진동수($n \neq m$)의 두 조화 코사인 파동은 직교하지만 같은 진동수($n = m$)인 두 코사인 파동은 직교하지 않는다는 것을 알 수 있다. 세 번째 식에 의하면 조화 사인과 코사인 파동은 진동수가 같든, 다르든 직교한다.

이 직교관계는 주어진 파동 형태에서 어느 진동수 성분은 있고, 어느 성분은 없는지 결정하는 완벽한 도구가 된다. 어떻게 작동하는지 보기 위해 주어진 함수가 어떤 진동수의 사인 파동이 있는지 알고 싶다고 상상해보자. 이와 같은 시험을 하려면 시험하고자 하는 함수에 각 점마다 "시험" 사인 파동을 곱하고 이 곱한 양의 결과를 모두 더한다. 시험하는 함수에 시험하는 사인 파동과 같은 진동수의 사인 파동의 진동수 성분을 포함하면 각 점마다 곱한 값은 양의 결과가 되고, 이 결과의 합은 큰 값이 될 것이다. 이 과정을 그림 3.17에 나타내었다.

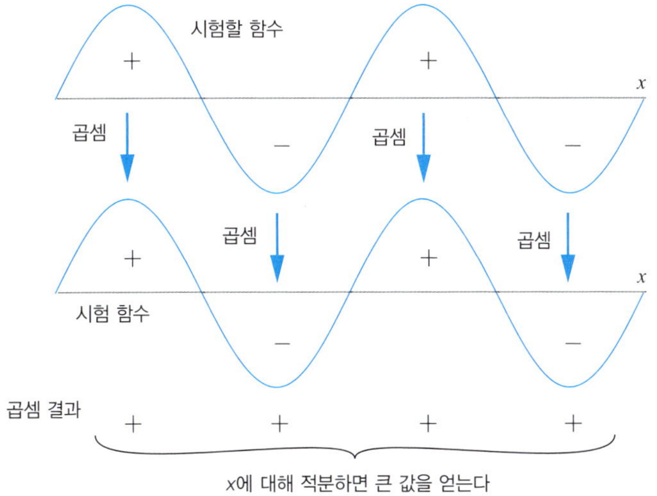

그림 3.17 시험 함수의 진동수는 시험하고자 하는 함수에 있는 진동수과 일치한다.

시험함수는 단일 진동수 사인 파동이므로 이 예제는 단순해보일지 모른다. 따라서 이 함수값에 시험함수를 모든 x 값에 대해 곱하고 적분하는 과정을 거치는 것이 거의 필요하지 않아 보인다. 그러나 시험할 함수가 그림에 나타낸 단일 사인 파동과 더불어 다양한 진폭과 진동수를 갖는 다른 진동수 성분이 포함되는 경우를 상상해보자. 혼합 파동에 시험 사인 파동의 진동수와 같은 사인 파동이 있는 한 그 진동수 성분으로부터 곱하고 적분해서 얻는 양은 양수일 것이다. (왜냐하면 그 사인 파동의 양수 부분은 시험 함수의 양수 부분과 나란히 있고, 모든 음수 부분은 음수 부분과 나란히 있기 때문이다.) 그리고 시험 사인 파동의 진동수와 같은 신호의 사인 성분의 진폭이 클수록 곱하고 적분한 결과는 더 클 것이다. 따라서 이 과정은 시험할 신호에 어떤 진동수가 있다는 것을 알려줄 뿐 아니라 그 진동수 성분의 진폭에 비례하는 결과를 준다.

시험 함수의 진동수가 시험할 신호의 진동수 성분과 일치하지 않을 때 곱하고 적분하는 과정을 통한 결과는 작아진다. 이러한 예를 보기 위해 그림 3.18에 나타낸 예를 고려하자.

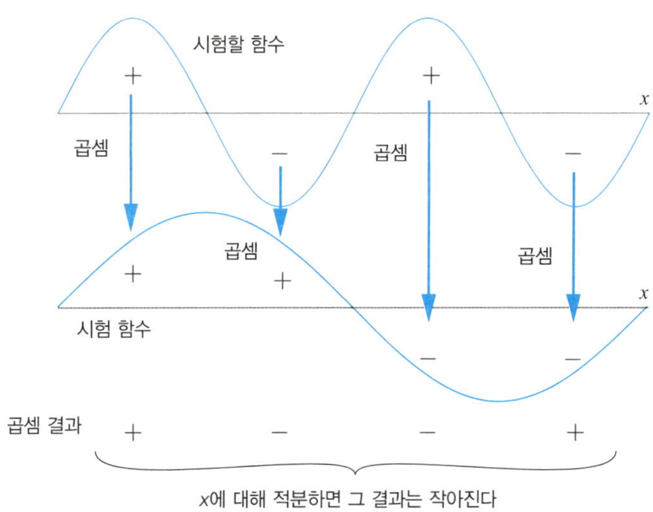

그림 3.18 시험 함수의 진동수는 시험할 함수 진동수의 반이다.

이 경우 시험 사인 파동의 진동수는 시험할 함수의 사인 파동 진동수의 반이다. 이제 각각의 점에서 곱셈을 할 때 시험할 함수의 진동수 성분은 시험 함수가 반 주기를 지날 때 한 주기를 지난다. 이는 곱한 결과의 일부는 양수이고, 다른 일부는 음수이기 때문에 전체 주기에 대해 적분하면 그 값은 0이 된다. 따라서 이 경우 식 (3.27)에서 예상하듯이 $n \neq m$일 때 함수는 직교한다.

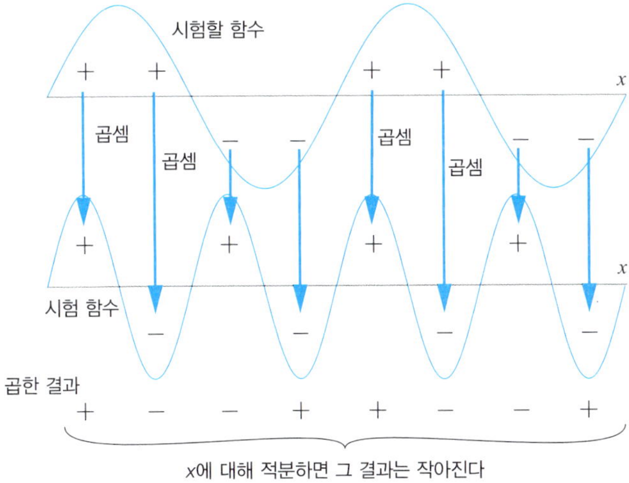

그림 3.19 시험 함수의 진동수는 시험할 함수 진동수의 두 배이다.

그림 3.19에서 볼 수 있듯이 시험 함수의 진동수가 시험할 함수의 진동수 성분의 두 배일 때도 같은 일이 일어난다. 이 경우 시험할 함수의 진동수 성분은 시험 함수가 한 주기를 지날 때 반 주기에 해당하는 거리를 이동한다. 이전 경우와 마찬가지로 이것은 곱한 결과 중 일부는 양수이고, 다른 일부는 음수이어서, 전체 주기에 대해 적분할 때 값은 다시 0이 된다. 따라서 시험할 함수의 진동수 성분이 시험 함수보다 더 많거나 더 적은 주기를 지나면(다르게 표현하면 $n > m$이거나 $n < m$일 때) 곱하여 적분한 결과는 0이 될 것이다.

그림 3.17에서 3.19까지 보인 각 점에서의 곱셈에 대해 생각해보면 결과는 모두 큰 "양"과 "음"의 부호로 나타내었지만, 결과의 크기는 곱셈을 하는 x값에 따라 변한다는 것을 알게 될 것이다. 예를 들어 그림 3.17에서 결과는 모두 양수이지만, 곱셈의 일부는 다른 부분보다 더 크게 된다. 사실 곱셈의 결과는 x축을 따라 사인함수 형태로 변한다. 따라서 곱셈 결과를 적분할 때 실제로 하는 것은 시험할 함수와 시험 함수를 곱해서 만든 사인 곡선 아래의 면적을 구하는 것이다. 시험 함수의 진동수가 시험할 함수의 진동수와 일치하면[즉 식 (3.27)에서 $n = m$일 때] 사인 곡선은 모두 x축 위

에(모든 값이 양수) 있지만, 함수가 직교할 때는 [즉, 식 (3.27)에서 $n \neq m$일 때] 곱의 반은 x 축 위에, 반은 아래에 있다. (음의 값만큼 양의 값이 있다.) 그리고 사인 파동이 모두 축 위에 있으면 곡선 아래의 면적은 양수이지만, 사인 파동의 반은 x축 위에, 반은 아래에 있으면 곡선 아래의 면적은 0이다. 이것이 직교관계가 작동하는 이유이다.

아마 짐작했듯이 시험할 함수에 어떤 코사인 파동이 있는지 결정할 때에도 같은 과정이 적용될 것이다. 물론 이 경우 시험 함수는 사인 파동이 아니라 코사인 파동이다. 따라서 코사인 파동으로 이루어진 함수를 곱하여 Dirichlet 조건을 만족하는 임의의 함수에 대한 Fourier 계수 A_n을 구할 수 있다. 이는 사인 파동에 대해 같은 과정을 사용하여 Fourier 계수 B_n을 구하는 방법과 마찬가지이다. 그리고 사인과 코사인 함수의 직교성으로 인해[식 (3.29)] 시험할 함수의 코사인 성분은 계수 A_n에 기여하지만, 계수 B_n에는 전혀 기여하지 않는다.

시험 함수로써 사인 파동과 코사인 파동 모두 사용하면 많은 학생들이 위에서 보인 곱하고, 적분하는 과정에 대해 갖는 많은 질문을 해결할 수 있다. 관심사는 이 과정이 시험할 함수의 사인 파동 성분이 시험 함수의 사인 파동과 정확히 "일치할" 때(즉, 진동수 성분과 시험 사인 파동 사이에 위상이 전혀 벗어나지 않으면) 잘 작동하는가 하는 것이다. 그러나 여기에 Fourier 접근의 아름다움이 있다. 시험할 함수가 어떤 진동수를 갖지만 위상이 차이가 나면(그래서 시험 사인 파동과 시험 코사인 파동 어느 것과도 "일치"하지 않으면) 곱하고 적분하는 과정에서 그 진동수에서 계수 A_n과 B_n가 0이 아닌 값을 얻게 될 것이다. 따라서 시험할 함수의 진동수 성분이 시험 사인 파동과 거의 위상이 같으면 B_n의 값은 클 것이고, A_n의 값은 작을 것이다. 진동수 성분의 위상이 정확히 시험 사인 파동의 위상과 시험 코사인 파동의 위상 중간에 있으면 A_n과 B_n의 값은 같을 것이다. 이것이 이 절 앞 부분에서 논의하고 그림 3.4에 보인 중첩에 대한 개념을 적용한 것이다.

파동형태 $X(x)$의 Fourier 계수 값을 구할 수 있는 과정을 수학적으로 표현하면 다음과 같다.

$$A_0 = \frac{1}{2L}\int_{-L}^{L} X(x)dx,$$
$$A_n = \frac{1}{L}\int_{-L}^{L} X(x)\cos\left(\frac{n2\pi x}{2L}\right)dx, \tag{3.30}$$
$$B_n = \frac{1}{L}\int_{-L}^{L} X(x)\sin\left(\frac{n2\pi x}{2L}\right)dx.$$

$X(x)$의 진동하지 않는 성분("DC" 항) 값을 구하려면 함수를 적분하기만 하면 된다는 것을 주목하여라. 이 경우 "시험 함수"는 1이라는 일정한 값을 갖고, 적분은 $X(x)$의 평균값을 준다.

다음의 예제에서 이 식을 사용하는 방법을 볼 것이다.

예제 3.4 그림 3.16에 있는 삼각형 파동에 대해 구한 Fourier 계수를 확인하여라. 공간 주기($2L$)은 1 미터이고, $X(x)$의 단위 또한 미터라고 가정하여라.

삼각형 파동에 대한 논의를 따라왔으면 DC 항(A_0)과 코사인 계수(A_n)은 0이 아니고, 사인 계수(B_n)은 모두 0이어야 한다는 것을 이미 알고 있다. (왜냐하면 이 파동은 평균값이 0이 아닌 짝함수이기 때문이다.) 식 (3.30)을 이용하여 이 결론을 확인할 수 있지만, 먼저 $X(x)$의 주기에 대한 식을 이해해야 한다.

주기는 그래프에서 바로 알 수 있다. 이 파동형태는 1 미터 주기로 반복된다. 공간 주기는 Fourier 급수 식에서 $2L$로 나타내었으므로 이는 $L = 0.5$ m임을 의미한다. $X(x)$에 대한 식을 결정하기 위해 이 함수는 직선으로 구성되어 있고, 직선의 식은 $y = mx + b$라는 것을 주목하자. 여기서 m은 직선의 기울기이고, b는 y 절편(직선이 y축과 만나는 점의 y 값)이다.

그래프에 나타난 임의의 완전한 주기 과정을 분석할 수 있지만, 많은 경우 $x = 0$가 중심에 있는 주기를 선택하는 것이 시간과 노력을 줄일 수 있다. (이 예제의 후반부에서 왜 이것이 사실인지 볼 것이다.) 따라서 ($x = 0$과 $x = 2L$ 사이의 삼각형과 같은) 꼭지점이 있는 삼각형을 고려하는 대신 $x = -L$과 $x = L$ 사이의 (꼭지점이 바닥에 있는) "뒤집힌 삼각형"을 고려할 수 있다.

$x = -L = -0.5$와 $x = 0$ 사이에 있는 직선의 기울기는 -2이다. (왜냐하면 "수평"으로 0.5를 갈 때 "위로" -1을 가기 때문이므로 수직거리를 수평거리로 나누면

$-1/0.5=-2$이기 때문이다.) 그리고 y 절편은 0이다. 따라서 이 부분에서 $X(x)$에 대한 식은 $X(x)=mx+b=-2x+0$이다. 마찬가지로 $x=0$과 $x=L=0.5$에서 식은 $X(x)=mx+b=2x+0$이다. 이 식을 가지고 A_0에 대한 식에 $X(x)$에 집어넣으면

$$\begin{aligned}A_0 &= \frac{1}{2L}\int_{-L}^{L} X(x)dx = \frac{1}{2(0.5)}\left[\int_{-0.5}^{0} -2x\,dx + \int_{0}^{0.5} 2x\,dx\right]\\ &= (1)\left[-2\left(\frac{x^2}{2}\right)\Big|_{-0.5}^{0} + 2\left(\frac{x^2}{2}\right)\Big|_{0}^{0.5}\right] = 0-(-0.25)+0.25-0\\ &= 0.5\end{aligned}$$

이고, A_n에 대한 식에 대입하면

$$\begin{aligned}A_n &= \frac{1}{L}\int_{-L}^{L} X(x)\cos\left(\frac{n2\pi x}{2L}\right)dx\\ &= \frac{1}{0.5}\left[\int_{-0.5}^{0} -2x\cos(2n\pi x)dx + \int_{0}^{0.5} 2x\cos(2n\pi x)dx\right]\end{aligned}$$

을 얻는다. 부분 적분을 사용하면(혹은 적분표에서 $\int x\cos(ax)dx$를 찾아서) $\int x\cos(ax)dx = (x/a)\sin(ax) + (1/a^2)\cos(ax)$를 얻으므로 A_n에 대한 식은 다음과 같다.

$$\begin{aligned}A_n &= \frac{-2}{0.5}\left[\frac{x}{2n\pi}\sin(2n\pi x)|_{-0.5}^{0} + \frac{1}{4n^2\pi^2}\cos(2n\pi x)|_{-0.5}^{0}\right]\\ &\quad + \frac{2}{0.5}\left[\frac{x}{2n\pi}\sin(2n\pi x)|_{0}^{0.5} + \frac{1}{4n^2\pi^2}\cos(2n\pi x)|_{0}^{0.5}\right]\\ &= \frac{-2}{0.5}\left[0-\frac{-0.5}{2n\pi}\sin(2n\pi(-0.5)) + \frac{1}{4n^2\pi^2}(1-\cos(2n\pi(-0.5)))\right]\\ &\quad + \frac{2}{0.5}\left[\frac{0.5}{2n\pi}\sin(2n\pi(0.5)) - 0 + \frac{1}{4n^2\pi^2}(\cos(2n\pi(0.5))-1)\right].\end{aligned}$$

$\sin(n\pi)=0$이고 $\sin(n\pi)=(-1)^n$임을 기억하면 다음을 얻는다.

$$\begin{aligned}A_n &= \frac{-2}{0.5}\left[0-0+\frac{1}{4n^2\pi^2}(1-(-1)^n)\right]\\ &\quad + \frac{2}{0.5}\left[0-0+\frac{1}{4n^2\pi^2}((-1)^n-1)\right]\\ &= \frac{-4}{0.5}\left[\frac{1}{4n^2\pi^2}(1-(-1)^n)\right] = \left[\frac{-2}{n^2\pi^2}(1-(-1)^n)\right]\\ &= \frac{-4}{n^2\pi^2},\ \text{홀수 } n.\end{aligned}$$

다행히도 이 파동 형태에 대해 계수 B_n을 결정하는 것은 훨씬 쉽다.

$$B_n = \frac{1}{L}\int_{-L}^{L} X(x)\sin\left(\frac{n2\pi x}{2L}\right)dx$$

이므로 조사해보면 B_n은 0이어야 한다. 이러한 조사란 정확히 무엇인가? $X(x)$는 $-x$에서의 값과 x에서의 값이 같으므로 짝함수라는 것을 알고 있다. 또한 $\sin(-x) = -\sin(x)$이므로 사인 함수는 홀함수임도 알고 있고, [$X(x)$와 같은] 짝함수에 (사인 함수와 같은) 홀함수를 곱하면 홀함수가 된다. 그러나 홀함수를 ($\int_{-L}^{L}$과 같이) $x = 0$에 대해 대칭인 구간 사이에서 적분하면 그 결과는 0이다. 따라서 모든 n 값에 대해 B_n은 0이 되어야 한다는 것을 안다. 이것이 이 경우에 $x = -L$과 $x = L$ 사이의 주기를 선택하는 것이 좋은 이유이다. (다른 이유는 $\int_{-L}^{L}$(짝함수)$dx = 2\int_0^L$(짝함수)dx이고, $X(x)$와 코사인 함수는 모두 짝함수이므로 계수 A_n을 구하는 계산도 간단히 할 수 있다.)

따라서 그림 3.16에 있는 삼각형 파동의 Fourier 계수는 그림 3.16에서 예상했듯이 다음과 같다.

$$A_0 = \frac{1}{2}, \qquad A_n = \frac{-4}{\pi^2 n^2}, \qquad B_n = 0.$$

Fourier 계수를 구하는 연습을 더 하고 싶으면 이 장의 끝에 있는 추가적인 연습문제를 풀면 되고, 그 답은 책의 웹사이트에 있다.

이 절의 다음 주제는 주기적인 파동 형태의 이산 Fourier 분석에서 연속 Fourier 변환으로 전환하는 것이다. 그러나 이러한 전환을 이해하려고 하기 전에 Fourier 급수 [식 (3.25)]에 대한 다른 형태의 식을 고려할 만하다. 이 다른 형태가 어디서 오는지 보려면 식 (3.25)에 있는 사인과 코사인 함수를 전개해서 1장에 있는 Euler 관계를 이용하여 복소수 지수함수로 표현하는 것을 시도해보면 된다. 약간 계산을 하면 $X(x)$에 대한 다른 급수는 다음과 같다.

$$X(x) = \sum_{n=-\infty}^{\infty} C_n e^{i[n2\pi x/(2L)]}. \tag{3.31}$$

이 식에서 계수 C_n은 A_n과 B_n을 결합해서 만든 복소수 값이다. 특히 $C_n = \frac{1}{2}(A_n \mp iB_n)$이고, 계수 C_n은

$$C_n = \frac{1}{2L}\int_{-L}^{L} X(x)e^{-i[n2\pi x/(2L)]}\,dx \tag{3.32}$$

를 이용하여 $X(x)$로부터 직접 구할 수 있다. Fourier 급수의 복소수 형태를 사용할 때 새로운 물리는 없지만 이 형태의 식을 통해 Fourier 변환에 관한 식을 어떻게 Fourier 급수와 연결시킬 수 있는지 훨씬 쉽게 볼 수 있다.

그 관계를 이해하기 위해 주기적인 파동(즉, 공간과 시간의 유한한 간격이 지난 후 다시 반복되는 파동 형태)과 비주기적인 파동(언제 어느 곳을 보든 전혀 반복되지 않는 파동) 사이의 차이를 고려하자. 주기적인 파동은 띄엄띄엄한 공간 진동수 스펙트럼으로 표현할 수 있다. (즉 많은 파동수의 진폭은 0이다.) 이와 같은 스펙트럼을 그림 3.13에 나타내었다.

주기적인 파동에 대해 어떤 진동수 성분만 필요한 이유를 그림 3.20에 나타내었다. 이 그림에 정사각형 파동의 첫 세 개의 공간 진동수 성분을 나타내었고, 주목해야 할 중요한 것은 각 사인파동 성분은 정사각형 파동이 반복하듯이 같은 위치에서 반복되어야 한다는 것이다. (높은 진동수 성분은 더 이른 점에서 반복될 수도 있다.) 그러나 이 점에서 반복되지 않는 어떤 사인 파동도 정사각형 파동의 성분이 될 수 없다. 왜냐하면 이것을 정사각형 파동을 만드는 중첩 결과에 더하면 그 점에서 정사각형 파동이 반복되지 않게 만들기 때문이다.

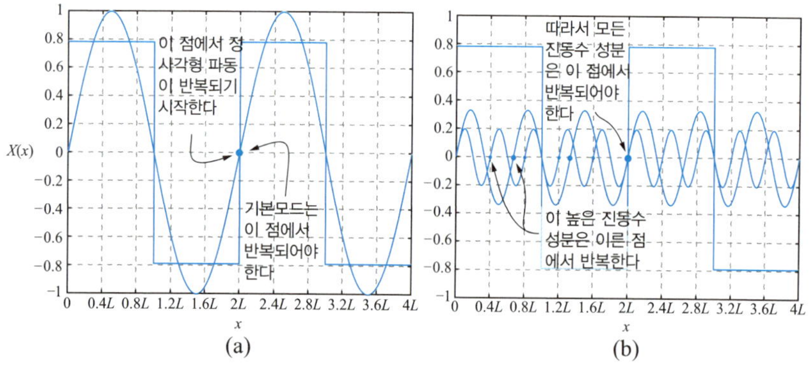

그림 3.20 정사각형 파동과 성분 파동의 주기성.

이것은 주기적인 파동의 모든 파동수 성분은 최종 파동의 한 주기 동안 정수 배의 주기를 가져야 한다는 것을 의미한다. 최종 파동의 공간 주기가 $2L$이면 파동을 만드는 공간 진동수 성분은 $2L$, 혹은 $2L/2$, $2L/3$, 등만 가질 수 있다. 주기가 $2L/1.5$나 $2L/3.2$인 파동은 주기 p인 파동의 성분 진동수가 될 수 없다. 이것이 주기적인 파동의 스펙트럼이 연속함수라기 보다는 일련의 산봉우리가 있는 것처럼 보이는 이유이다.

이러한 예를 그림 3.21에 나타낸 연속적인 직사각형 펄스의 파동수 스펙트럼에서 볼 수 있다. 이 스펙트럼의 윤곽 형태 $K(k)$는 아래서 논의하겠지만 당분간은 스펙트럼의 진폭이 0인 많은 파동수가 있다는 사실을 관찰하여라. 다르게 표현하면 이 연속 펄스를 만드는 공간 진동수 성분은 연속 펄스가 반복되는 같은 영역에서 반복되어야 한다. 대부분의 파동수는 이것을 만족하지 못하므로 이들의 진폭은 0이어야 한다. 그러므로 연속 펄스의 공간 주기를 $2L$이라고 하면 연속 펄스에 기여하는 공간 진동수 성분의 파장(λ)는 $2L$, $2L/2$, $2L/3$ 등이어야 하고, 파동수는 $2\pi/\lambda$이므로 이들의 공간 진동수 성분은 파동수 $2\pi/2L$, $4\pi/2L$, $6\pi/2L$ 등과 같은 파동수 스펙트럼에 나타난다. 따라서 파동수 성분 사이의 간격은 $2\pi/(2L)$이다.

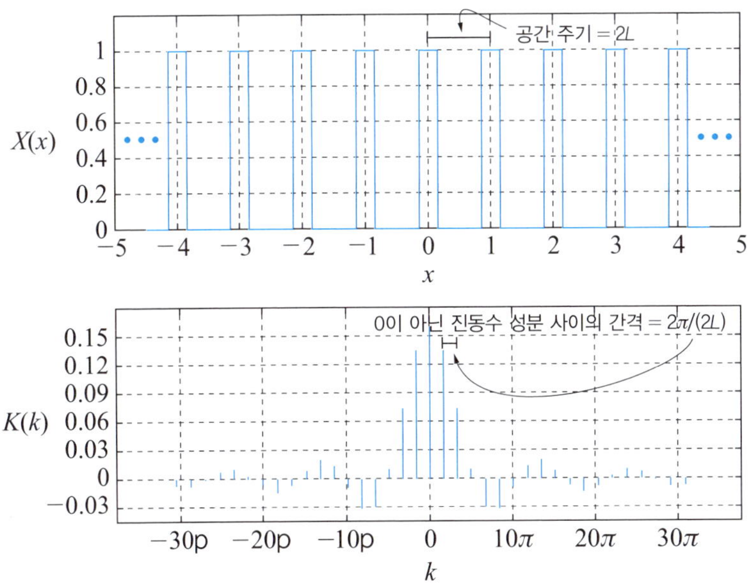

그림 3.21 주기적인 연속 펄스와 그 진동수 스펙트럼.

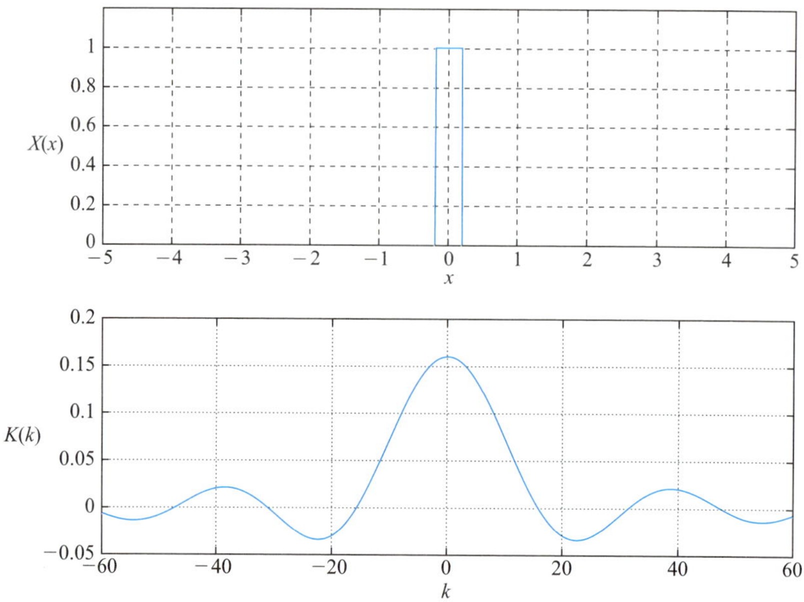

그림 3.22 (주기가 없는) 단일 펄스와 그 진동수 스펙트럼.

연속 펄스의 스펙트럼과 그림 3.22에 있는 주기가 없는 단일 펄스의 스펙트럼은 대조적이다. 이 파동은 전혀 반복되지 않으므로 그 스펙트럼은 연속함수이다. 이를 이해하는 한 가지 방법은 주기 P가 무한하다고 생각하는 것이고, 파동을 이루는 진동수 성분의 간격은 $1/P$에 비례한다는 것을 기억하면 된다. $1/\infty = 0$이므로 비주기적인 파동의 진동수 성분은 무한히 가깝게 붙어있고, 스펙트럼은 연속적이다.

그림 3.22의 함수 형태 $K(k)$는 물리와 공학의 많은 응용에서 매우 중요하다. 이것은 "사인 x를 x로 나눈 양" 혹은 "sinc x"라고 하며 Fourier 변환이라고 부르는 Fourier 분석의 연속 형태에서 나온다.

이산 Fourier 분석의 경우와 마찬가지로 Fourier 변환의 목표는 $X(x)$나 $T(t)$와 같은 주어진 파동의 파동수나 진동수 성분을 결정하는 것이다. 이 과정은 위에서 설명한 "곱해서 적분"하는 것과 밀접한 관련이 있고, 이것은 Fourier 변환의 수학적 표현에서 볼 수 있다.

$$K(k) = \frac{1}{\sqrt{2\pi}} \int_{-\infty}^{\infty} X(x) e^{-i(2\pi x/\lambda)}\, dx = \frac{1}{\sqrt{2\pi}} \int_{-\infty}^{\infty} X(x) e^{-ikx}\, dx. \qquad (3.33)$$

여기서 $K(k)$는 $X(x)$의 스펙트럼인 파동수(공간 진동수)의 함수를 나타낸다. 연속함수 $K(k)$는 "공간 진동수 영역"에 존재한다고 말하고, $X(x)$는 "공간 영역"에 존재한다고 한다. 진폭 $K(k)$는 $X(x)$에 기여하는 각각의 공간 진동수 성분의 상대적인 양에 비례하므로 $K(k)$와 $X(x)$는 Fourier 변환쌍이라고 한다. 이 관계는 종종 $K(k) \leftrightarrow X(x)$로 쓰고 Fourier 변환에 의해 관련이 있는 두 함수를 "켤레 변수"라고도 부른다.

Fourier 변환의 연속적인 형태에는 n이 없는 것을 주목하여라. 이 경우 어떤 기본 진동수의 배수로 한정시키지 않는다.

$K(k)$와 같이 공간 진동수 영역의 함수를 알면 이에 해당하는 공간 영역의 함수를 결정하기 위해 "역 Fourier 변환"을 사용할 수 있다. 이 과정은 Fourier 급수의 항을 각각 더하는 과정과 동등한 연속과정이고, 역 Fourier 변환은 (순) Fourier 변환과 비교하면 지수의 부호만 다르다.

$$X(x) = \frac{1}{\sqrt{2\pi}} \int_{-\infty}^{\infty} K(k) e^{i(2\pi x/\lambda)}\, dk = \frac{1}{\sqrt{2\pi}} \int_{-\infty}^{\infty} K(k) e^{ikx}\, dk. \qquad (3.34)$$

$T(t)$와 같은 시간 영역의 함수에 대해서 진동수 함수 $F(f)$를 얻는 동등한 Fourier 변환과정이 있다.

$$F(f) = \int_{-\infty}^{\infty} T(t) e^{-i(2\pi t/T)}\, dt = \int_{-\infty}^{\infty} T(t) e^{-i(2\pi ft)}\, dt. \qquad (3.35)$$

예제 3.5 $x = 0$에 중심이 있고, $2L$의 간격으로 높이 S인 한 개의 직사각형 공간 영역의 펄스 $X(x)$의 Fourier 변환을 구하여라.

펄스는 공간 영역의 함수이므로 식 (3.33)을 이용하여 $X(x)$를 $K(k)$로 변환할 수 있다. $X(x)$의 진폭은 $x = -L$과 $x = L$ 사이에서 A이고, 다른 곳에서는 0이므로 다음을 얻는다.

$$\begin{aligned} K(k) &= \frac{1}{\sqrt{2\pi}} \int_{-\infty}^{\infty} X(x) e^{-ikx}\, dt = \frac{1}{\sqrt{2\pi}} \int_{-L}^{L} A e^{-ikx}\, dt \\ &= \frac{1}{\sqrt{2\pi}} A \frac{1}{-ik} e^{-ikx}\Big|_{-L}^{L} = \frac{1}{\sqrt{2\pi}} \frac{A}{-ik} \left[e^{-ikL} - e^{-ik(-L)} \right] \\ &= \frac{1}{\sqrt{2\pi}} \frac{2A}{k} \left[\frac{e^{-ikL} - e^{ikL}}{-2i} \right] = \frac{1}{\sqrt{2\pi}} \frac{2A}{k} \left[\frac{e^{ikL} - e^{-ikL}}{2i} \right]. \end{aligned}$$

하지만 Euler에 의하면 괄호 안에 있는 항은 $\sin(kL)$과 같으므로

$$K(k) = \frac{1}{\sqrt{2\pi}} \frac{2A}{k} \sin(kL)$$

이고, L/L을 곱하면 다음을 얻는다.

$$K(k) = \frac{A(2L)}{\sqrt{2\pi}} \left[\frac{\sin(kL)}{kL} \right].$$

이 때문에 그림 3.22에 나타낸 직사각형 펄스의 파동수 스펙트럼의 모양이 $\sin(x)/x$임을 설명할 수 있다.

직사각형 펄스와 함수 $\sin(x)/x$의 Fourier 변환쌍에는 매우 중요한 개념이 숨어있다. 이 개념은 그림 3.23에 나타낸 넓은 펄스의 파동수 스펙트럼을 고려하면 어떻게 작동하는지 볼 수 있다.

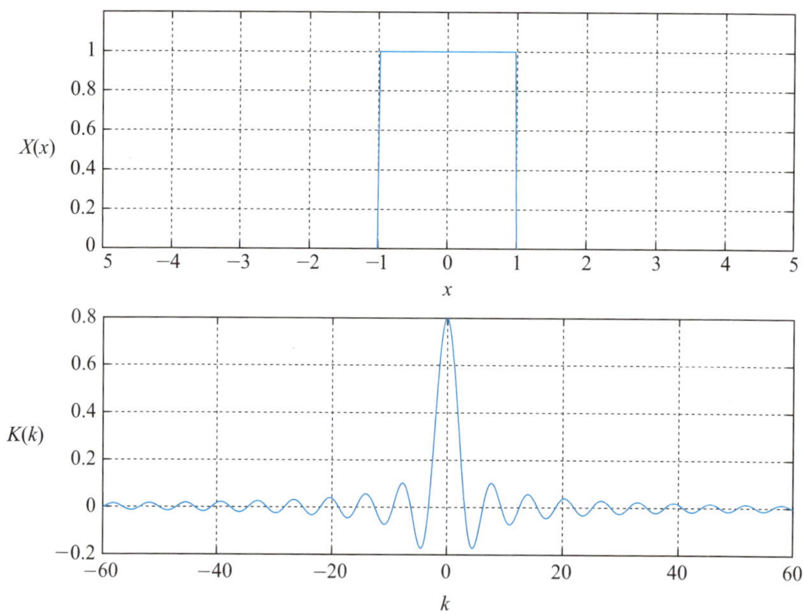

그림 3.23 넓은 펄스와 이에 대한 파동수 스펙트럼.

넓은 펄스의 스펙트럼을 그림 3.22의 좁은 펄스의 스펙트럼과 비교하면 넓은 펄스의 파동수 스펙트럼 $K(k)$는 더 좁다는 것을 보게 될 것이다. (즉 $\sin(x)/x$의 주된 부분

의 폭이 좁은 펄스보다는 넓은 펄스일 때 더 작다.) 그리고 펄스를 넓게 만들수록 파동수 스펙트럼은 좁아진다. (그리고 더 높아지지만, 흥미 있는 물리는 폭의 변화에 있다.)

그 물리는 "불확정성 원리"라고 부르며 현대물리에서 이것에 대해 공부했을 것이다. (거기서는 보통 "Heisenberg의 불확정성 원리"라고 부른다.) 그러나 불확정성 원리는 양자역학의 영역에만 국한된 것은 아니다. 이것은 $X(x) \leftrightarrow K(k)$ 혹은 $T(t) \leftrightarrow F(f)$와 같은 임의의 함수와 그 Fourier 변환 사이의 관계를 설명한다.

그리고 불확정성 원리는 정확히 무엇을 말하는가? 바로 이것이다. 한 영역에서 함수가 좁으면, 그 함수의 Fourier 변환 또한 좁을 수 없다. 따라서 짧은 시간 동안의 펄스에 대한 진동수 스펙트럼은 좁을 수 없다. (이것이 타당한 이유는 빨리 증가했다가 감소하는 펄스를 만들려면 많은 높은 진동수 성분이 필요하기 때문이다.) 그리고 (예를 들어 진동수가 한 개인 매우 날카로운 봉우리와 같은) 매우 좁은 스펙트럼이 있으면 역 Fourier 변환은 거리나 시간의 매우 넓은 영역에 걸쳐 퍼져있게 된다.

이것이 진정한 단일 진동수 신호가 절대로 만들어지지 않는 이유이다. 이 신호는 시작도 끝도 없는 모든 시간 동안 계속되어야 하기 때문이다. 단일 진동수의 사인이나 코사인 파동에서 작은 부분을 떼어내면 어떻게 될까? 그러면 유한한 시간 동안 지속되는 신호를 얻을 것이고, 그 지속시간을 Δt라고 하면 이 신호의 진동수 스펙트럼의 폭은 대략 $1/\Delta t$일 것이다. 파동의 매우 짧은 표본을 취하면(즉 Δt를 매우 작게 하면) 틀림없이 매우 넓은 스펙트럼을 얻게 된다.

시간 영역과 진동수 영역 사이의 불확정성 원리를 수학적으로 표현하면

$$\Delta f \, \Delta t = 1$$

이다. 여기서 Δf는 진동수 영역 함수의 폭을 나타내고, Δt는 시간 영역 함수의 폭을 나타낸다. 공간/파동수 영역에 대한 동등한 불확정성 원리는

$$\Delta x \, \Delta k = 2\pi$$

이고, Δx는 공간 영역 함수의 폭을 나타내고 Δk는 파동수 영역 함수의 폭이다.

이러한 불확정성 원리에 의하면 시간과 진동수 모두 높은 정확도로 알 수 없다. 극도로 정확하게 시간을 측정했다면(따라서 Δt는 매우 작으면) 진동수를 매우 정확하

게 알 수 없다. (왜냐하면 곱 $\Delta f \Delta t$가 1이 되려면 Δf는 커야 하기 때문이다.) 마찬가지로 위치를 매우 정확하게 알면(따라서 Δx가 매우 작으면, Δk가 클 것이므로) 파동수를 동시에 매우 정확하게 알 수 없다. 이 원리는 6장에서 양자 파동에 적용했을 때 중요한 역할을 한다.

Fourier 이론에 대한 마지막 요점은 다음과 같다. 비록 Fourier는 사인과 코사인을 "기준함수"(즉 다른 함수를 만드는 함수)로 사용했지만, 다른 직교하는 함수를 기준함수로 선택할 수 있다. (이 함수는 직교해야 한다. 그렇지 않으면 위에서 설명한 기술을 사용하여 계수를 구할 수 없다.) 결합하거나 분석하는 파동의 특성에 따라 다른 기준함수가 더 적은 항으로 더 나은 어림을 한다는 것을 알게 될 것이다. 가지 파동이 다른 기준함수의 예이고, 이 책의 웹사이트에서 다른 가지 파동에 대한 추가적인 정보는 링크를 통해 찾을 수 있다.

3.4 파동묶음과 분산

일단 중첩과 Fourier 합성에 대한 개념을 이해하면 파동묶음과 분산을 이해할 준비가 되었다. 앞 절을 공부했으면 공간이나 시간에 주기적인 연속펄스는 띄엄띄엄한 진동수 성분을 적당히 섞어 합성할 수 있고, 하나의 비주기적인 펄스도 공간이나 시간 진동수 영역에서 연속함수로 만들 수 있다.

Fourier 합성과 해석을 설명할 때 사용하는 함수는 전형적으로 $X(x)$와 같은 공간 영역의 함수이거나 $T(t)$와 같은 시간 영역의 함수라는 것을 주목했을 것이다. 그러나 진행하는 파동은 $f(x - vt)$와 같이 공간과 시간을 포함하는 함수로 정의하는 것을 알고 있다. Fourier 급수와 Fourier 해석은 이와 같은 함수에 적용할 완전한 도구가 있는가?

다행스럽게도 있지만, 진행하는 파동에 Fourier 개념을 적용할 때 약간 더 복잡한 구조로 가게 되는 조건이 있다. 특히 최종 파동을 만드는 다른 진동수 성분이 같은 속력으로 진행하지 않으면 어떤 일이 일어날지 고려하자. 앞 절에서 원하는 최종 파동을 만들기 위해 사인과 코사인의 적절한 진폭과 적절한 진동수를 어떻게 결정하는지 보았다. 그러나 이 진동수 성분의 위상(정사각형 펄스의 경우 홀수의 사인 조화파동)

을 고려하자. 그림 3.11에 나타낸 진동수 성분을 다시 보면 각각은 사인 함수값이 0인 주기 부분에서 시작하고 (0과의 교점이 양으로 가는) 양의 값으로 이동한다. 따라서 이 경우 각각의 진동수 성분의 처음 위상은 같다.

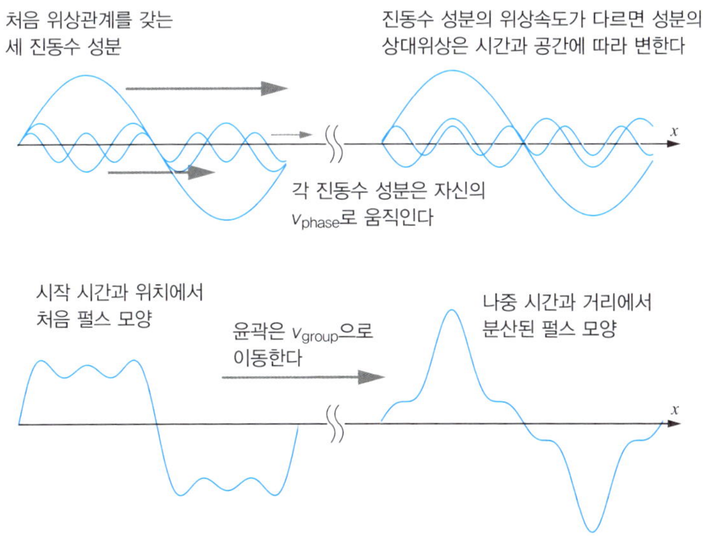

그림 3.24 진동수 성분의 위상속도가 다르면 분산이 일어난다.

이제 시간이 지나면서 어떤 일이 일어나는지 상상해보자. 모든 진동수 성분이 같은 속력으로 이동하면 성분의 상대 위상은 계속 같고, 파동묶음은 그 모양(가끔 "윤곽"이라고 부른다)을 유지하며 각각의 진동수 성분과 같은 속력으로 움직인다.

그러나 파동(시간과 공간에서 국소화되면 "파동묶음"이라고 부른다)을 만드는 진동수 성분의 속력이 다르면 어떻게 될까? 이 경우 성분 사이의 상대 위상은 거리에 따라 변하므로, 다른 모양을 만들게 되고, 묶음의 윤곽의 속력은 진동수 성분의 속력과 다를 것이다.

이 예를 그림 3.24에서 볼 수 있다. 이 그림의 왼쪽 부분에 처음 위치와 시간에 (거의) 정사각형 펄스를 만드는 적당한 진폭과 진동수를 갖는 세 개의 진동수 성분을 나타내었다. 그러나 세 성분의 파동이 진행하면서 다른 속력으로 움직인다면 다른 위치에서 성분 파동 사이의 상대 위상은 다를 것이고, 이들을 더하면 다른 파동을 만든다. 이 상대 위상의 변화에 의한 결과를 그림 3.25의 아래 오른쪽에서 볼 수 있다. 최종 파동의 모양은 거리에 따라 변한다.

이러한 효과를 "분산"이라고 한다. 그리고 분산이 있을 때 각 진동수 성분의 속력은 그 성분의 위상속도 혹은 위상속력이라고 하고, 파동묶음 윤곽의 속력은 "무리속도" 혹은 무리속력이라고 한다.[6]

다행히 파동묶음의 무리속도를 결정하는 비교적 단순한 방법이 있다. 이를 이해하기 위해 진폭이 같고 진동수가 약간 다른 두 파동 성분을 더할 때 어떤 일이 일어나는지 고려하자.

이 예를 그림 3.25에 나타내었다. 그림의 아래 부분에서 볼 수 있듯이 두 성분 파동은 같은 위상에서 출발한다. 즉 보강간섭을 하여 최종 파동은 더 크다. 그러나 두 성분 파동의 진동수는 약간 다르기 때문에 곧 서로 위상이 반대가 되고, 위상차가 180°가 될 때(즉 완전히 반대가 될 때) 서로 상쇄되어 최종 파동의 진폭은 매우 작아진다. 그러나 두 성분 파동은 계속 진행하므로, 어느 점에서 다시 위상차가 0이 되고 최종 파동은 다시 커진다.

최종 파동의 진폭이 그림 3.25와 같이 변할 때 파동은 "변조"되었다고 하고, 이 특정한 형태의 변조를 "맥놀이"라고 한다. 거의 비슷한 크기의 약간 다른 진동수의 소리를 만들어내는 프로그램을 만들어 이 효과를 들을 수 있다. 최종 음파의 크기는 "맥놀이 진동수"(이는 두 성분 파동 사이의 진동수 차이와 같다)로 큰 소리와 작은 소리로 변한다. 옛날 피아노 조율사는 피아노 건반 한 개를 치고 소리굽쇠를 이용하여 맥놀이를 듣는다. 피아노 건반의 진동수가 소리굽쇠의 진동수와 가까워질수록 맥놀이는 느려진다.

그림 3.25에 나타낸 변조 윤곽선으로 파동묶음의 무리속도를 편리하게 결정할 수 있다. 어떻게 작동하는지 보려면 각각의 두 성분 파동의 위상을 $\phi = kx - \omega t$로 쓰지만, 각 파동은 자신의 k와 ω를 갖는다는 것을 기억하여라.

$$\phi_1 = k_1 x - \omega_1 t,$$
$$\phi_2 = k_2 x - \omega_2 t.$$

이로부터 파동 사이의 위상차는 다음과 같다.

6 속도는 벡터이므로 위상과 무리속도는 방향을 포함해야 하지만, 여기서는 속력과 속도를 바꾸어 사용해도 상관없다.

$$\Delta\phi = \phi_2 - \phi_1 = (k_2x - \omega_2 t) - (k_1 x - \omega_1 t)$$
$$= (k_2 - k_1)x - (\omega_2 - \omega_1)t.$$

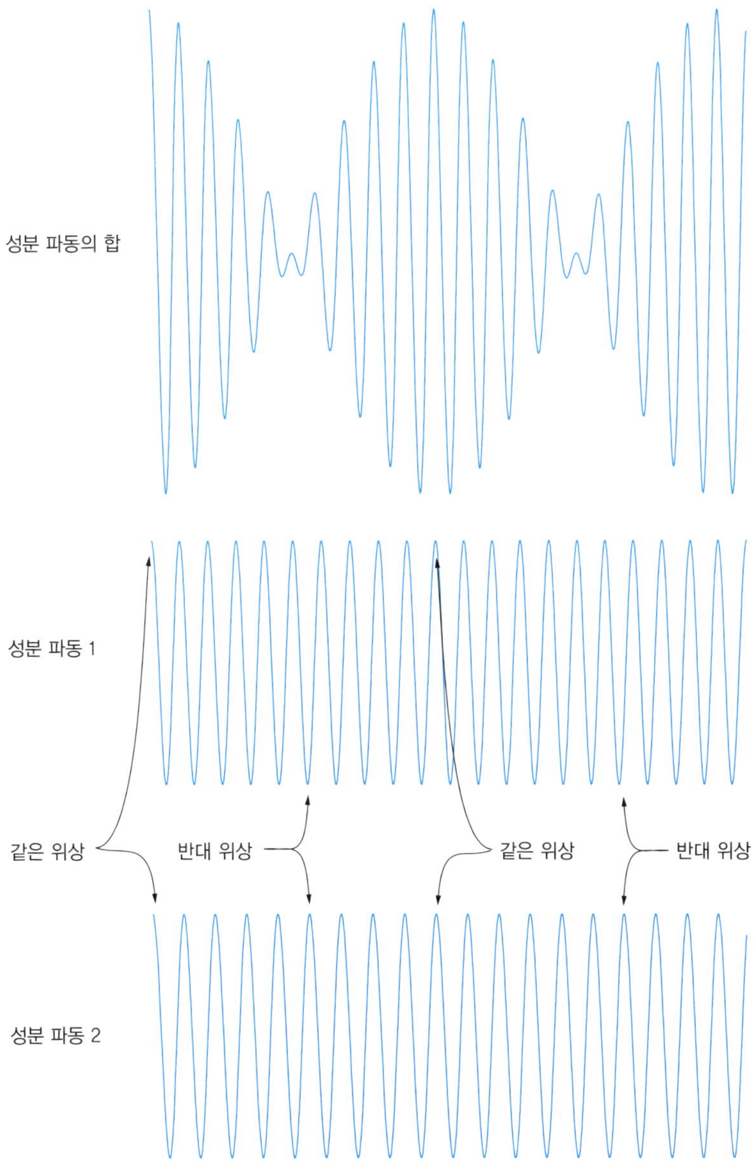

그림 3.25 두 성분 파동이 만드는 맥놀이.

파동 사이에 주어진 위상차 값에서($\Delta\phi$) 두 파동은 더해져서 최종 파동의 윤곽의 어떤 값을 준다. 이 윤곽이 얼마나 빨리 움직이는지 결정하려면 작은 시간간격(Δt)와 거리(Δx) 사이에 어떤 일이 일어나는지 고려하자. 두 성분 파동은 그 시간 동안 어떤 거리를 움직이지만, 최종 파동의 한 점을 따라가면 두 성분 파동 사이의 상대 위상은 같아야만 한다. 따라서 시간 Δt가 지나서 생기는 어떤 변화도 Δx의 변화에 의해 생기는 위상변화와 상쇄되어야 한다. 이는

$$(k_2 - k_1)\Delta x = (\omega_2 - \omega_1)\Delta t$$

즉

$$\frac{\Delta x}{\Delta t} = \frac{\omega_2 - \omega_1}{k_2 - k_1} \tag{3.36}$$

이라는 것을 의미한다. 그러나 $\Delta x/\Delta t$는 윤곽이 이동한 거리를 그 동안 걸린 시간으로 나눈 것이므로, 이것이 무리속도이다. 그리고 단지 두 파동만 취급한다면 식 (3.36)이 유용하겠지만 평균파동수 k_a 주위에 몰려있는 파동수를 갖는 파동의 집단에 대해서는 $\omega(k)$를 Taylor 급수를 통해 더 일반적인 결과를 구할 수 있다.

$$\omega(k) = \omega(k_\mathrm{a}) + \left.\frac{d\omega}{dk}\right|_{k=k_\mathrm{a}}(k - k_\mathrm{a}) + \frac{1}{2!}\left.\frac{d^2\omega}{dk^2}\right|_{k=k_\mathrm{a}}(k - k_\mathrm{a})^2 + \cdots.$$

파동수 차가 작은 경우에 전개의 고차항은 무시할 수 있으므로

$$\omega(k) \approx \omega(k_\mathrm{a}) + \left.\frac{d\omega}{dk}\right|_{k=k_\mathrm{a}}(k - k_\mathrm{a})$$

즉

$$\frac{\omega(k) - \omega(k_\mathrm{a})}{k - k_\mathrm{a}} \approx \left.\frac{d\omega}{dk}\right|_{k=k_\mathrm{a}}$$

으로 어림할 수 있다. 따라서 다음을 얻는다.

$$v_\mathrm{group} = \frac{\omega(k) - \omega(k_\mathrm{a})}{k - k_\mathrm{a}} \approx \left.\frac{d\omega}{dk}\right|_{k=k_\mathrm{a}}.$$

따라서 파동묶음의 무리속도는 $v_{\text{group}} = d\omega/dk$이고 파동 성분의 위상속도는 $v_{\text{phase}} = \omega/k$이다.

분산을 다룰 때 ω를 수직축에, k를 수평축으로 놓은 그래프를 보게될 것이다. 분산이 없다면 파동의 각진동수 ω는 파동수 k와 식 $\omega = c_1 k$로 관련되어 있으며 c_1은 진행속력을 나타내고, 모든 k값에 대해 일정하다. 이 경우 분산그림은 그림 3.26에 나타낸 것과 같이 선형이다.

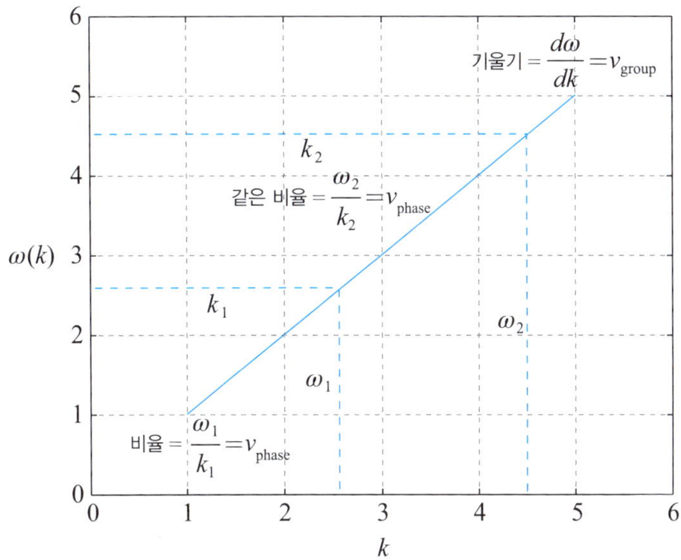

그림 3.26 $\omega = c_1 k$에 대한 선형 분산관계.

분산이 없는 경우 위상속도 ω/k는 모든 k 값에서 같고, 무리속도 $d\omega/dk$와 같다.

분산이 있는 경우 성분 파동의 위상속도와 파동묶음의 무리속도 사이의 관계는 분산의 성질에 의존한다. (6장에서 보게 될) 양자 파동에 속하는 한 중요한 경우는 각진동수가 파동수의 제곱에 비례하는 경우이다. ($\omega = c_2 k^2$)

이 경우 그림 3.27에 ω와 k에 대한 그림을 나타내었다. 이 경우 위상속도와 무리속도는 파동수 k가 증가하면 모두 증가한다. 위상속도를 구하려면 $v_{\text{phase}} = \omega/k$를 이용하고

$$v_{\text{phase}} = \frac{\omega}{k} = \frac{c_2 k^2}{k} = c_2 k,$$

무리속도에 대해서는

$$v_{\text{group}} = \frac{d\omega}{dk} = \frac{d(c_2 k^2)}{dk} = 2c_2 k$$

를 얻고, 이것은 위상속도의 두 배이다. 이것은 그림 3.28과 같이 v_{phase}와 v_{group}을 k에 대해 그렸을 때 볼 수 있듯이 모든 k 값에 대해 성립한다. v_{phase}와 v_{group}는 모두 k에 대해 선형으로 증가하지만, v_{group}는 항상 v_{phase}의 두 배임을 주목하여라.

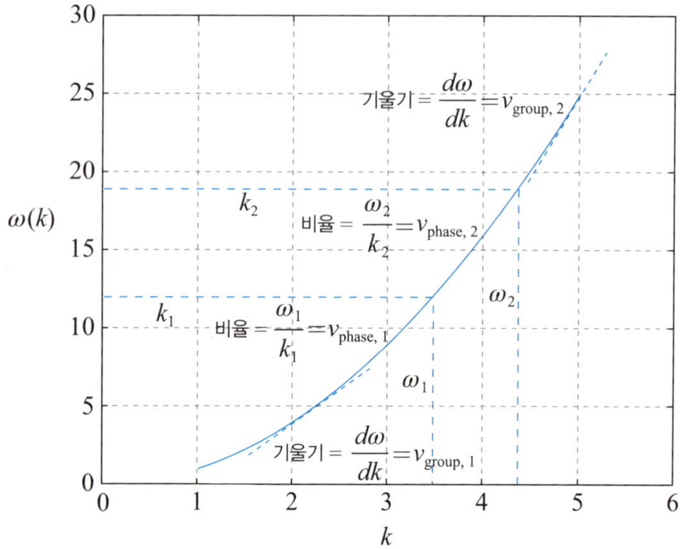

그림 3.27 $\omega = c_2 k^2$에 대한 분산관계.

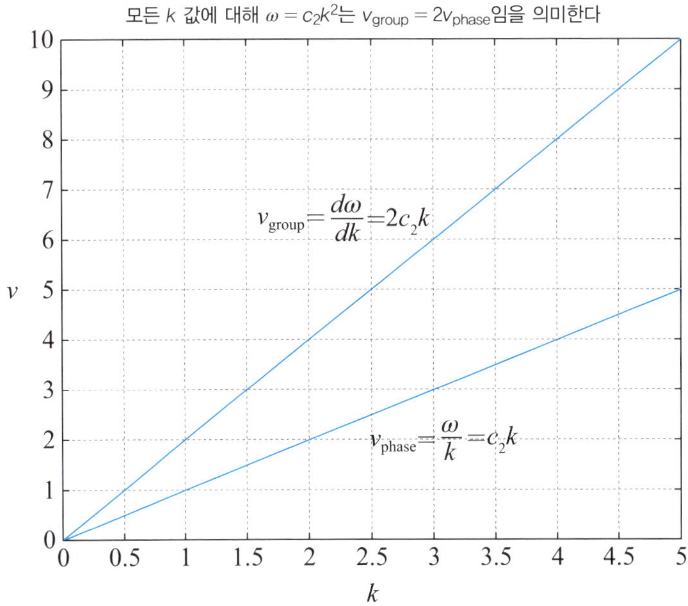

그림 3.28 $\omega = c_2k^2$에 대한 위상속도와 무리속도.

3.5 연습문제

3.1 $C \sin(\omega t + \phi_0)$의 표현은 $A \cos(\omega t) + B \sin(\omega t)$와 동등함을 보이고, C와 ϕ_0을 A와 B로 나타내어라.

3.2 함수 $X(x) = 6 + 3 \cos(20\pi x - \pi/s) - \sin(5\pi x) + 2 \cos(10\pi x + \pi)$의 파동수의 양쪽 스펙트럼을 그려라.

3.3 한 주기가 x가 $-L$과 L로 주어지는 $f(x) = x^2$인 주기함수의 Fourier 급수 표현을 구하여라.

3.4 그림 3.15에 있는 주기적인 삼각형 파동에 대한 계수 A_0, A_n과 B_n을 구하여라.

3.5 (양쪽 끝이 고정된) 줄을 튕기는 것이 아니라 잡아당겼다 놓으면(0이 아닌 처음 변위와 0인 처음 속도) 위치 x와 시간 t에서

$$y(x,t) = \sum_{n=1}^{\infty} B_n \sin\left(\frac{n\pi x}{L}\right)\cos\left(\frac{n\pi vt}{L}\right)$$

임을 보여라.

3.6 처음 변위가 아래에 나타낸 함수로 주어졌을 때 앞 문제의 당긴 줄에 대한 계수 B_n을 구하여라.

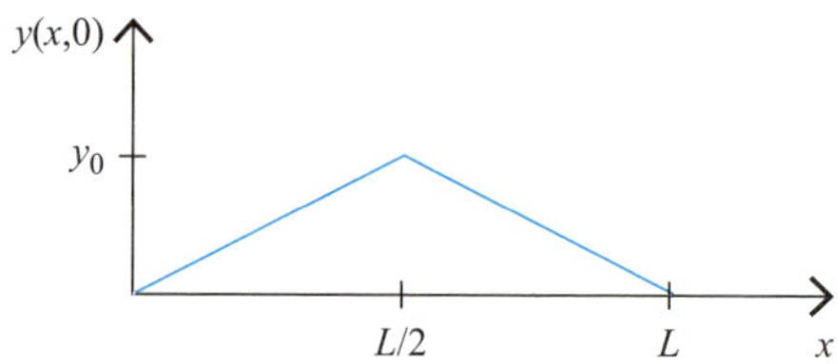

3.7 처음 변위는 0이고, 처음 속도가 아래와 같이 주어진 두드린 줄에 대해 계수 B_n을 구하여라.

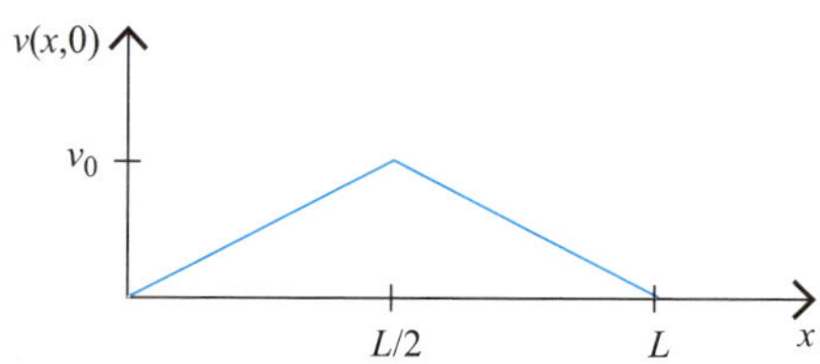

3.8 가우스 함수 $T(t) = \sqrt{\alpha/\pi}e^{-\alpha t^2}$의 Fourier 변환을 구하여라.

3.9 Fourier 급수를 복소수 지수함수로 나타낸 표현[식(3.31)] 사인과 코사인으로 나타낸 표현[식(3.25)]과 동등함을 보여라.

3.10 어떤 조건에서는 깊은 바다의 파동에 대한 분산관계는 $\omega = \sqrt{gk}$이다. 여기서 g는 중력가속도이다. 이 형태의 파동에서 무리속도와 위상속도를 비교하여라.

04
역학적 파동방정식

이 장은 세 가지 다른 형태의 파동에 대한 파동방정식을 자세히 다루는 세 장 중 첫 번째 장이다. 이 장에서 역학적 파동을 설명하고, 5장에서는 전자기파를 논의하고, 6장에서는 양자역학적 파동의 모든 것에 대해 다룰 것이다. 이 장에서는 1, 2, 3장에 포함된 개념과 식을 자주 언급할 것이므로 이 장을 뛰어넘었지만, 특정한 개념에 대해 더 설명이 필요하면 아마 앞 장에서 찾을 수 있을 것이다.

이 장의 구조는 간단하다. 4.1절에서 역학적 파동의 성질을 간단히 살펴본 후 줄 위의 가로파동(4.2절)과 세로 압력파동(4.3절)의 두 가지 형태의 역학적 파동에 대해서 논의할 것이다. 4.4절은 역학적 파동에서 에너지와 일률에 대한 것이고, 4.5절에서는 역학적 파동의 반사와 통과를 논의한다.

4.1 역학적 파동의 성질

우리는 5장에서 다루는 전자기파에 둘러싸여 있고, 6장에서 양자역학적 파동으로 기술하는 입자로 이루어져 있지만, 대부분의 사람들에게 파동을 설명하라고 하면 이 장의 주제인 역학적 파동을 머리에 떠올릴 것이다. 그것은 아마도 많은 형태의 역학적 파동의 “흔들림”을 많이 보았기 때문일 것이다. 역학적 파동에서 흔들림은 원자, 분자 혹은 연결된 입자의 질량에 의해 만들어지고, 따라서 역학적 파동은 (파동이 진행하는 “매질”이라고 부르는) 물리적 물질 안에서만 존재한다.

줄 위의 파동과 같은 역학적 파동에서 파동의 흔들림은 방해받지 않은 (평형) 위치로부터 물질의 물리적인 변위이다. 이 경우 흔들림은 거리의 차원이고, 흔들림의 SI 단위는 미터이다. 압력 파동과 같은 다른 역학적 파동에서 파동의 흔들림에 대한 다른 양을 만나게 된다. 예를 들어 음파에서 흔들림은 매질 내부에서 평형값에서 매질의 밀도 변화나 압력 변화로 측정한다. 따라서 압력 파동의 “변위”는 밀도 변화(SI 단위로는 kg/m^3) 혹은 압력 변화(SI 단위로는 N/m^2)로 표현할 수 있다.

따라서 모든 역학적 파동의 공통적인 특징 중 하나는 물리적인 매질의 존재가 필요하다는 것이다. (1979년 공상과학 영화 에일리언의 대사가 맞다. 우주에서 아무도 네가 소리지르는 것을 들을 수 없다.) 역학적 파동이 진행할 때 모든 매질을 이루는 물질의 두 가지 특징이 중요한 역할을 한다. 이 특징은 물질의 “관성적” 성질과 “탄성적” 성질이다.

물질의 관성적 성질은 (띄엄띄엄한 매질의 경우) 질량, (연속적인 매질에서는) 물질의 질량 밀도와 관련이 있다. “관성”은 모든 질량이 가속도에 저항하는 경향을 설명한다는 것을 기억하여라. 따라서 질량이 큰 물질은 작은 질량의 물질보다 더 움직이기 어렵다. (또 일단 움직이면 멈추게 하기도 더 어렵다.) 이 장의 뒷부분에서 보겠지만 매질의 질량 밀도는 역학적 파동의 진행속도(그리고 분산)에 영향을 끼치고, (매질의 “임피던스”라고 부르는) 매질 내부에서 에너지원으로부터 파동으로 에너지를 결합시키는 능력에도 영향을 끼친다.

물질의 탄성적 성질은 움직인 입자가 평형위치로 돌아오게 하려는 복원력과 관계가 있다. 따라서 매질은 고무줄이나 용수철이 탄성적인 것과 같이 탄성적이다. 매질을 잡아당겨 입자를 평형위치에서 벗어나게 하면 매질은 복원력을 만든다. (그렇지 않다면 매질 내부에 역학적 파동을 만들 수 없다.) 이것을 매질의 “딱딱한 정도”의 척도로 생각하면 도움이 된다. 딱딱한 고무줄과 용수철은 복원력이 더 세므로 잡아당기기 더 어렵다. 예상했듯이 이 복원력의 세기와 질량 밀도가 결합하여 진행 속력, 분산과 매질의 임피던스를 결정하게 된다.

역학적 파동의 파동방정식을 고려하기 전에 개별적인 입자의 운동과 파동 자체의 운동의 차이를 이해해야 한다. 파동이 지나가면 매질은 흔들리고, 이는 매질의 입자가 평형위치에서 이동한다는 것을 의미하지만, 입자는 원래 위치에서 멀리 벗어나지 않는다. 입자는 평형 위치에서 진동하지만, 파동은 입자를 이동시키지 않는다. 파동은 한 위치에서 다른 위치로 물질을 이동하는 꾸준히 부는 바람이나 해류 같지는 않다. 역학적인 파동에서 한 주기 혹은 백만 주기 동안 파동이 만들어낸 알짜 변위는 0이다. 따라서 입자가 파동을 따라 움직이지 않으면 파동의 속력으로 실제로 움직이는 것은 무엇인가? 4.4절에서 보겠지만 그 답은 에너지이다.

비록 매질 내부의 개별적인 입자의 변위는 작지만 입자 운동의 방향은 중요하다. 왜냐하면 입자 운동 방향은 종종 파동을 가로 혹은 세로 파동으로 분류할 때 사용하기 때문이다. (바다의 파도를 포함한 어떤 파동에서는 가로와 세로 운동이 모두 있다.) 가로 파동에서 입자는 파동 운동의 방향에 수직이다. 이것은 오른쪽으로 이동하는 가로 파동에 대해서 각 입자는 수직으로 나오거나 들어오는 방향으로 움직이지만, 좌우로 움직이지 않는다. 세로 파동에서는 매질의 입자는 파동 운동의 방향에 평행이거나 반평행으로 움직인다. 어떤 형태의 파동이 주어진 매질에서 생기는가 하는 것은 4.2절에서 가로 줄파동에 대한 논의와 4.3절의 세로 압력파동에서 볼 수 있듯이 운동의 원인과 복원력의 방향에 따라 다르다.

4.2 줄 위의 파동

다른 책이나 온라인에서 역학적 파동에 대해 읽어보았다면 당긴 줄(혹은 용수철) 위의 가로 파동에 대한 논의를 보았을 것이다. 대부분의 흔한 설명을 보면 수평한 줄을 줄의 한 위치에서 당겼다가 놓거나 튕겼을 때 줄의 어떤 부분이 평형 위치에서 수직으로 변위가 생기게 된다. 또 줄의 한쪽 끝을 아래위로 흔들어서 생기는 파동 운동의 경우도 보았을 것이다. 아래의 분석은 이러한 어떤 상황에도 적용된다.

이러한 운동형태를 분석하는 여러 다른 방법이 있지만, 가장 직접적인 방법은 Newton의 제2법칙을 사용하여 줄의 한 조각에 작용하는 장력과 그 부분의 가속도를 연관짓는 것이다. 이 분석을 통해 그 조각이 어떻게 움직이고, 어떻게 줄의 관성적인 성질과 탄성적인 성질이 유도된 파동의 속력을 결정하는지 보여주는 고전적 파동방정식을 얻게 된다.

어떻게 작동하는지 보려면 균일한 선밀도(단위길이당 질량)를 갖는 줄의 일부가 그림 4.1에 나타낸 것과 같이 평형(수평) 위치에서 벗어난 경우를 고려하자. 줄은 탄성이 있으므로 줄이 이동하면 양쪽 끝에 장력이 작용하여 이 조각을 평형위치로 돌아오게 하려고 한다. 따라서 줄은 늘어난 용수철과 같이 행동한다.

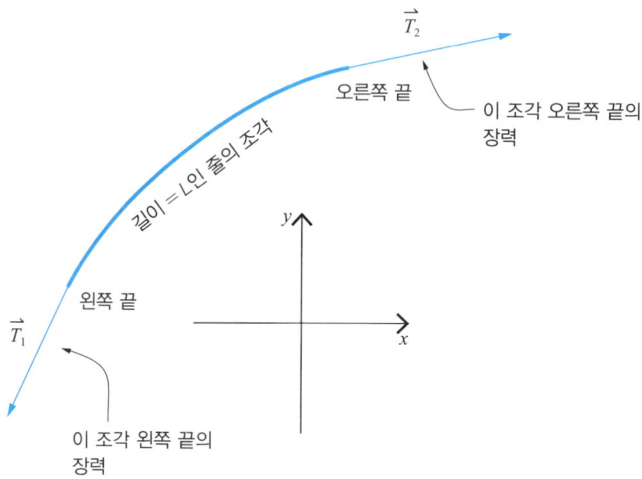

그림 4.1 줄의 한 조각에 작용하는 장력.

줄이 늘어나면 단위길이당 질량은 줄어들지만 늘어날 때 선밀도의 변화는 무시할 수 있는 경우를 고려하겠다. 또한 흔들림의 수평 길이에 비해 수직 변위가 작아서 이 조각의 어느 곳의 각도(θ)도 작은 경우를 고려한다.[1] 그리고 (중력과 같은) 모든 다른 힘의 효과는 장력의 효과에 비해 무시할 수 있다고 가정한다.

그림 4.1에 나타내었듯이 줄의 흔들리지 않은 (수평) 위치는 x축 방향이고 변위는 y방향이다. 줄 조각이 평형위치에서 벗어나면 왼쪽 끝에는 장력 $\vec{T}_1$이, 오른쪽 끝에는 장력 $\vec{T}_2$가 작용한다. 줄의 탄성과 변위의 크기를 알지 못하면 이 힘의 세기에 대해 말할 것이 별로 없지만, 이 정보가 없어도 흥미 있는 물리적 사실을 찾을 수 있다. 이것을 보기 위해 그림 4.2에 나타낸 장력 $\vec{T}_1$과 $\vec{T}_2$의 x와 y 성분을 고려하자.

그림 4.2(a)에서 줄 조각의 왼쪽 끝과 수평선 사이의 각도는 θ_1이고, 장력 $\vec{T}_1$의 x와 y 성분은 다음과 같다.

---

1 얼마나 작은가? $\cos\theta \approx 1$이고 $\sin\theta \approx \tan\theta$로 어림할 수 있을 정도로 충분히 작다. θ가 25°보다 작으면 10% 이하로 잘 맞는다.

$$T_{1,x} = -|\vec{T}_1|\cos\theta_1,$$
$$T_{1,y} = -|\vec{T}_1|\sin\theta_1.$$

마찬가지로 그림 4.2(b)에서 줄 조각의 오른쪽 끝과 수평선 사이의 각도는 θ_1이고, 장력 $\vec{T}_2$의 x와 y 성분은 다음과 같다.

$$T_{2,x} = |\vec{T}_2|\cos\theta_2,$$
$$T_{2,y} = |\vec{T}_2|\sin\theta_2.$$

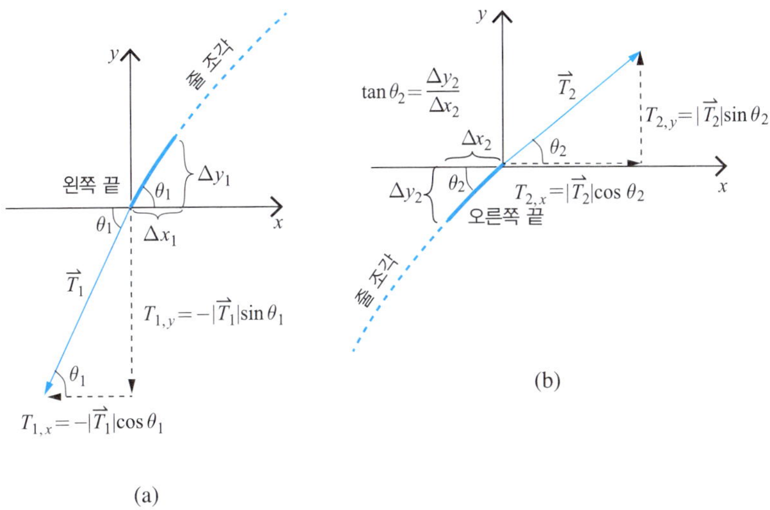

그림 4.2 왼쪽 끝과 오른쪽 끝의 장력 성분.

다음 단계는 Newton의 제2법칙을 사용하여 이 조각에 x 방향으로 작용하는 힘의 합을 조각의 질량(m)과 조각의 x 방향 가속도(a_x)를 곱한 양으로 쓰고

$$\Sigma F_x = -|\vec{T}_1|\cos\theta_1 + |\vec{T}_2|\cos\theta_2 = ma_x, \tag{4.1}$$

마찬가지로 y 방향의 힘과 가속도 사이의 관계는 다음과 같이 쓴다.

$$\Sigma F_y = -|\vec{T}_1|\sin\theta_1 + |\vec{T}_2|\sin\theta_2 = ma_y. \tag{4.2}$$

줄 조각이 y 방향으로 위아래로 진동하는 한 $a_x = 0$으로 취할 수 있고, 진동의 진폭이 작으면 θ_1과 θ_2 모두 작고

$$\cos\theta_1 \approx \cos\theta_2 \approx 1$$

이다.

이 어림을 사용하고 a_x를 0으로 놓으면

$$\Sigma F_x \approx -|\vec{T}_1|(1) + |\vec{T}_2|(1) = 0$$

이 되고,

$$|\vec{T}_1| \approx |\vec{T}_2| \tag{4.3}$$

임을 뜻하므로, 줄의 양쪽 끝에서 장력의 크기는 거의 같다. 그러나 이 힘(따라서 y 성분)의 방향은 같지 않고, 이 성분의 차로 인해 조각의 운동에 대한 중요한 결과가 나온다.

이를 보기 위해 왼쪽 끝과 오른쪽 끝에서 줄 조각의 기울기를 나타내는 그림 4.2의 조각을 보자. 그림에 나타내었듯이 이 기울기는 다음의 식으로 쓸 수 있다.

$$\begin{aligned} \text{왼쪽 끝의 기울기} &= \tan\theta_1 = \frac{\Delta y_1}{\Delta x_1}, \\ \text{오른쪽 끝의 기울기} &= \tan\theta_2 = \frac{\Delta y_2}{\Delta x_2}. \end{aligned} \tag{4.4}$$

이 분석을 통해 고전 파동방정식을 얻는 방법은 다음과 같다. 조각의 왼쪽 끝에서 Δx_1을 0에 접근시켜 줄의 미소 조각만을 고려하자. 이렇게 하면 기울기는 줄의 왼쪽 끝에서 구한 y를 x에 대해 편미분한 값에 접근한다.

$$\frac{\Delta y_1}{\Delta x_1} \to \left[\frac{\partial y}{\partial x}\right]_{\text{left}}.$$

이제 Δx_2를 0에 접근시켜 오른쪽 끝에서도 같은 방법을 쓰면 다음을 얻는다.

$$\frac{\Delta y_2}{\Delta x_2} \to \left[\frac{\partial y}{\partial x}\right]_{\text{right}}.$$

그러나 식 (4.4)를 보면 줄 끝의 기울기는 θ_1과 θ_2의 탄젠트 값이고, 각도가 작으면 이 탄젠트는 사인으로 어림할 수 있다.

$$\tan\theta_1 = \frac{\sin\theta_1}{\cos\theta_1} \approx \sin\theta_1,$$
$$\tan\theta_2 = \frac{\sin\theta_2}{\cos\theta_2} \approx \sin\theta_2.$$

이것은 식 (4.2)의 사인 항은 탄젠트로 어림할 수 있다는 의미이고, 탄젠트는 편미분과 같다. 따라서 y 방향의 힘의 합은

$$\Sigma F_y \approx -|\vec{T}_1| \left[\frac{\partial y}{\partial x}\right]_{\text{left}} + |\vec{T}_2| \left[\frac{\partial y}{\partial x}\right]_{\text{right}} = ma_y$$

으로 쓸 수 있고 $a_y = \partial^2 y/\partial t^2$이므로 이것은 다음과 같다.

$$m\frac{\partial^2 y}{\partial t^2} = -|\vec{T}_1| \left[\frac{\partial y}{\partial x}\right]_{\text{left}} + |\vec{T}_2| \left[\frac{\partial y}{\partial x}\right]_{\text{right}}.$$

그러나 진폭이 작고, 밀도가 균일한 어림에서 식 (4.3)에 의하면 줄의 왼쪽과 오른쪽 끝에서 장력의 크기가 같으므로 $|\vec{T}_1| = |\vec{T}_2| = T$로 쓸 수 있다.

$$m\frac{\partial^2 y}{\partial t^2} = T\left[\frac{\partial y}{\partial x}\right]_{\text{right}} - T\left[\frac{\partial y}{\partial x}\right]_{\text{left}}$$

즉 다음과 같다.

$$\frac{\partial^2 y}{\partial t^2} = \frac{T}{m}\left\{\left[\frac{\partial y}{\partial x}\right]_{\text{right}} - \left[\frac{\partial y}{\partial x}\right]_{\text{left}}\right\}.$$

큰 괄호 안에 있는 항을 보면 이것은 왼쪽 끝과 오른쪽 끝 사이에서 줄의 기울기의 변화라는 것을 알 수 있다. 이 변화는 Δ 표기법을 쓰면

$$\left\{\left[\frac{\partial y}{\partial x}\right]_{\text{right}} - \left[\frac{\partial y}{\partial x}\right]_{\text{left}}\right\} = \Delta\left(\frac{\partial y}{\partial x}\right)$$

이고, 이것은 다음을 의미한다.

$$\frac{\partial^2 y}{\partial t^2} = \frac{T}{m}\,\Delta\left(\frac{\partial y}{\partial x}\right).$$

파동방정식을 얻는 마지막 단계는 줄 조각의 질량(m)을 고려하는 것이다. 줄의 선밀

도가 μ이고, 줄 조각의 길이를 L이라고 하면 줄 조각의 질량은 μL이다. 그러나 변위 진폭이 작으면 $L \approx \Delta x$이므로 조각의 질량은 $m = \mu \Delta x$로 쓸 수 있다. 따라서 다음과 같이 쓸 수 있다.

$$\frac{\partial^2 y}{\partial t^2} = \frac{T}{\mu\,\Delta x}\,\Delta\left(\frac{\partial y}{\partial x}\right).$$

하지만 Δx가 작으면

$$\frac{\Delta(\partial y/\partial x)}{\Delta x} = \frac{\partial^2 y}{\partial x^2}$$

이고, 이는

$$\frac{\partial^2 y}{\partial t^2} = \frac{T}{\mu}\left(\frac{\partial^2 y}{\partial x^2}\right)$$

즉

$$\frac{\partial^2 y}{\partial x^2} = \frac{\mu}{T}\left(\frac{\partial^2 y}{\partial t^2}\right) \tag{4.5}$$

으로 쓸 수 있다. 2장에서 논의한 것을 따라가면 이 형태는 매우 친숙한 식이다. 좌변에는 이차 공간미분이 있고 (우변에 상수를 곱한 것을 제외하고 다른 항이 없는) 우변의 이차 시간에 대한 미분이 있으면 이 식은 고전 파동방정식[식 (2.5)]과 같은 형태이고, 2장과 3장에서 논의한 모든 분석을 이 흔들리는 줄에 적용할 수 있다.

이 형태의 파동방정식에 대한 흥미 있는 점은 이 경우 변위(y)는 실제 물리적인 변위이고,[2] 식 (4.5)의 좌변에 있는 양($\partial^2 y/\partial x^2$)는 이 줄의 곡률을 나타낸다. 따라서 줄에 적용한 고전 파동방정식에 의하면 임의의 줄조각에 대한 가속도($\partial^2 y/\partial t^2$)는 그 조각의 곡률에 비례한다는 것을 알려준다. 줄의 왼쪽과 오른쪽 끝의 기울기와 장력의 y 성분 사이의 관계를 살펴보면 이것은 맞는 말이다. 곡률이 0이면 두 끝에서 기울기는 같고, 장력의 y 성분은 크기가 같고, 방향은 반대이다. 따라서 그 조각의 가속도는 0이 될 것이다.

---

2 1장에서 "변위"는 물리적인 거리뿐만 아니라 평형상태에서 벗어난 임의의 양에 해당한다. 하지만 이 경우 y는 평형위치로부터 실제 거리이다.

짐작했듯이 식 (2.5)의 곱한 항과 식 (4.5)의 곱한 항을 비교하면 파동의 위상속력을 결정할 수 있다. 이 양을 서로 같게 놓으면

$$\frac{1}{v^2} = \frac{\mu}{T}$$

즉

$$v = \sqrt{\frac{T}{\mu}} \tag{4.6}$$

을 얻는다.

예상하였듯이 줄 파동의 위상속력은 (이 경우에 진행 매질인) 줄의 탄성적 성질(T)과 관성적 성질(μ)에 의존한다. 특히 줄의 장력이 커질수록 (T가 분자에 있으므로) 파동성분은 빨리 진행하고, 줄의 밀도가 커지면 (μ는 분모에 있으므로) 파동 성분은 더 천천히 움직일 것이다. 따라서 줄 A가 줄 B보다 장력이 두 배이고 선질량밀도가 두 배이면 파동의 위상속도는 같을 것이다.

식 (4.6)으로 주어진 속도는 줄을 따라 (즉 수평 방향으로) 움직이는 파동의 속력이지, 수직 방향으로 움직이는 조각의 속력이 아니라는 것이 중요하다. (가로) 속력은 $\partial y/\partial t$로 주어지고, 이는 파동함수의 해인 파동함수 $y(x, t)$의 시간 미분을 취하여 결정한다.

그리고 파동방정식을 만족하는 파동함수 $y(x, t)$는 어떻게 구하는가? 풀려고 하는 문제의 적절한 초기 조건과 경계조건을 적용하여 얻는다. 이에 대한 몇 개의 예제는 3장의 3.1절과 3.2절에서 볼 수 있다. 이 논의에서 파동의 위상속력은 간단히 "v"라고 불렀지만, 이제 이 속력은 $v = \sqrt{T/\mu}$라는 것을 알게 되었다.

고전 파동방정식에 대한 (사인과 코사인 함수인) 조화함수 해는 다음 예제에서 볼 수 있듯이 줄 위의 가로파동의 경우 배울 점이 많이 있다.

예제 4.1 줄 위의 가로 조화파동에 대한 변위, 속도, 가속도를 비교하여라.

변위 $y(x, t)$가 $A\sin(kx - \omega t)$로 주어지면 임의의 줄 조각의 가로 속도는 $v_t = \partial^2 y/\partial t^2 = -A\omega^2 \sin(kx - \omega t)$이고, 가로 가속도는 $a_t = \partial^2 y/\partial t^2 = -A\omega^2 \sin(kx - \omega t)$이다. 이 파동은 kx 항의 부호와 ωt 항의 부호가 반대이므로 파동은 양의 x 방향으로 움직인다

는 것을 주목하여라. 변위, 가로 속도, 가로 가속도를 그림 4.3과 같이 같은 그래프에 그리면 파동의 행동에 대한 흥미 있는 면이 나타난다. 이 그림은 시간 $t = 0$일 때 y, v_t, a_t의 순간사진이고, 세 파동의 수직 크기가 같도록 조절하기 위해 각진동수를 $\omega = 1$로 놓았다.

세 파동을 같은 그래프에 놓은 이유는 임의의 위치(그리고 임의의 시간에서) 변위, 속력, 가속도 사이의 관계를 보는 데 도움이 되기 때문이다. 예를 들어 [$y(x, t)$ 파동의 첫 양의 봉우리인] 변위가 최대 양수값을 갖는 위치 에 있는 줄 조각을 고려하자. 이 조각이 최대 변위에 도달할 때와 같은 순간($t = 0$) 속도 그림을 보면 그 조각의 가로 속도는 0이 되는 것을 알 수 있다. 이것은 그 조각이 위로 (평형위치에서 벗어나) 올라가다가 (다시 평형위치로 돌아오는) 아래로 움직이기 전 꼭대기에서 순간적으로 정지하기 때문이다.

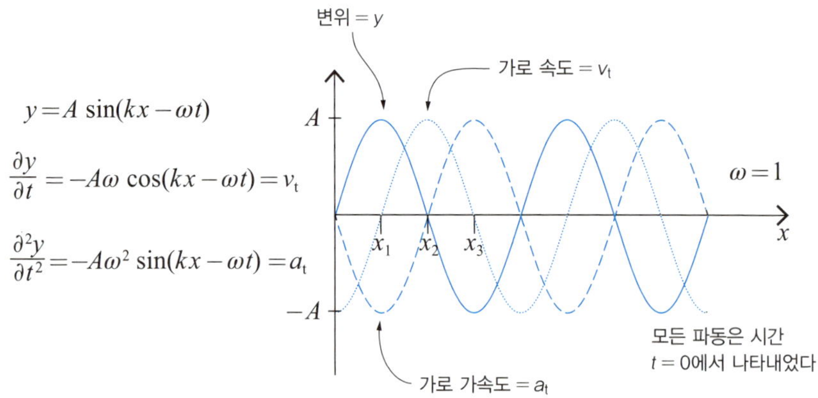

그림 4.3 조화파동의 시간에 대한 미분.

이제 같은 조각의 가속도 그림을 보자. 변위가 최대 양수값이고, 가로 속도가 0인 때와 같은 순간 조각의 가로 가속도는 최대 음수값을 갖는다. 이것이 맞는 이유는 조각이 평형상태에서 최대로 벗어났을 때 복원력(장력)이 가장 세고 그 힘의 방향은 다시 평형위치로 돌아오는(조각이 평형위치 위에 있을 때는 아래로) 향한다. 조각에 작용하는 힘은 조각의 가속도와 같으므로 최대 음의 힘은 최대 음의 가속도를 의미한다.

다음으로 위치 x_2에 있는 줄 조각을 고려하자. 시간 $t = 0$일 때 이 조각은 평형위치를 지난다. 그 사실은 그 변위(y)가 0이라는 사실로 알 수 있다. 그 조각의 속도 그래프를 보면 최대값에 도달한다는 것을 볼 수 있다. 그 조각의 속도는 평형위치를 지날 때 최대 양수값이다. 그렇게 될 때 장력은 수평방향(즉 y 성분이 없다)으로만 작용하므로 이 조각의 가로 가속도(a_y)는 0이다.

위치 x_3에 있는 최대 음의 변위, 가로 속도가 0, 최대 양의 가속도를 갖는 조각에도 같은 분석을 할 수 있다.

그림 4.3과 같은 그래프를 분석할 때 학생들이 하는 실수 중 하나는 위치 x_2에 있는 줄 조각이 (평형위치 위인) 양의 변위에서 (평형위치 아래인) 음의 변위로 움직인다고 결론짓는 것이다. 그러나 이 파동은 오른쪽으로 움직이고 시간 $t = 0$에서 찍은 파동의 순간사진을 보고 있다는 것을 기억하여라. 따라서 나중 시간에서 파동은 오른쪽으로 움직일 것이고 의 위치에 있는 조각은 평형위치 위에 있을 것이다. 즉 양의 변위($y > 0$)를 갖게 된다. 이 때문에 에서 조각의 속도가 그래프에 나타낸 순간에 양의 최대값을 갖는다. 조각은 양의 y 방향으로 움직인다.

많은 학생들은 줄의 가로 파동을 잘 이해하면 (4.3절에서 설명할) 세로 압력파동, 심지어는 (6장의 주제인) 양자 파동을 포함한 다양한 다른 형태의 파동 운동을 이해하는 기초가 된다는 것을 알게 된다. 도움이 되는 추가적인 개념은 줄의 선밀도(μ)와 장력(T)의 변화에 대한 효과이다. 달리 표현하면 줄이 균일하지 않으면 이 분석은 어떻게 바뀌는가?

거리에 따라 변하는 줄의 특성을 허용하는 효과는 밀도와 장력을 x의 함수로 취급하여 볼 수 있다. $\mu = \mu(x)$, $T = T(x)$. 이 경우 위에서 보인 것과 비슷한 분석을 하면 수정된 파동방정식을 얻는다.

$$\frac{\partial^2 y}{\partial t^2} = \frac{1}{\mu(x)} \frac{\partial}{\partial x}\left[T(x)\frac{\partial y}{\partial x}\right].$$

장력 $T(x)$는 공간 미분 바깥으로 옮길 수 없고, 장력과 밀도의 비율은 더이상 상수가 아니라는 것을 주목하여라. 일반적으로 이 식에 대한 해의 공간 부분은 사인 함수형이 아니고, 이것이 사인 함수형 공간 파동함수가 균일한 매질의 전형적인 특징이라고 하는 이유이다. 이것은 불균일한 매질 안에서 양자 파동과 흥미 있는 비유를 할 수 있다.

4.3 압력 파동

줄 위의 가로파동을 분석할 때 사용한 많은 중요한 개념과 기술은 세로 압력 파동에도 적용할 수 있다. 이러한 종류의 파동에 대한 표준 용어가 없지만 (진동하는 소리굽쇠의 가지나 진동하는 피스톤 혹은 스피커의 진동막과 같은) 역학적 원인으로 물질을 파동이 진행하는 방향으로 압축시키거나 엷게 하는 물리적인 변위를 일으키는 어떤 파동도 "압력 파동"으로 나타내겠다.

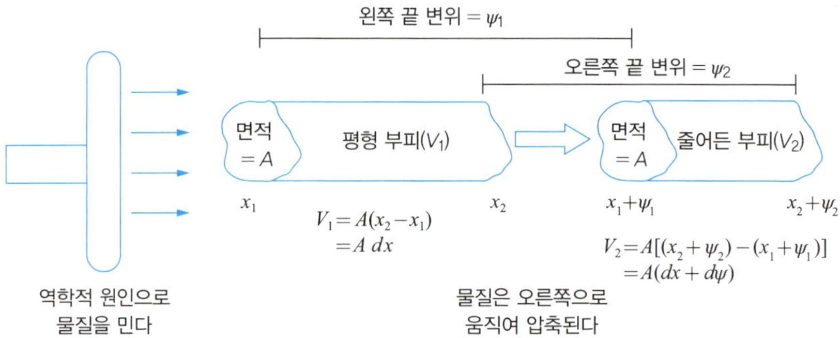

그림 4.4 물질 조각의 변위와 압축.

그림 4.4에서 압력 파동이 작동하는 방법을 볼 수 있다. 역학적 파동의 원인이 매질을 지나면서 주위의 물체 조각을 밀고, 이 조각은 원인으로부터 멀어져서 압축된다. (즉 같은 질량이 더 작은 부피 안으로 눌려서 조각의 밀도는 증가한다.) 이 밀도가 증가한 조각은 주위의 조각에 압력을 가하고, 이 방법으로 (원인으로 인해 한 번 민다면) 펄스가, 혹은(이 원인이 앞뒤로 진동하면) 조화파동이 그 원인에 의해 만들어지고 물체를 따라 진행한다.

이와 같은 파동의 "흔들림"에는 세 가지 요소가 있다. 물질의 가로 변위, 물질의 밀도 변화, 그리고 물질 내부의 압력 변화이다. 따라서 압력 파동은 "밀도 파동", 혹은 심지어 "세로 변위 파동"이라고도 부를 수 있고, 물리학과 공학 교재에서 파동 흔들림의 그래프를 볼 때 이 중 어떤 양이 파동의 "변위"로 그려졌는지 확인해야 한다.

그림 4.4에서 볼 수 있듯이 여전히 일차원 운동을 고려하고 있다. (즉 파동은 x축으로만 진행한다.) 그러나 압력 파동은 삼차원 매질에서 존재하므로 (앞 절에서 줄에 대해 한 것처럼) 선질량밀도 μ를 고려하는 대신 이 경우에는 매질의 관성적 특징으로 부피 질량밀도 ρ를 사용한다. 그러나 줄의 운동을 작은 각도로 한정하고 변위의 가로

성분만을 고려했듯이, 여기서는 압력과 밀도의 변화가 평형값보다 작다고 가정하고 세로 변위만을 고려하겠다. (따라서 이 물질은 x 방향의 조각 길이의 변화에 의해서만 압축되거나 늘어난다.)

이러한 형태의 파동에 대한 파동방정식을 구하는 가장 직접적인 방법은 줄 위의 가로 파동에서 사용한 접근 방법과 매우 비슷하다. 즉 물질 조각의 가속도를 그 조각에 작용하는 힘의 합과 Newton의 제2법칙을 이용하여 관련시키는 것이다. 그러기 위해 임의의 위치에서 압력(P)을 평형압력(P_0)와 파동에 의해 생기는 압력의 미소변화(dP)로 정의하는 것으로 시작한다.

$$P = P_0 + dP.$$

마찬가지로 임의의 위치에서 밀도(ρ)는 평형밀도(ρ_0)와 파동이 만들어내는 밀도의 미소변화($d\rho$)로 쓸 수 있다.

$$\rho = \rho_0 + d\rho.$$

이 양을 Newton의 제2법칙을 이용하여 매질 내부의 물질 가속도와 관련시키려면 부피압축에 대한 용어와 식을 알아보아야 한다. 상상해보면 알겠지만 물질 조각에 외부 압력이 가해지면 그 물질의 얼마나 많은 부피(그리고 따라서 밀도)가 변하는가 하는 것은 물질의 성질에 의존한다. 공기 부피를 1 퍼센트 압축하려면 약 1000 Pa(파스칼, 즉 N/m^2)만큼 압력을 증가시켜야 하지만, 철의 부피를 1 퍼센트 압축하려면 10억 Pa보다 큰 압력을 가해야 한다. 물체의 압축률은 (흔히 파스칼의 단위로 K나 B로 쓰는) "부피탄성률"의 역수이고, 이것은 압력의 부분적 변화(dP)와 물질 밀도의 변화율($d\rho/\rho_0$) 사이의 관계를 맺어준다.

$$K \equiv \frac{dP}{d\rho/\rho_0} \tag{4.7}$$

즉

$$dP = K\frac{d\rho}{\rho_0} \tag{4.8}$$

이다.

이 관계를 이용해 파동에 의해 이동하고 압축된(혹은 늘어난) 물질 조각에 대해

Newton의 제2법칙을 고려할 준비가 되었다. 그러기 위해 그림 4.5에 나타내었듯이 조각의 왼쪽과 오른쪽 면에 작용하는 물질 주위로부터 압력을 고려하자.

조각의 왼쪽 끝에서 압력(P_1)은 양의 x 방향으로 밀고, 조각의 왼쪽 끝의 압력은 음의 x 방향으로 민다. x 방향 힘의 합을 x 방향의 가속도와 같게 놓으면 다음을 얻는다.

$$\sum F_x = P_1 A - P_2 A = m a_x. \tag{4.9}$$

여기서 m은 조각의 질량이다. 조각의 단면적은 A, 조각의 길이는 dx라고 하면 조각의 부피는 Adx이고 이 조각의 질량은 이 부피에 물질의 평형 밀도를 곱하여 얻는다.

$$m = \rho_0 A\, dx$$

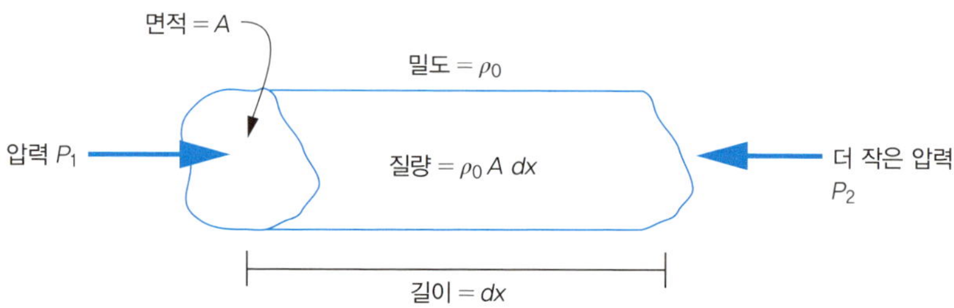

그림 4.5 물질 조각에 작용하는 압력.

왼쪽 끝에서 밀어서 이 순간 가속도가 오른쪽을 향하기 때문에 조각의 오른쪽 끝에 작용하는 압력은 왼쪽 끝에 작용하는 압력보다 작다는 것을 주목하여라. 파동에 의한 물질의 변위를 기호 ψ로 나타내면 x 방향의 가속도는 다음과 같이 쓸 수 있다.

$$a_x = \frac{\partial^2 \psi}{\partial t^2}.$$

m과 a_x에 대한 표현을 Newton의 제2법칙[식 (4.9)]에 대입하면 다음을 얻는다.

$$\sum F_x = P_1 A - P_2 A = \rho_0 A\, dx \frac{\partial^2 \psi}{\partial t^2}.$$

왼쪽 끝에서 압력 P_1을 $P_0 + dP_1$, 오른쪽 끝에서 압력 P_2를 $P_0 + dP_2$로 쓰면 다음을 얻는다.

$$\begin{aligned} P_1 A - P_2 A &= (P_0 + dP_1)A - (P_0 + dP_2)A \\ &= (dP_1 - dP_2)A. \end{aligned}$$

그러나 거리 dx에 대한 dP(즉 파동이 만드는 초과 혹은 미달 압력의 변화)의 변화는

$$\text{초과 압력의 변화} = dP_2 - dP_1 = \frac{\partial(dP)}{\partial x}\,dx$$

이므로

$$-\frac{\partial(dP)}{\partial x}\,dx\,A = \rho_0 A\,dx\,\frac{\partial^2\psi}{\partial t^2}$$

즉

$$\rho_0\frac{\partial^2\psi}{\partial t^2} = -\frac{\partial(dP)}{\partial x}$$

이 된다. 그러나 $dP = d\rho K/\rho_0$이므로 다음을 얻는다.

$$\rho_0\frac{\partial^2\psi}{\partial t^2} = -\frac{\partial[(K/\rho_0)d\rho]}{\partial x}. \tag{4.10}$$

다음 단계는 밀도의 변화($d\rho$)와 조각의 왼쪽과 오른쪽의 변위(ψ_1과 ψ_2) 사이의 관계를 맺는 것이다. 그러기 위해 조각의 질량은 조각이 압축되기 전과 후에 같다는 것에 주목하자. 이 질량은 조각의 밀도에 부피를 곱한 것이고($m = \rho V$) 조각의 부피는 그림 4.4에서 볼 수 있듯이 압축 전에는 $V_1 = Adx$이고, 압축 후에는 $V_2 = A(dx + d\psi)$이다. 따라서 다음을 얻는다.

$$\rho_0 V_1 = (\rho_0 + d\rho)V_2,$$
$$\rho_0(A\,dx) = (\rho_0 + d\rho)A(dx + d\psi)$$

거리 dx에 대한 변위의 변화($d\psi$)는

$$d\psi = \frac{\partial\psi}{\partial x}\,dx$$

으로 쓸 수 있으므로 다음을 얻는다.

$$\rho_0(A\,dx) = (\rho_0 + d\rho)A\left(dx + \frac{\partial\psi}{\partial x}\,dx\right),$$
$$\rho_0 = (\rho_0 + d\rho)\left(1 + \frac{\partial\psi}{\partial x}\right)$$

$$= \rho_0 + d\rho + \rho_0 \frac{\partial \psi}{\partial x} + d\rho \frac{\partial \psi}{\partial x}.$$

파동이 만드는 밀도의 변화($d\rho$)는 평형 밀도(ρ_0)보다 작은 경우로 한정했으므로 $d\rho\partial\psi/\partial x$는 $\rho_0\partial\psi/\partial x$ 항보다 작아야 한다. 따라서 적절한 어림을 하면

$$d\rho = -\rho_0 \frac{\partial \psi}{\partial x}$$

으로 쓸 수 있고, 이것을 식 (4.10)에 대입하면 다음을 얻는다.

$$\begin{aligned} \rho_0 \frac{\partial^2 \psi}{\partial t^2} &= -\frac{\partial[(K/\rho_0)(-\rho_0\, \partial \psi/\partial x)]}{\partial x} \\ &= \frac{\partial[K(\partial \psi/\partial x)]}{\partial x}. \end{aligned}$$

이것을 재배열하여 친숙한 형태의 식으로 쓰면

$$\rho_0 \frac{\partial^2 \psi}{\partial t^2} = K \frac{\partial^2 \psi}{\partial x^2}$$

즉 다음을 얻는다.

$$\frac{\partial^2 \psi}{\partial x^2} = \frac{\rho_0}{K} \frac{\partial^2 \psi}{\partial t^2}. \tag{4.11}$$

줄의 가로 파동의 경우와 같이 압력 파동의 위상속력은 고전 파동방정식[식 (2.5)]에 곱한 항을 식 (4.11)에서 이에 해당하는 양을 비교해서 얻을 수 있다. 이 양을 서로 같다고 놓으면

$$\frac{1}{v^2} = \frac{\rho_0}{K}$$

즉 다음을 얻는다.

$$v = \sqrt{\frac{K}{\rho_0}}. \tag{4.12}$$

예상한대로 압력파동의 위상속력은 매질의 탄성적(K) 성질과 관성적(ρ_0) 성질에 의존한다. 특히 물질의 부피탄성률이 클수록(즉 물질이 딱딱할수록) 파동의 성분은

(K가 분자에 있으므로) 더 빨리 진행할 것이고, 매질의 밀도가 클수록 (ρ_0가 분모에 있으므로) 이 성분은 느려질 것이다.

예제 4.2 음속을 결정하여라.

소리는 압력 파동의 일종이므로 공기의 부피탄성률과 밀도를 알면 식 (4.12)를 이용하여 음속을 결정할 수 있다. 공기 압력은 관심 있는 영역의 부피탄성률보다 쉽게 구할 수 있으므로 이 식을 압력이 명백하게 포함되는 형태로 쓰는 것이 도움이 된다.

그러기 위해 식 (4.12)를 부피탄성률의 정의[식 (4.7)]을 사용하여 다음과 같이 쓴다.

$$v = \sqrt{\frac{K}{\rho_0}} = \sqrt{\frac{dP/(d\rho/\rho_0)}{\rho_0}} = \sqrt{\frac{dP}{d\rho}}. \tag{4.13}$$

$dP/d\rho$는 단열기체 법칙을 사용하여 평형 압력(P_0)과 밀도(ρ_0) 사이의 관계로 구할 수 있다. 단열과정은 계와 주위 환경 사이에 열을 통해 에너지가 흐르지 않는 과정이므로 단열법칙을 사용한다는 것은 파동이 진동할 때 소리파동이 만드는 압축과 팽창이 되는 영역에서 에너지를 잃거나 얻지 않는다는 것을 가정한다는 뜻이다. 전형적인 조건에서 공기 중의 음파에 대해서는 좋은 가정이다. 왜냐하면 (분자가 충돌해서 운동에너지를 전달하는) 전도에 의한 에너지 흐름은 (충돌 사이에 분자가 이동하는 평균거리인) 평균자유경로와 비슷한 거리에서 일어나기 때문이다. 이 거리는 음파에서 압축과 팽창이 일어나는 거리(즉 반 파장)보다 매우 작다. 따라서 파동이 공기를 압축하고 늘이는 과정은 약간 높은 온도나 약간 낮은 온도에서 일어나고, 분자는 파동이 압축된 영역을 팽창시키고, 팽창된 영역을 압축하기 전에 평형에 도달할만큼 충분히 멀리 움직이지 않는다. 따라서 파동을 정말로 단열과정으로 생각할 수 있다.[3]

단열기체법칙을 적용하기 위해 압력(P)와 부피(V) 사이의 관계를

$$PV^{\gamma} = \text{상수} \tag{4.14}$$

로 쓴다. 여기서 γ는 등압비열과 등적비열의 비율이고 전형적인 조건에서 공기에 대해서는 대략 그 값은 1.4이다.

3 Newton이 그의 위대한 Principia에서 음속을 처음 계산했을 때 이 대신 등온법칙(Boyle의 법칙)을 사용하여 음속을 15% 정도 저평가하였다.

부피는 밀도 ρ에 반비례하므로 식 (4.14)는

$$P = (\text{상수})\gamma^{\rho}$$

즉

$$\frac{dP}{d\rho} = (\text{상수})\gamma^{\rho-1} = \gamma\frac{(\text{상수})\rho^{\gamma}}{\rho}$$

로 쓸 수 있지만 $(\text{상수})\rho^{\gamma} = P$이므로

$$\frac{dP}{d\rho} = \gamma\frac{P}{\rho}$$

의 결과를 얻는다. 이 식을 식 (4.13)에 대입하면 다음을 얻는다.

$$v = \sqrt{\gamma\frac{P}{\rho}}.$$

공기에서 전형적인 값 $P = 1 \times 10^5$ Pa과 $\rho = 1.2$ kg/m^{3}에 대해서 이로 인한 음속의 값은

$$v = \sqrt{1.4\frac{1 \times 10^5}{1.2}} = 342 \text{ m/s}$$

이고, 측정값과 매우 가깝다.

4.4 역학적 파동의 에너지와 일률

4.1절을 읽었다면 역학적 파동에서 전달되는 것에 대한 정확한 대답이 무엇인지 알 것이다. (그것은 매질의 입자가 아니다. 왜냐하면 입자는 파동을 따라 전달되지 않기 때문이다.) 그 답은 "에너지"이다. 이 절에서는 역학적 파동에서 에너지 양과 에너지 흐름에 대한 비율은 파동의 변수와 어떤 관계가 있는지 배울 것이다.

일반물리학에서 배웠듯이 계의 역학적에너지는 (종종 "운동에 관한 에너지"로 특징짓는) 운동에너지와 ("위치에너지"로 특징을 짓는) 퍼텐셜에너지로 이루어져 있다. 또한 움직이는 물체의 운동에너지는 물체의 질량과 물체의 속력의 제곱에 비례하는

반면 물체의 퍼텐셜에너지는 물체에 작용하는 외부힘이 작용하는 영역에서 위치에 의존한다는 것을 알고 있다.

퍼텐셜에너지는 몇 가지 형태로 나타나고 주어진 문제에서 중요한 형태는 물체에 작용하는 힘의 성질에 의존한다. (별이나 행성이 만드는) 중력장 안에서 물체는 중력 퍼텐셜에너지가 있고, (용수철이나 잡아당긴 줄에 의한) 탄성력이 작용하는 물체는 탄성 퍼텐셜에너지가 있다. 일반물리에서 기억해야 할 다른 중요한 점은 보존력에 대한 것이다. 기억하듯이 보존력은 힘이 한 일은 물체의 위치 변화에만 의존하고, 물체가 이동한 경로에 의존하지 않는 힘이다. 중력과 탄성력은 보존력이지만, 마찰과 끌림힘은 비보존력이다. 왜냐하면 이와 같은 소모성 힘에 대해 경로가 길면 더 많은 역학적에너지가 내부에너지로 전환되고 반대 방향으로 같은 경로를 돌아와도 에너지가 다시 돌아오지 않는다. 물체에 보존력이 작용할 때 물체의 위치가 변할 때 물체의 퍼텐셜에너지의 변화는 그 힘이 한 일과 같다. 마지막으로 (퍼텐셜에너지가 0인 위치인) 기준값은 원하는 곳에 자유롭게 선택할 수 있으므로 퍼텐셜에너지 값은 임의의 값이라는 것을 기억하여라. 따라서 물리적 의미가 있는 것은 퍼텐셜에너지의 변화이다.

줄 위의 가로파동과 같은 역학적 파동에서 운동에너지와 퍼텐셜에너지의 개념을 적용하는 것은 쉽다. 가장 흔한 접근 방법은 줄의 작은 조각 한 개의 운동에너지와 퍼텐셜에너지에 대한 표현을 구하는 것이고, 이것으로 줄의 에너지 밀도(즉 단위길이당 에너지)를 구할 수 있다. 조화파동의 경우 각 파장당 운동에너지와 퍼텐셜에너지 밀도를 더하고 한 파장과 같은 거리에 대해 적분한 결과를 계산하면 전체 에너지를 얻는다.

위에서 말한대로 줄의 작은 조각의 운동에너지(KE)는 조각의 질량(m)과 조각의 가로속도(v_1)의 제곱에 의존한다.

$$KE_{\text{segment}} = \frac{1}{2}mv_{\text{t}}^2.$$

선밀도 μ와 길이 dx인 줄 조각의 질량은 $m = \mu dx$이므로 다음을 얻는다.

$$KE_{\text{segment}} = \frac{1}{2}(\mu\, dx)v_{\text{t}}^2.$$

조각의 가로속도는 $v_1 = \partial y/\partial t$이므로 다음과 같다.

$$\mathrm{KE}_{\text{segment}} = \frac{1}{2}(\mu\, dx)\left(\frac{\partial y}{\partial t}\right)^2. \tag{4.15}$$

조화파동의 경우 운동에너지는 이 조각이 평형위치를 지날 때 최대라는 것을 의미한다. 이것은 그림 4.3에서 $y(x, t)$와 v_1의 그래프를 비교하면 알 수 있다. 그리고 예상했듯이 평형상태에서 최대 변위에 있는 조각의 운동에너지는 0이다. 왜냐하면 그 조각은 (순간적으로) 속도가 0이기 때문이다.

주목할 한 가지는 줄의 길이를 수평 길이 dx로 놓으면 그 조각이 평형위치에서 벗어났을 때 줄이 늘어난 것을 포함시키지 않은 것이다. 이는 조각의 운동에너지를 다룰 때 성립하는데 중요한 것은 조각의 질량이고, 조각 길이가 늘어난 것은 선밀도가 비례하여 감소하기 때문이다. 그러나 조각의 퍼텐셜에너지를 결정하기 위해서는 줄이 늘어난 것을 따라가는 것이 중요하다. 왜냐하면 퍼텐셜에너지는 조각이 늘어나게 하는 장력이 한 일과 관계가 있기 때문이다.

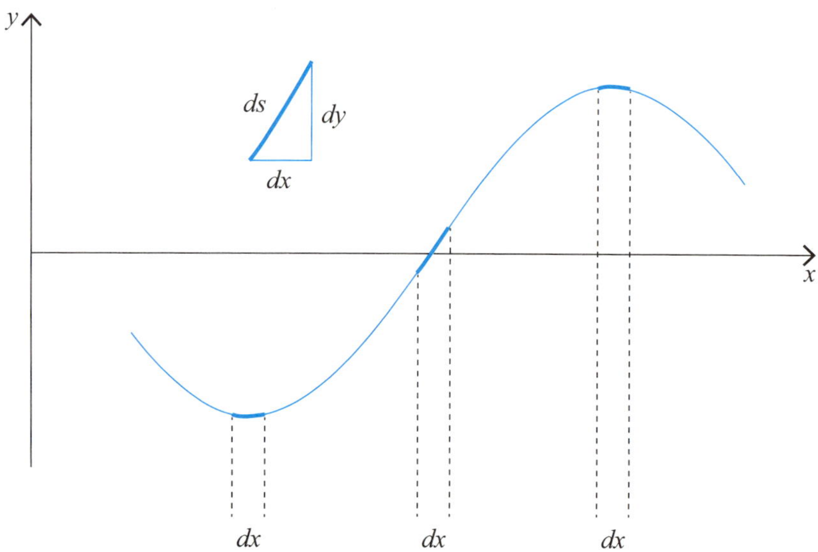

그림 4.6 줄의 조화파동에서 늘어난 조각.

이 장력이 한 일을 구하기 위한 첫 단계는 파동이 줄 조각을 평형위치에서 벗어나게 할 때 일어나는 늘어나는 정도를 결정하는 것이다. 이 상황을 그림 4.6에 대략 그려놓았고, 이 그림에서 조각 길이는 줄의 기울기에 의존한다는 것을 볼 수 있다. 조각의 길이(ds)를 수평 변이 dx이고 수직 변이 dy인 직각삼각형의 빗변으로 어림하면 길이를 다음과 같이 쓸 수 있다.

$$ds = \sqrt{dx^2 + dy^2}.$$

dx을 0에 접근시키면 조각의 수직 길이(dy)는

$$dy = \frac{\partial y}{\partial x} dx$$

으로 쓸 수 있으므로 조각의 길이는 다음에 접근한다.

$$\begin{aligned} ds &= \sqrt{dx^2 + \left(\frac{\partial y}{\partial x} dx\right)^2} \\ &= dx\sqrt{1 + \left(\frac{\partial y}{\partial x}\right)^2}. \end{aligned}$$

이 표현은 x가 1과 비교해 작기만 하면

$$(1+x)^n \approx 1 + nx$$

인 이항정리를 사용하여 간단하게 쓸 수 있다. 이 어림은 기울기가 작은 파동운동에서 성립하므로 다음과 같이 쓸 수 있다.

$$\begin{aligned} ds &= dx\left[1 + \left(\frac{\partial y}{\partial x}\right)^2\right]^{1/2} \\ &\approx dx\left[1 + \frac{1}{2}\left(\frac{\partial y}{\partial x}\right)^2\right] \\ &\approx dx + \frac{1}{2}\left(\frac{\partial y}{\partial x}\right)^2 dx. \end{aligned}$$

이것은 조각은 $ds - dx$만큼 늘어난다는 것을 뜻하고 다음과 같이 쓸 수 있다.

$$\text{늘어난 길이} = ds - dx = \frac{1}{2}\left(\frac{\partial y}{\partial x}\right)^2 dx.$$

줄을 이 길이만큼 잡아당길 때 탄성력(장력)이 한 일을 구하려면 물체를 어떤 길이만큼 잡아당길 때 탄성력이 한 일은 늘어난 방향의 힘의 성분에 늘어난 길이를 곱해

서 얻는다는 사실을 이용할 수 있다. 이 경우 탄성력은 줄의 장력(T)이므로 한 일은

$$일 = T\left[\frac{1}{2}\left(\frac{\partial y}{\partial x}\right)^2 dx\right]$$

이다. 이 일은 조각의 퍼텐셜에너지(PE)이므로 조각이 늘어나지 않았을 때 퍼텐셜에너지를 0이라고 정의하면 이것이 조각의 퍼텐셜에너지이다.

$$\mathrm{PE}_{\text{segment}} = T\left[\frac{1}{2}\left(\frac{\partial y}{\partial x}\right)^2 dx\right]. \tag{4.16}$$

줄의 임의의 조각의 전체 역학적에너지(ME)는 조각의 운동에너지와 퍼텐셜에너지의 합으로 다음과 같다.

$$\mathrm{ME}_{\text{segment}} = \frac{1}{2}(\mu\, dx)\left(\frac{\partial y}{\partial t}\right)^2 + T\left[\frac{1}{2}\left(\frac{\partial y}{\partial x}\right)^2 dx\right].$$

이것이 줄의 길이 dx에 있는 역학적에너지이므로 (단위길이당 에너지인) 역학적에너지 밀도는 이 표현을 (수평 조각길이인) dx로 나누어 구할 수 있다.

$$\mathrm{ME}_{\text{unit length}} = \frac{1}{2}\mu\left(\frac{\partial y}{\partial t}\right)^2 + T\left[\frac{1}{2}\left(\frac{\partial y}{\partial x}\right)^2\right]. \tag{4.17}$$

물리학 교재에서 역학적 파동에 대해 읽을 때 파동의 위상속력(v_{phase})와 줄의 가로속도(v_t)로 쓴 표현을 볼 것이다. 이 표현을 구하려면 파동함수 $y(x, t) = f(x - v_{\text{phase}}t)$로 주어진 (즉 양의 x 방향으로 이동하는) 임의의 파동에 대해 파동함수의 시간과 공간에 대한 미분 사이에는

$$\frac{\partial y}{\partial x} = \frac{-1}{v_{\text{phase}}}\frac{\partial y}{\partial t} \tag{4.18}$$

의 관계가 있다는 것을 이용하고, 따라서 역학적에너지 밀도는 다음과 같이 쓸 수 있다.

$$\begin{aligned}\mathrm{ME}_{\text{unit length}} &= \frac{1}{2}\mu\left(\frac{\partial y}{\partial t}\right)^2 + T\left[\frac{1}{2}\left(\frac{-1}{v_{\text{phase}}}\frac{\partial y}{\partial t}\right)^2\right]\\ &= \frac{1}{2}\left(\mu + \frac{T}{v_{\text{phase}}^2}\right)\left(\frac{\partial y}{\partial t}\right)^2.\end{aligned}$$

그러나 위상속력은 줄의 장력과 선밀도 사이의 관계 $v_{\text{phase}} = \sqrt{T/\mu}$로 주어지므로 $\mu = T/v_{\text{phase}}^2$이다. 이 μ에 대한 표현을 에너지밀도에 대한 이전 식에 대입하면 다음을 얻는다.

$$\begin{aligned}\text{ME}_{\text{unit length}} &= \frac{1}{2}\left(\frac{T}{v_{\text{phase}}^2} + \frac{T}{v_{\text{phase}}^2}\right)\left(\frac{\partial y}{\partial t}\right)^2 \\ &= \left(\frac{T}{v_{\text{phase}}^2}\right)\left(\frac{\partial y}{\partial t}\right)^2.\end{aligned}$$

이제 $\partial y/\partial t$가 가로속력 v_t라는 사실을 이용하면 다음을 얻는다.

$$\text{ME}_{\text{unit length}} = \left(\frac{T}{v_{\text{phase}}^2}\right)v_t^2. \tag{4.19}$$

줄의 에너지밀도에 대한 이 표현은 줄의 가로 파동에서 일률의 흐름을 결정하고 싶을 때 도움이 되지만 이를 구하기 전에 잠깐 이 일반적인 관계를 조화파동이라는 특별한 경우에 적용해보자. 이것이 다음의 예제이다.

예제 4.3 파동함수 $y(x, t) = A\sin(kx - \omega t)$로 주어지는 길이 dx인 줄 조각의 운동에너지, 퍼텐셜에너지와 전체 역학적에너지를 구하여라.

이 파동함수에 대해 가로속도는 $v_t = \partial y/\partial t = -A\omega\cos(kx - \omega t)$이므로 식 (4.15)에 의해 운동에너지(KE)는

$$\text{KE}_{\text{segment}} = \frac{1}{2}(\mu\, dx)\left(\frac{\partial y}{\partial t}\right)^2 = \frac{1}{2}\mu A^2\omega^2\cos^2(kx - \omega t)dx \tag{4.20}$$

이고, 파동함수의 기울기는 $\partial y/\partial x = Ak\cos(kx - \omega t)$이므로 식 (4.16)에 의해 퍼텐셜에너지(PE)는 다음과 같다.

$$\text{PE}_{\text{segment}} = T\left[\frac{1}{2}\left(\frac{\partial y}{\partial x}\right)^2 dx\right] = T\left[\frac{1}{2}A^2k^2\cos^2(kx - \omega t)dx\right].$$

장력(T)는 $v_{\text{phase}} = \sqrt{T/\mu}$와 $v_{\text{phase}} = \omega/k$인 관계를 사용해서 $T = \mu\omega^2/k^2$로 써서 이 식에서 없앨 수 있다. 따라서

$$\mathrm{PE}_{\text{segment}} = \left(\mu\frac{\omega^2}{k^2}\right)\frac{1}{2}A^2k^2\cos^2(kx-\omega t)dx$$

즉 다음을 얻는다.

$$\mathrm{PE}_{\text{segment}} = \frac{1}{2}\mu A^2\omega^2\cos^2(kx-\omega t)dx. \tag{4.21}$$

식 (4.20)과 식 (4.21)을 비교하면 조각의 운동에너지와 퍼텐셜에너지는 같다는 것을 알 수 있다. 이 표현을 더하면 전체 에너지 밀도를 얻는다.

$$\mathrm{ME}_{\text{segment}} = \mu A^2\omega^2\cos^2(kx-\omega t)dx. \tag{4.22}$$

식 (4.21)을 보면 퍼텐셜에너지가 "위치에너지"로 특징짓는 것은 줄 위의 가로파동의 경우 오해를 일으킬 수 있다는 이유를 이해할 수 있다. 많은 학생들에게 이렇게 특징짓는 것은 조각이 평형에서 최대 거리에 있을 때 퍼텐셜에너지가 최대라는 것을 의미하고, 용수철에 매달린 질량과 같은 단순조화진동자의 경우에는 맞는 말이다. 그러나 줄 위의 가로파동의 경우에는 조각의 퍼텐셜에너지를 결정하는 것은 평형(수평) 위치에 대한 조각의 위치가 아니라 평형 길이에 대한 조각의 길이이다. 이 늘어난 길이는 그림 4.6에서 볼 수 있듯이 조각의 기울기($\partial y/\partial x$)에 의존하고, 이 값은 조각이 평형위치를 지날 때 최대이다. 최대 변위에 있는 조각은 기본적으로 수평이고 파동에 의해 늘어나 있지 않다. 따라서 퍼텐셜에너지는 0이다. 그림 4.7에 줄 조각의 전체에너지를 x의 함수로 나타내었다.

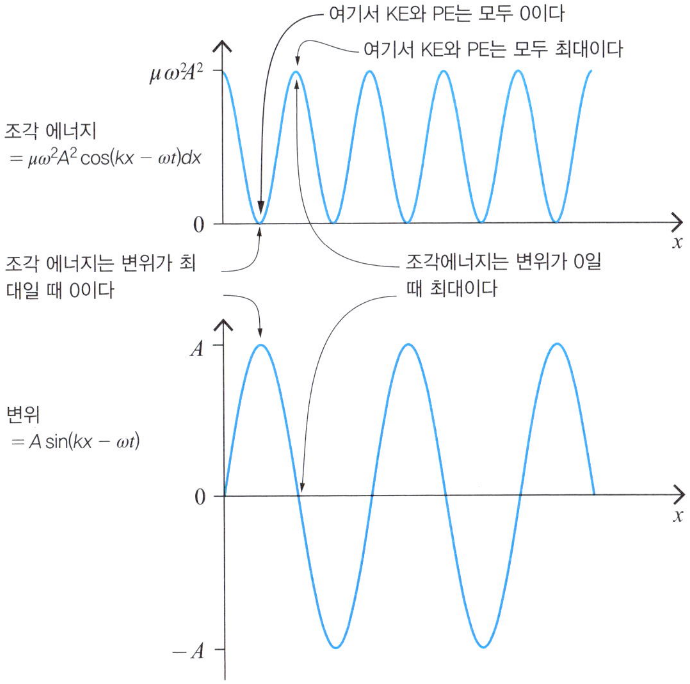

그림 4.7 조화 줄파동의 에너지.

조각의 역학적에너지는 단순조화운동을 하는 용수철의 질량인 경우와 같이 운동에너지와 퍼텐셜에너지 사이를 진동하지 않는다는 것을 아는 것이 중요하다. 가로 줄파동의 경우 조각의 운동에너지와 퍼텐셜에너지는 모두 동시에 최대값에 도달하고, 조각이 평형위치를 지날 때 일어난다. 이것이 에너지 보존을 위반한다고 걱정이 되면 이 순간에 어떤 조각은 운동에너지와 퍼텐셜에너지가 최대이고, 다른 조각의 에너지는 0이어서 전체 에너지는 분산힘이 작용하지 않는 한 일정하게 유지된다는 것을 기억하여라.

수평길이 dx인 조각뿐만 아니라 파동의 전체 파장 안에 포함된 에너지를 구하려면 식 (4.22)를 한 파장(λ)의 거리에 대해 적분하면 된다.

$$\text{ME}_{\text{one wavelength}} = \int_0^{\lambda} \mu A^2\omega^2\cos^2(kx - \omega t)dx.$$

이것은 $t=0$과 같이 시간을 고정시키고, 정적분

$$\int_0^{\lambda} \cos^2\left(\frac{2\pi}{\lambda}x\right)dx = \frac{\lambda}{2}$$

을 이용하여 계산할 수 있다. 따라서 가로 줄파동의 각 파장 안에 있는 역학적에너지는 다음과 같다.

$$\text{ME}_{\text{one wavelength}} = \frac{1}{2}\mu A^2\omega^2\lambda.$$

역학적에너지는 최대변위(A)의 제곱에 비례한다는 것에 주목하여라. 이 결과를 줄 위의 가로파동을 이용하여 유도했지만, 다른 형태의 역학적 파동에도 적용된다. 예를 들어 압력파동의 에너지는 파동의 최대 초과압력의 제곱에 비례한다.

역학적 파동의 에너지 밀도와 위상속력에 대한 표현을 이용하여 파동의 일률을 바로 구할 수 있다. 일률은 에너지 변화율로 정의하므로 SI 단위는 초당 줄, 즉 와트이고, 진행하는 파동의 일률로 단위시간 당 주어진 위치를 지나는 에너지양을 알 수 있다. 역학적에너지 밀도($\text{ME}_{\text{unit length}}$)는 미터당 파동의 줄 수이고, 위상속력($v_{\text{phase}}$)는 초당 파동이 이동하는 미터수이므로 이 두 양을 곱하면 파동의 일률을 얻는다.

$$P = (\text{ME}_{\text{unit length}})v_{\text{phase}}.$$

식 (4.19)에 주어진 역학적 에너지 밀도는 따라서 다음과 같다.

$$\begin{aligned} P &= \left[\left(\frac{T}{v_{\text{phase}}^2}\right)v_t^2\right]v_{\text{phase}} \\ &= \left(\frac{T}{v_{\text{phase}}}\right)v_t^2 \end{aligned}$$

이므로 파동의 일률은

$$P = \left(\frac{T}{\sqrt{T/\mu}}\right)v_t^2$$

즉 다음과 같다.

$$P = (\sqrt{\mu T})v_t^2. \tag{4.23}$$

이 식에서 $\sqrt{\mu T}$는 매우 중요하다. 왜냐하면 이 양은 파동이 진행사는 매질의 "임피던스"(보통 Z로 표기한다)를 나타내기 때문이다. 파동의 투과와 반사에서 임피던스의 물리적 중요성에 대해서는 4.5절에서 볼 수 있지만 먼저 조화 역학적 파동에서 일률에 대한 짧은 예제를 보자.

예제 4.4 파동함수 $y(x, t) = A\sin(kx - \omega t)$인 가로 역학적 파동에서 일률을 구하여라.

이 절의 앞에서 논의했듯이 이러한 형태의 조화파동에서 가로속도는 $v_{\text{phase}} = \sqrt{T/\mu}$ 이고, 이것을 $v_{\text{phase}} = \omega/k$와 결합하면 $T = \mu\omega^2/k^2$이다. 따라서 다음을 얻는다.

$$
\begin{aligned}
P = (\sqrt{\mu T})v_t^2 &= \left[\sqrt{\mu\left(\mu\frac{\omega^2}{k^2}\right)}\right]v_t^2 \\
&= \mu\frac{\omega}{k}v_t^2.
\end{aligned}
$$

그러나 이 파동에 대해서는 $v_t = -\omega A\cos(kx - \omega t)$이므로

$$
\begin{aligned}
P &= \mu\frac{\omega}{k}[-\omega A\cos(kx - \omega t)]^2 \\
&= \mu\frac{\omega^3}{k}[A^2\cos^2(kx - \omega t)]
\end{aligned}
$$

이다. 평균일률을 구하려면 많은 주기에 대해 $\cos^2$의 평균값은 1/2인 것을 기억하면 진폭 A인 조화파동의 평균일률은

$$
P_{\text{avg}} = \mu\frac{\omega^3}{k}\left[A^2\left(\frac{1}{2}\right)\right] = \frac{1}{2}\mu A^2\omega^2\left(\frac{\omega}{k}\right)
$$

즉 다음을 얻는다.

$$
P_{\text{avg}} = \frac{1}{2}\mu A^2\omega^2 v_{\text{phase}} = \frac{1}{2}ZA^2\omega^2. \tag{4.24}
$$

이것은 여러 형태로 쓴 이유는 선밀도 μ, 위상속도 v_{phase}와 ($\sqrt{\mu T} = m^2\omega^2/k^2 = \mu v_{\text{phase}}$인) 임피던스 Z의 줄에 대한 변수 사이의 관계를 강조하려는 것이다.

4.5 파동 임피던스, 반사와 투과

비록 앞 절에서 임피던스를 나타내는 항은 역학적 파동의 일률을 유도할 때 직접 나왔지만 임피던스의 물리적 의미는 다른 접근 방법에서 구했을 때 조금 더 명백해진다. 두 다른 매질 사이에서 파동이 진행할 때 어떤 일이 일어나는지 결정할 때 임피던스를 사용하는 방법에 대해 읽은 후에 이 절을 시작할 때 이 접근 방법을 보게 될 것이다.

임피던스의 물리적 중요성을 이해하기 위해 매질의 물질에서 처음 변위를 만들기 위해 역학적 파동의 원인에 의해 작용하는 힘을 고려하자. 역학적 가로파동의 경우에 (줄의 한 끝을 수직으로 움직이는 손일 수 있는) 원인은 장력의 수직 성분을 극복해야 한다. 평형(수평) 위치로부터 줄의 변위가 y이고, 수평선에 대한 줄의 각도를 θ라고 하면 장력의 수직성분은

$$F_y = T\sin\theta \approx T\frac{\partial y}{\partial x}$$

이다. 임의의 한 개의 이동하는 파동에 대해 식 (4.18)을 이용하여 이 식을 $\partial y/\partial t$ 나타낼 수 있고

$$F_y = T\left(\frac{-1}{v_{\text{phase}}}\right)\frac{\partial y}{\partial t}$$

$\partial y/\partial t = v_{\text{t}}$이므로 이것은

$$F_y = T\left(\frac{-1}{v_{\text{phase}}}\right)v_{\text{t}} = -\left(\frac{T}{v_{\text{phase}}}\right)v_{\text{t}}$$

즉 $v_{\text{phase}} = \sqrt{T/\mu}$이므로 다음과 같다.

$$F_y = -\left(\frac{T}{\sqrt{T/\mu}}\right)v_{\text{t}} = -(\sqrt{\mu T})v_{\text{t}}. \tag{4.25}$$

이것은 줄이 운동 원인의 운동을 방해하는 힘이다. 운동 원인은 반대 방향으로 힘 $F_{y,\text{source}}$를 만들어서 이러한 "끌림" 힘을 극복해야 한다. 따라서 파동을 만드는 데 필요한 힘은 줄의 가로 속도에 비례하고, 이것은 파동과 파동이 진행하는 매질 사이의 상호작용에 대한 모형을 만들 때 중요한 사실이 될 것이다.

식 (4.25)의 다른 중요한 측면은 힘과 가로속도 사이의 비례상수는 매질의 임피던스(Z)라는 것이다. 줄 위의 가로 파동에 대해 임피던스는 줄의 두 특징에만 의존한다는 것에 주목하여라. 그것은 장력과 선밀도이다. $Z = \sqrt{\mu T}$.

식 (4.25)를 다시 배열하고 $F_{y,\text{source}} = -F_y$를 이용하면 임피던스의 의미가 더 분명해진다.

$$Z = \sqrt{\mu T} = \frac{F_{y,\text{source}}}{v_t}. \tag{4.26}$$

따라서 역학적 파동에서 임피던스는 파동이 이동시키는 물질의 주어진 가로 속도를 만드는 데 필요한 힘의 양을 나타낸다. SI 단위로 Z는 물질이 1 m/s의 속력으로 움직이게 하는 데 필요한 뉴턴의 수이다. 줄 위의 가로파동에 대해 한 줄에서 장력과 선밀도의 곱이 다른 줄보다 크다면 그 줄의 임피던스는 크고, 따라서 그 줄에서 주어진 가로속도를 얻을 때 더 많은 힘이 필요하다. 그러나 일단 그 가로속도에 도달하면 식 (4.23)에서 볼 수 있듯이 임피던스가 큰 줄은 임피던스가 작은 줄보다 같은 가로속도에서 더 큰 일률을 갖는다.

따라서 매질의 임피던스는 특정한 가로속도를 갖는 역학적 파동을 만들 때 필요한 힘을 결정하려고 할 때 매우 유용하다. 그러나 임피던스의 진짜 강점은 다른 특정을 갖는 두 매질 사이의 경계에 파동이 접근할 때 어떤 일이 일어나는지 고려할 때 나타난다.

변하는 매질이 역학적 파동에 미치는 영향에 대한 분석은 식 (4.25)에 담겨있는 개념에서 시작한다. 그 개념은 다음과 같다.

(1) 매질(이 경우에는 줄)은 파동의 원인에 끌림힘을 만든다.

(2) 이 끌림힘은 파동이 매질 안에 만드는 가로속도에 비례하고 방향은 반대이다. (즉 $F_y \propto -v_t$)

(3) 힘과 가로속도 사이의 비례상수는 매질의 임피던스(Z)이다.

이 개념은 무한대로 펼쳐지지 않은 실제 줄의 행동을 분석할 때 매우 도움이 된다. 이때 파동의 원인이 줄의 왼쪽 끝에 있고 오른쪽 끝은 유한한 거리만큼 떨어져 있다. 오른쪽 끝에서 줄은 벽에 묶여 있거나 자유롭거나 (다른 v_{phase}와 Z를 주는 μ나 T와 같은) 다른 특성을 갖는 다른 줄에 매달려있을 수 있다. 이 상황을 그림 4.8에 나타내었고 (그림에 나타낸 펄스와 같이) 오른쪽으로 진행하는 파동에 무슨 일이 일어나는지 알고 싶을 때 줄의 오른쪽 끝의 힘(즉 무한한 줄의 나머지 부분이 만들었을 힘)의 성질을 이해하는 데 매우 도움이 된다.

그리기 위해 다음을 고려하자. 줄이 만드는 끌림힘은 $-v_t$에 비례하고, 이 값은 공간과 시간에 따라 변하므로 끌림힘의 최대값은 v_t의 골과 일치한다. 이것을 설명하는 한 가지 방법은 끌림힘은 가로 속도와 위상이 180° 차이가 난다고 한다.[4] 그러나 앞에서 설명하고 그림 4.3에 나타내었듯이 변위 y와 가로 가속도 a_t의 골과 마루는 v_t에 대해 이동해있고, v_t가 0을 지나는 점과 일치한다. 끌림힘은 $-v_t$에 비례하므로 v_t가 0을 지나는 점은 끌림힘이 0을 지나는 점이기도 하다. 그러므로 변위 y와 가로 가속도 a_t는 끌림힘과 ±90°만큼 위상이 벗어나 있다. 이것이 왜 중요한지 보려면 그림 4.9에 있는 상황을 살펴보자.

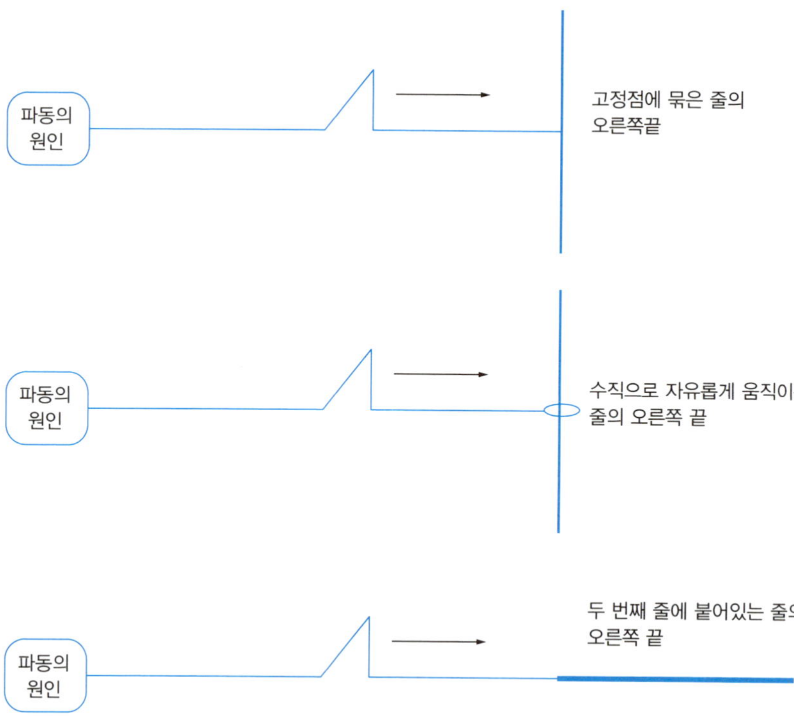

그림 4.8 유한한 줄.

4 다르게 표현하면 끌림힘은 $-v_t$와 위상이 같다.

이 그림의 윗부분에 무한한 줄을 나타내었고, 그 줄은 파동의 원인에 대해 $-Zv_t$의 끌림힘을 가한다. 이 상황에서 원인이 만든 파동은 계속 오른쪽으로 진행하고, 추가적인 파동이 만들어지지 않는다. (즉 줄이 연속적이고 길이에 대해 성질이 같다면 반대되는 파동이 만들어지지 않는다.)

이제 줄의 오른쪽을 제거할 때 무슨 일이 일어나는지 생각해보자. (즉 그림 4.9에 아래 세 그림에서 점선 부분이 사라졌다고 상상해보자.) 분명히 파동은 점선 영역으로 진행하지 않을 것이다. 왜냐하면 그 영역에서 파동을 운반할 매질이 없고 역학적 파동은 항상 진행할 매질이 필요하기 때문이다. 파동의 오른쪽 부분을 간단히 없앤다고 하면 줄이 무한대로 펼쳐졌을 때와 마찬가지로 왼쪽 부분에서 같은 파동이 있으리라고 예상하지 않을 것이다. 왜냐하면 없앤 부분은 더이상 끌림힘을 주지 않기 때문이다.

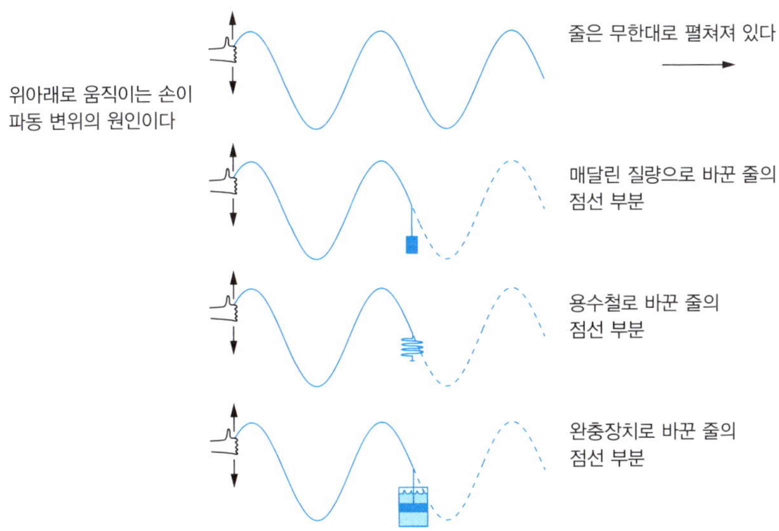

그림 4.9 임피던스 모형.

그러나 물어볼 만한 매우 중요한 질문은 다음과 같다. 없어진 줄의 부분이 주는 것과 같은 끌림힘을 만들려면 줄의 오른쪽 끝에 무엇을 붙여야 하는가? 이것을 알 수 있다면 왼쪽 부분의 파동은 마치 무한한 줄이 있을 때와 똑같이 행동할 것이다. 예를 들어 위에서 두 번째 그림에 나타낸 것과 같이 (없앤) 줄의 오른쪽 부분의 질량을 보충하기 위해 줄 끝에 질량을 매달아 보았다고 하자. 이 접근 방법의 문제는 매달린 질량이 만드는 힘은 입사 파동의 가로 속도에 비례하지 않는다는 것이다. 그 대신 가로 가속도에 비례할 것이다. (왜냐하면 Newton의 제2법칙에 의하면 힘은 가속도에 비례하기 때문이다.) 그리고 그림 4.3에 나타내었듯이 가로 속도가 최대인 위치에서 가로 가속도는 0이다. 따라서 끌림힘은 다를 것이고, 그림의 왼쪽 부분에서 매달려있는 질량으로 다가오는 파동은 줄이 무한대로 펼쳐져 있는 것과 같이 행동하지 않을 것이다.

줄의 오른쪽 끝에 질량을 매다는 것에 대한 다른 방법은 그림 4.9의 위에서 세 번째 그림에 나타내었듯이 용수철을 매다는 것일 수 있다. 그러나 여기서도 용수철이 만드는 힘은 입사 파동의 가로 속도에 비례하지 않을 것이다. 이 경우에는 끌림힘은 변위에 비례할 것이다. (왜냐하면 Hooke의 법칙에 의하면 용수철의 힘은 평형위치로부터 변위에 비례하기 때문이다.) 그리고 가속도와 마찬가지로 변위는 가로 속도가 최대인 위치에서 0이다. 그러므로 줄의 왼쪽 부분의 파동은 줄이 무한대로 펼쳐진 경우와 같이 행동하지는 않을 것이다.

이제 줄의 오른쪽 끝에 "완충기"라는 도구를 붙여보자. 완충기의 정의를 찾아보면 다음과 같은 것을 보게 될 것이다. "완충기는 (액체에 잠긴 피스톤과 같이) 점성 마찰을 사용해 운동을 방해하는 역학적 도구이고, 이로 인한 힘은 속도에 비례하지만 반대 방향으로 작용한다." 이것이 정확히 우리가 찾는 것이다! 무한한 줄의 없앤 부분을 완충기로 바꾸면 줄의 왼쪽 부분에 작용하는 끌림힘은 줄이 무한히 펼쳐져 있을 때와 마찬가지로 v_t에 대한 의존성이 같다. 그리고 완충기가 만드는 끌림을 정확히 없앤 무한한 줄이 만드는 끌림과 같도록 맞추면 줄의 왼쪽 부분의 파동은 무한히 펼쳐진 것과 같이 행동할 것이다. (이것은 완충기의 임피던스를 줄의 임피던스와 맞추는 것으로 생각할 수 있다.) 이는 파동의 모든 에너지는 무한한 줄의 오른쪽 부분으로 가듯이 완충기로 간다.

어떤 교재에서 이 완충기를 "순수한 저항" 도구로 설명하는 것을 볼 것이다. 이 용어를 이해하려면 약간의 시간이 필요하다. 왜냐하면 이것은 역학적 파동과 전기회로의 시간에 따라 변하는 전류 사이에 매우 유용한 비유에 근거를 두고 있기 때문이다. 완충기를 순수한 저항 도구라고 부르는 이유는 완충기는 줄의 왼쪽 끝에 작용하는 끌림힘을 $-v_t$로 맞추는데 이것은 전기회로에서 저항에 흐르는 전류를 가한 전압과 같은 위상으로 만드는 것과 같다. 교류(AC) 전기회로를 공부했다면 축전기나 유도기와 같은 다른 전기 도구에 흐르는 전류는 전압과 ±90°만큼 위상이 이동한다는 것을 기억할 것이다. 이것은 위에서 논의한 매달린 질량과 용수철이 만드는 힘의 위상관계와 비슷하다.

따라서 여기에 중요한 점이 있다. 유한한 길이의 줄 끝에 완충기를 달고 완충기의 임피던스를 줄의 임피던스와 맞추면 완충기는 파동에너지를 완전하게 흡수하는 장치로 작용한다. 이것은 완충기가 만드는 끌림힘은 파동의 왼쪽 부분은 줄이 무한히 길 때와 파동의 왼쪽이 똑같게 행동하도록 적절한 진폭과 적절한 위상을 만든다. 이 행동은 어떤 반사파동도 만들지 않고 오른쪽으로 파동이 진행하는 것이다.

그러나 완충기의 임피던스가 줄의 임피던스보다 약간 크거나 작으면 파동은 어떻게 변하는가? 이 경우 끌림힘은 여전히 $-v_t$에 비례하지만 힘의 크기는 무한한 줄에서 없앤 오른쪽 끝이 만드는 끌림힘과 다를 것이다. 이것은 파동의 (전부는 아니지만) 일부의 에너지는 완충기에 흡수되고, 파동에너지의 일부는 줄의 왼쪽 부분을 따라 반사될 것이다. 이로 인해 경계면을 통해 일부는 반사되고, 일부는 투과하는 행동을 보인다. 따라서 줄의 오른쪽 끝이 다양한 방법으로 끝날 때 완충기 모형을 이용하여 파동의 행동을 조사할 수 있다.

그림 4.10 다른 줄 사이의 경계면.

예를 들어 줄의 오른쪽 끝을 고정점에 고정시키면 줄을 임피던스가 매우 큰 완충기에 연결한 것과 같지만, 줄의 오른쪽 끝을 자유롭게 놓아두면 임피던스가 0인 완충기를 매단 것과 동등하다. 이제 그림 4.10과 같이 줄의 오른쪽 끝을 다른 줄에 연결시킨 것을 상상하자. 두 번째 줄의 선밀도(μ)나 장력(T)가 다른 값을 가지면, 따라서 임피던스가 달라지면(Z_2라고 부르자) 줄에 임피던스(Z_2)인 완충기를 매달았을 때 파동이 어떻게 행동하는지 결정할 수 있다.

그리고 이 다른 상황에서(즉 줄에서 끝나는 다른 Z값에 대해) 파동은 어떻게 행동하는가? 이 질문에 답하려면 (왼쪽 줄이 끝나는 점인) 경계면에서 두 경계조건을 만족해야 한다. 이 경계조건은 다음과 같다.

(1) 줄은 연속이므로 변위(y)는 경계의 양쪽에서 같아야 한다. (그렇지 않다면 줄은 경계에서 끊어진다.)

(2) 수평힘($T\partial y/\partial x$)는 경계의 양쪽에서 같아야 한다. (그렇지 않다면 경계에 있는 미소 질량의 입자는 거의 무한한 가속도를 갖는다.)

이 경계조건을 적용하면 반사된 파동의 변위(y)에 대한 다음의 방정식을 얻는다. (이것을 자세하게 유도한 것은 책의 웹사이트에서 찾을 수 있다.

$$y_{\text{reflected}} = \frac{Z_1 - Z_2}{Z_1 + Z_2} y_{\text{incident}}.$$

이 식에 의하면 반사된 파동의 진폭은 입사파동의 진폭에 $(Z_1 - Z_2)/(Z_1 + Z_2)$를 곱하므로 입사파동의 진폭보다 클 수도 있고 작을 수도 있다. 종종 r로 표기하는 이 인자는 진폭 반사계수라고 한다.

$$r = \frac{Z_1 - Z_2}{Z_1 + Z_2}. \tag{4.27}$$

$r = 1$이면 반사파동은 입사파동과 진폭이 같고, 이는 파동은 경계에서 전반사를 한다는 의미이다. 경계는 왼쪽으로 진행하는 정확하게 복사된 파동을 만들어낸다. 따라서 이 경우 줄의 전체 파동의 입사파동과 반사파동을 중첩한 것이다. 대조적으로 $r = 0$이면 반사파동은 전혀 없으므로 줄에 있는 유일한 파동은 원래 있던 원인이 만든 오른쪽으로 움직이는 파동이다. 그러나 식 (4.27)을 잘 살펴보면 r은 음수일 수도 있다. 따라서 예를 들어 $r = -1$이면 반사파동은 입사파동과 진폭은 같지만, 뒤집혀있다. 줄 위의 전체 파동은 원래 파동과 뒤집힌 반대 방향으로 진행하는 파동의 중첩이다. 이와 같은 조건($r = 1$과 $r = -1$)은 극단적인 경우이다. 진폭 반사계수는 항상 이 극한값 사이에 있어야 한다.

반사파동 진폭을 결정하는 것은 두 번째 매질의 임피던스만은 아니라는 것에 조심하여라. 그 값은 첫 번째 매질과 두 번째 매질 사이의 임피던스 차 $(Z_1 - Z_2)$이다. 따라서 반사를 피하려면 두 번째 매질의 임피던스를 가능한 한 작게 만드는 것이 아니라 두 번째 매질의 임피던스를 첫 번째 매질의 임피던스와 맞추어야 한다.

파동의 얼마나 많은 부분이 매질을 지나 진행하는지("투과 파동") 알고 싶으면 (역시 책의 웹사이트에 있는) 비슷한 분석에 의하면

$$y_{\text{transmitted}} = \frac{2Z_1}{Z_1 + Z_2} y_{\text{incident}}$$

을 얻는다. 따라서 진폭 투과계수를 t라고 하면(이것을 시간과 혼동하지 말아라) 다음과 같이 쓸 수 있다.

$$t = \frac{2Z_1}{Z_1 + Z_2}. \tag{4.28}$$

진폭 투과계수를 알면 입사파동의 진폭과 투과파동의 진폭을 비교할 수 있다. $t = 1$이면 투과파동은 입사파동의 진폭과 같다. 그러나 $t = 0$이면 투과파동의 진폭은 0이고, 원래 파동은 경계를 지나지 못한다는 것을 뜻한다. 임의의 경계에서 $t = 1 + r$이므로 t 값의 범위는 0($r = -1$인 경우)에서 +2($r = +1$인 경우) 사이에 있다.

r과 t에 대한 식을 고정된 점에 오른쪽 끝을 고정된 줄에 적용하려면 이것은 $Z_2 = \infty$인 경우와 동등하다. 이 경우

$$r = \frac{Z_1 - Z_2}{Z_1 + Z_2} = \frac{Z_1 - \infty}{Z_1 + \infty} = -1$$

즉 다음을 얻는다.

$$t = \frac{2Z_1}{Z_1 + Z_2} = \frac{2Z_1}{Z_1 + \infty} = 0.$$

따라서 이 경우 입사파동 진폭은 전혀 경계를 지날 수 없고, 반사파동은 입사파동을 뒤집은 것과 같다.

$Z_2 = 0$으로 놓으면 줄의 오른쪽 끝을 자유롭게 놓은 경우를 쉽게 결정할 수 있다. 이 경우 반사된 파동은 입사파동과 진폭은 같지만 뒤집히지는 않는다. ($r = 1$)

Z_1과 Z_2로부터 r과 t를 구하는 방법을 알면 다른 특성(선밀도 μ와 장력 T)를 갖는 다른 줄에 매달린 줄을 분석할 수 있다. $Z = \sqrt{\mu/T}$이므로 각 줄의 임피던스를 결정하고 식 (4.27)을 이용하여 r을 구하고 식 (4.28)을 이용하여 t를 구한다. 이 관계를 사

용하는 방법을 보여주는 예제를 보자.

예제 4.5 선밀도 0.15 g/cm, 장력 10 N인 줄에 양의 x 방향으로 진행하는 최대 변위 2 cm인 가로 펄스를 고려하자. 펄스가 선밀도는 두 배이고, 장력이 같은 줄의 짧은 부분에 도달했을 때 어떤 일이 일어나는가?

이 상황을 그림 4.11에 그려놓았다. 그림의 윗부분에서 볼 수 있듯이 두 줄 사이에 두 경계면이 있다. 첫 번째(왼쪽) 경계에서 양의 x 방향으로 이동하는 펄스는 임피던스 Z_{light}인 매질에서 임피던스가 Z_{heavy}인 매질로 진행할 것이다. 따라서 왼쪽 경계에서 오른쪽으로 움직이는 펄스에 대해서는 $Z_1 = Z_{\text{light}}$이고, $Z_2 = Z_{\text{heavy}}$이다.

그림의 아래 부분에서 볼 수 있듯이 펄스의 일부는 왼쪽 경계에서 (왼쪽으로) 반사되고, 나머지 펄스는 첫 번째 경계를 지나 (오른쪽으로) 통과할 것이다. 무거운 줄 부분을 통해 진행한 후 통과한 펄스는 두 번째(오른쪽) 경계를 만난다. 이 경계면에서 펄스는 임피던스 Z_{heavy}에서 임피던스 Z_{light}인 매질로 진행한다. 따라서 오른쪽 경계에서 오른쪽으로 움직이는 펄스에 대해서 $Z_1 = Z_{\text{heavy}}$이고 $Z_2 = Z_{\text{light}}$이다. 왼쪽 경계와 마찬가지로 일부분은 경계를 통해 (오른쪽으로) 통과할 것이다.

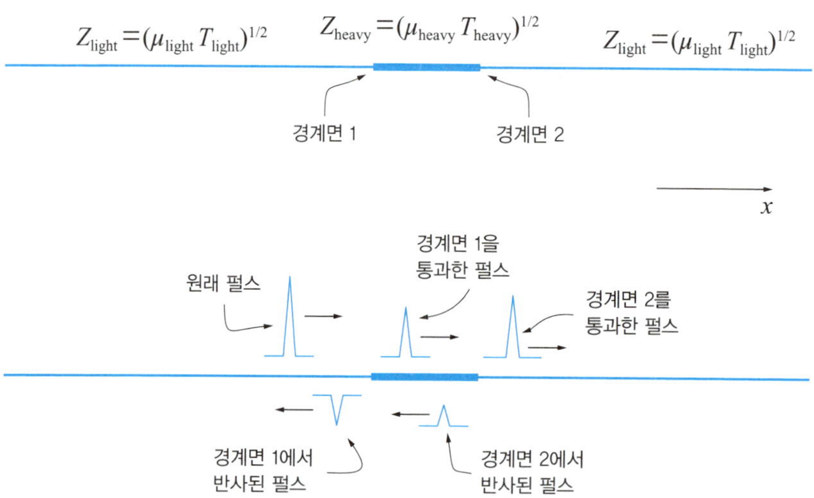

그림 4.11 무거운 부분이 있는 줄.

각 경계면을 통과하는 펄스의 진폭을 결정하기 위해 임피던스 Z_1과 Z_2의 적절한 값을 이용해 식 (4.28)을 사용할 수 있다. 선밀도를 SI 단위로 변환해서(0.15 g/cm = 0.015 kg/m) 식 (4.26)을 이용하여 임피던스를 구할 수 있다.

$$\begin{aligned} Z_1 &= \sqrt{\mu_{\text{light}} T_{\text{light}}} = \sqrt{(0.015\,\text{kg/m})(10\,\text{N})} = 0.387\ \text{kg/s}, \\ Z_2 &= \sqrt{\mu_{\text{heavy}} T_{\text{heavy}}} = \sqrt{2(0.015\,\text{kg/m})(10\,\text{N})} = 0.548\ \text{kg/s}. \end{aligned}$$

따라서 왼쪽 경계면에서 투과계수는

$$t = \frac{2Z_1}{Z_1 + Z_2} = \frac{(2)(0.387)}{0.387 + 0.548} = 0.83$$

이다. 따라서 가벼운 줄에서 무거운 줄로 이동할 때 펄스의 진폭은 원래값보다 약 83% 줄어든다. 이 진폭이 줄어든 펄스는 오른쪽으로 이동하여 두 번째(오른쪽) 경계면을 만난다. 이 경우 무거운 줄은 입사파동이 진행하는 매질이고, 가벼운 줄은 통과된 파동의 매질이다. Z_1은 파동이 들어오고 반사되는 매질에 대한 것이고, Z_2는 투과된 파동이 진행하는 매질이므로, 이 경계면에 대해서 임피던스는 $Z_1 = 0.548$ kg/s이고 $Z_2 = 0.387$ kg/s이다. 따라서 오른쪽 경계면에서 투과계수는

$$t = \frac{2Z_1}{Z_1 + Z_2} = \frac{(2)(0.548)}{0.548 + 0.387} = 1.2$$

이고, 이는 두 경계면을 모두 지나서 진행할 때 펄스는 0.83에 1.2를 곱한 양만큼 줄어들기 때문에 최종 진폭은 2 cm인 원래 값의 약 97%가 된다.

진폭 반사계수와 투과계수는 유용하지만 이들로부터 반사와 투과 과정에 대해 모든 것을 알 수는 없다. 추가적인 정보가 왜 필요한지 보려면 진폭 투과계수 t에서 진폭 반사계수 r을 빼면

$$\begin{aligned} t - r &= \frac{2Z_1}{Z_1 + Z_2} - \frac{Z_1 - Z_2}{Z_1 + Z_2} = \frac{2Z_1 - Z_1 + Z_2}{Z_1 + Z_2} \\ &= \frac{Z_1 + Z_2}{Z_1 + Z_2} = 1 \end{aligned}$$

즉 다음을 얻는다.

$$t = 1 + r.$$

이 식이 암시하는 바를 생각해보자. Z_2가 Z_1보다 매우 큰 경우 진폭 반사계수는 -1에 접근한다. 그러므로 $t = 1 + r = 1 + (-1) = 0$이 될것이다. 왜냐하면 전반사는 어떤 파동도 경계면을 통과하여 진행하지 못하기 때문에 투과 파동의 진폭은 0이 되어야 한다.

그러나 Z_1이 Z_2보다 매우 큰 경우는 어떤가? 이 경우는 $r = +1$이고 $t = 1 + (+1) = 2$이다. 그러나 ($r = 1$이므로) 입사파동 진폭의 100%가 반사된다면, 어떻게 통과된 파동의 진폭이 2가 될 수 있는가?

이 질문에 대한 답을 이해하려면 단지 진폭뿐만 아니라 반사 파동과 투과 파동이 운반하는 에너지를 고려해야 한다. 그러기 위해 식 (4.24)로부터 파동의 일률은 매질의 임피던스(Z)와 파동의 진폭(A)의 제곱에 비례한다는 것을 기억하자. $P \propto ZA^2$. 따라서 일률 투과계수(T, 장력과 혼동하지 말아야 한다)로 부르는 통과된 파동의 일률에 대한 입사 파동의 일률에 대한 비율은 다음과 같다.

$$T = \frac{P_{\text{transmitted}}}{P_{\text{incident}}} = \frac{Z_2 A^2_{\text{transmitted}}}{Z_1 A^2_{\text{incident}}} = \left(\frac{Z_2}{Z_1}\right) t^2. \tag{4.29}$$

왜냐하면 t는 투과진폭을 입사진폭으로 나눈 비율이기 때문이다. 그러나 반사파동은 (임피던스 Z_1인) 입사파동과 같은 매질에서 이동하므로 일률 반사계수(R)은 다음과 같다.

$$R = \frac{P_{\text{reflected}}}{P_{\text{incident}}} = \frac{Z_1 A^2_{\text{reflected}}}{Z_1 A^2_{\text{incident}}} = \left(\frac{Z_1}{Z_1}\right) r^2 = r^2. \tag{4.30}$$

따라서 일률 반사계수(R)는 진폭 반사계수(r)의 제곱이지만 일률 투과계수(T)는 임피던스의 비율 (Z_2/Z_1)에 진폭 투과계수(t)의 제곱을 곱해서 얻는다.

반사파동과 투과파동의 일률을 고려할 때 $Z_2 = 0$인 경우 일률은 ($R = 1$이므로) 모두 반사파동에 있고, ($T = 0$이므로) 투과 파동에는 어떤 일률도 없다.

R은 입사파동 중 반사된 일률의 비율을 나타내고 T는 통과된 비율을 나타내므로 합 $R + T$는 1이어야 한다. (왜냐하면 입사파동 일률의 100%는 반사되거나 통과하기 때문이다.) 연습문제와 온라인 해답에서 이것을 확인할 수 있다.

4.6 연습문제

4.1 식 (4.6)의 $\sqrt{T/\mu}$의 표현은 속도의 차원을 갖는다는 것을 증명하여라.

4.2 길이 2 m, 질량 1 g인 줄에 1 kg의 질량을 매달았다면 줄 위의 가로파동에 대한 위상속도는 얼마인가?

4.3 식 (4.12)에 있는 $\sqrt{K/\rho}$의 표현은 속도의 차원을 갖는다는 것을 보여라.

4.4 부피팽창률이 대략 150 GPa이고, 질량이 63200 kg인 부피 8 m^{3}인 정육면체 철에서 압력파동의 위상속력을 구하여라.

4.5 진폭 5 cm, 파장 30 cm인 가로 조화파동이 길이 70 cm, 질량 0.1 g인 줄에서 진행한다. 줄에 0.3 kg의 추를 매달면 파동의 운동, 퍼텐셜, 전체 역학적 에너지 밀도는 얼마인가?

4.6 앞의 문제에서 파동에서 전달되는 일률과 줄의 최대 가로속도를 구하여라.

4.7 두 줄을 고려하자. 줄 A의 길이는 20 cm이고 질량은 12 밀리그램이며, 줄 B의 길이는 30 cm이고 질량은 25 밀리그램이다. 각 줄을 같은 질량의 추를 매달아 당길 때 두 줄의 가로 파동의 속력과 임피던스를 비교하여라.

4.8 연습문제 4.7의 가벼운 줄의 짧은 부분이 그 문제의 무거운 줄 사이에 끼워 넣었을 때 양쪽 경계면(가벼운 곳에서 무거운 곳, 무거운 곳에서 가벼운 곳)에서 파동의 진폭 반사계수를 구하여라.

4.9 앞의 연습문제에서 양쪽의 경계면(가벼운 곳에서 무거운 곳, 무거운 곳에서 가벼운 곳)에서 파동의 진폭 투과계수를 구하여라.

4.10 앞의 두 연습문제에서 투과파동과 반사파동의 일률을 더하면 입사파동의 일률과 같다는 것을 확인하여라.

05 전자기적 파동방정식

이 장은 1, 2, 3장의 개념을 역학적, 전자기적, 양자 파동의 세가지 주된 형태의 파동에 적용하는 세 개의 장 중 두 번째 장이다. 비록 4장에서 설명한 역학적 파동의 파동적 성질은 보통 관찰자에게 더 분명하지만, 전자기파 덕분에 우리 주위의 세상과 항성 너머 우주를 관측할 수 있다. 그리고 지난 100년 동안 전자기파를 사용하여 무선장치 사이의 수 미터에서 지구와 우주선 사이의 수백만 킬로미터에 이르는 거리에 대해 정보를 주고받는 방법을 배웠다.

이 장에서 5.1절에서 전자기파의 성질에 대한 설명으로부터 시작해서 5.2절에서는 Maxwell 방정식에 대한 논의를 할 것이다. 이 네 개의 식에서 전자기 파동방정식을 얻는 경로는 5.3절에서 설명하고, 5.4절에서 파동방정식에 대한 평면파 풀이를 설명하겠다. 5.5절에서 전자기파의 에너지, 일률과 임피던스에 대한 논의로 결론을 맺겠다.

5.1 전자기파의 성질

다른 진행파동과 마찬가지로 전자기파는 한 곳에서 다른 곳으로 에너지를 전달하는 평형상태로부터의 흔들림이다. 그러나 4장에서 논의한 역학적 파동과는 달리 전자기파는 진행하는 매질이 필요하지 않다.

따라서 전자기파가 진공 속에서 진행할 수 있다면 에너지를 운반하는 것은 무엇인가? 그리고 무엇이 흔들리는가? 이 두 질문에 대한 답은 전기장과 자기장이다.

장에 대해 많이 공부하지 않았더라도 전자기파의 기초는 이해할 수 있다. 장은 힘과 밀접한 관계가 있다는 것만을 기억하여라. 장의 한 정의는 “힘이 작용하는 영역”이다. 따라서 전기력이 작용하는 영역에 전기장이 존재한다. 이로 인해 이와 같은 장의 존재를 시험할 수 있는 방법을 제시할 수 있다. 한 영역에 대전입자를 놓고, 그 입자에 작용하는 힘을 측정한다. (자기장을 측정하려면 대전입자는 움직여야 한다.) 그러나 전기장이나 자기장의 존재를 나타내는 입자가 없더라도 이 장과 관련된 에너지가 있다. 따라서 전자기파의 에너지를 운반하는 것은 장이고 이 장의 공간과 시간에 대한 변화가 파동의 “흔들림”을 나타낸다.

전자기파에서 작용하는 과정을 이해하려면 전기장과 자기장이 어떻게 만들어지는지 이해하면 도움이 된다. 전기장의 근원은 전하이다. 그림 5.1의 왼쪽 부분에서 볼 수 있듯이 양전하의 위치에서 전기장($\vec{E}$)는 발산한다. 이와 같은 모든 “정전기”장은 양전하에서 시작하여 (그림에 나타나지 않은) 음전하에서 끝난다. 전기장과 자기장을 나타내는 대부분의 그림에서 여러 위치에서 장의 방향은 화살표로 나타내고, 이 화살의 밀도나 길이로 장의 세기를 나타낸다. 전기장의 차원은 단위전하당 힘이고, SI 단위로는 N/C이다. 이것은 V/m와 같다.

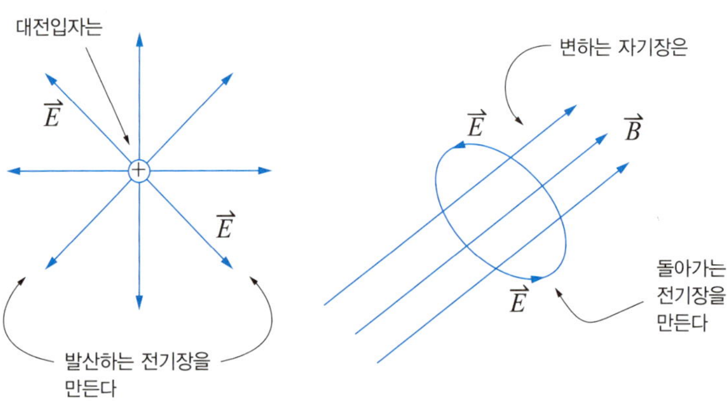

그림 5.1 전기장의 근원.

전기장이 생기는 다른 근원을 그림 5.1의 오른쪽 부분에 나타내었다. 그 근원은 변하는 자기장이고, 이 경우 만들어지는 전기장은 한 점에서 발산하지 않지만, 그 대신 돌아와서 자신과 다시 만난다. 이와 같은 “유도된” 전기장은 전자기파의 중요한 성분이다.

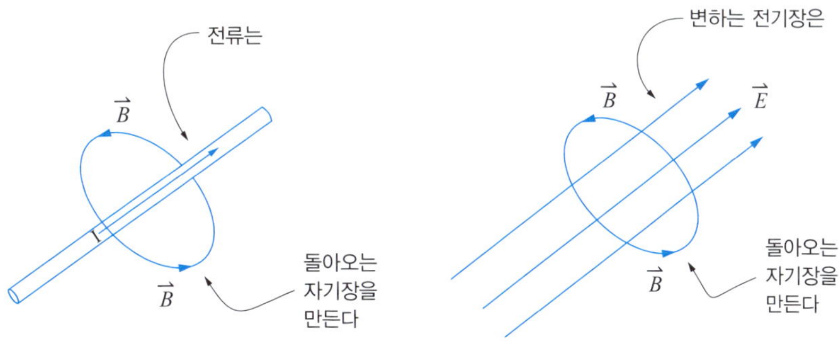

그림 5.2 자기장의 근원.

자기장($\vec{B}$)의 근원은 그림 5.2에 나타내었다. 전하가 정전기장을 만들듯이, 그림의 왼쪽 부분에 나타내었듯이 전류 주위를 도는 “정지 자기”장을 만든다. 그리고 변하는 자기장이 돌아가는 전기장을 유도하듯이 변하는 전기장은 그림의 오른쪽 부분에 나타내었듯이 돌아오는 자기장을 유도한다. 이 유도된 자기장 또한 전자기파의 중요한 요소이다. 자기장의 차원은 힘을 전류와 길이의 곱으로 나눈 양으로 SI단위로는 N/C-m이고 테슬라(T)와 같다.

전기장과 자기장은 (세기를 결정하는) 크기와 (어느 곳을 향하는지 알려주는) 방향이 있으므로 이 장은 벡터로 나타낸다. (벡터는 책에서 벡터를 나타내는 기호 위에 $\vec{E}$와 $\vec{B}$처럼 작은 화살표를 붙여서 표시한다.) 벡터를 공부하지 않았거나, 잘 기억하지 못하면 임의의 벡터는 (E_x, E_y와 E_z 또는 B_x, B_y와 B_z처럼) 성분과 (직각좌표계에서 x, y와 z축 방향을 향하는 $\hat{\imath}$, $\hat{\jmath}$와 $\hat{k}$처럼) 기준벡터를 결합해서 쓸 수 있다는 것만 기억하면 된다. 따라서 전기장 벡터는 $\vec{E} = E_x\hat{\imath} + E_y\hat{\jmath} + E_z\hat{k}$로 쓸 수 있고, 자기장 벡터는 $\vec{B} = B_x\hat{\imath} + B_y\hat{\jmath} + B_z\hat{k}$로 쓸 수 있다. (1장의 1.3절에서 기본적인 벡터의 개념에 대해 복습할 수 있다.)

전기장과 자기장 벡터의 기본적인 행동과 서로의 관계는 Maxwell 방정식으로 알려진 네 개의 식으로 기술한다. 이 식은 원래 Gauss, Faraday와 Ampère에 의해 시작되었지만, 스코트랜드의 천재 물리학자 James Clerk Maxwell은 이 식들을 합성하고, Ampère 법칙에 중요한 항을 하나 더하였다. 이 장에서 보겠지만 이 항으로 인해

Maxwell 방정식에서 직접 고전 파동방정식을 구할 수 있다.

Maxwell의 전지기이론의 적용영역은 물리학에서 가장 광범위하다. 전자기파 스펙트럼의 낮은 진동수, 긴 파장의 끝 부분에서 수 헤르츠의 진동수와 100000 킬로미터 혹은 그 이상의 파장을 갖는 극저진동(ELF) 라디오파이다. 높은 진동수와 짧은 파장에서 전자기파는 적외선, 가시광선, 자외선, X선과 감마선이 있고, 진동수와 파장의 크기는 약 10^{20}배 정도 차이가 난다. (따라서 감마선의 진동수는 10^{19} Hz보다 크고, 파장은 10^{-11} 미터보다 짧다.)

다음 절에서는 Maxwell 방정식을 구성하는 각각의 네 식에 대해 보게 될 것이다.

5.2 Maxwell 방정식

Maxwell 방정식은 네 개의 벡터 방정식이다. 전기장에 대한 Gauss 법칙, 자기장에 대한 Gauss 법칙, Faraday의 법칙과 Ampère-Maxwell 법칙이다. 각각의 식은 적분이나 미분 형태로 쓸 수 있다. 적분 형태로 쓰면 전기장과 자기장을 표면이나 경로 주위의 전기장과 자기장의 행동을 설명하고, 미분 형태를 사용하면 특정한 위치에 적용된다. 두 형태는 모두 전자기파와 관련이 있지만, Maxwell 방정식에서 파동방정식에 이르는 과정은 미분 형태로 시작하면 더 직접적으로 접근할 수 있다. 이 빠른 과정을 이용하려면 "del"(혹은 "nabla")라고 부르고, $\vec{\nabla}$로 쓰는 벡터 미분연산자의 의미를 이해해야 한다.

수학적 연산자는 어떤 연산을 수행하라는 지령이고, 미분 연산자는 미분을 취하라는 지령이다. 따라서 $\sqrt{\ }$은 이 기호 안에 무엇이 있더라도 이것의 제곱근을 취하라고 하고, $\vec{\nabla}$는 이를 작용하는 함수의 공간에 대한 ($\partial/\partial x$, $\partial/\partial y$와 $\partial/\partial z$와 같은) 편미분을 취하라는 의미이다. 이 미분을 어떻게 하고 결합하는지는 del 다음에 오는 기호에 의해 정확하게 결정된다. 따라서 직각좌표계에서 벡터 $\vec{A}$ 앞에 $\vec{\nabla}\circ$("del dot")이 나타나면 다음과 같이 정의한다.

$$\vec{\nabla}\circ\vec{A} = \frac{\partial A_x}{\partial x} + \frac{\partial A_y}{\partial y} + \frac{\partial A_z}{\partial z}. \tag{5.1}$$

이 연산은 "$\vec{A}$의 다이버전스를 구한다"고 한다. 대부분의 수리물리 책에서 다이버전스에 대해 자세히 공부할 수 있지만, 기본적인 개념은 흐르는 유체에 비유하여 이해할 수 있다.

이러한 비유를 하려면 ($\vec{E}$나 $\vec{B}$와 같은) 장 벡터는 (비록 어떤 물질도 전기장과 자기장으로 흐르지 않지만) 다이버전스를 취하는 위치 쪽으로 혹은 벗어나는 어떤 물질의 흐름을 나타낸다고 상상해보자. 이 비유에서 어떤 위치에서 나가는 물질이 들어오는 물질보다 많도록 장 벡터가 있다면 그 위치에서 양의 다이버전스를 갖는다. 그 점을 향하여 들어오는 물질과 나가는 물질이 같으면 그 위치에서 다이버전스는 0이다. 그리고 한 점으로 들어오는 물질이 나가는 물질보다 많으면 그 위치에서 다이버전스는 음수이다. 유체 흐름과 비유를 계속하면 (지하 분수에서 유체가 흘러나오는 위치와 같은) 샘은 다이버전스가 양수인 위치이고, (하수구로 유체가 흘러들어가는 위치와 같은) 싱크는 다이버전스가 음수인 위치이다. (가끔 "수렴"하는 곳이라고도 한다)

장 안의 임의의 위치에서 다이버전스를 판별하는 도움이 되는 사고실험은 유체 위에 톱밥을 퍼뜨리는 것을 상상하는 것이다. 이 톱밥은 양의 다이버전스인 위치에 놓이면 퍼져나갈 것이고, 음의 다이버전스인 영역에서는 모일 것이다.

이 개념을 전기장에 적용하면 그림 5.1의 왼쪽 부분으로부터 양전하가 있는 임의의 위치는 전기장의 다이버전스가 양수인 위치이다.

Maxwell 방정식에서 del 연산자를 이용하는 다른 방법은 ("del cross"라고 부르는) 기호의 결합 $\vec{\nabla}\times$ 이다. 이 기호가 벡터 앞에 나타나면 그 작용은 직각좌표계에서 다음과 같이 정의한다.

$$\vec{\nabla}\times\vec{A}=\left(\frac{\partial A_z}{\partial y}-\frac{\partial A_y}{\partial z}\right)\hat{\imath}+\left(\frac{\partial A_x}{\partial z}-\frac{\partial A_z}{\partial x}\right)\hat{\jmath}+\left(\frac{\partial A_y}{\partial x}-\frac{\partial A_x}{\partial y}\right)\hat{k}. \qquad (5.2)$$

이 연산은 "$\vec{A}$의 컬을 취한다"고 한다. 다시 기본적인 개념은 흐르는 유체에 비유하여 이해할 수 있다. 이 경우 요점은 얼마나 많은 물질이 벡터장에 의해 한 점을 향하는지 멀어지는지가 아니고, 그 대신 장이 고려하는 점 주위로 얼마나 세게 회전하는지 보는 것이다. 따라서 회전하는 소용돌이의 중심은 컬이 큰 위치이지만, 샘으로부터 바깥쪽으로 지름 방향으로 부드럽게 흘러가는 유체의 컬은 0이다.

결과가 스칼라인(즉 크기는 있지만, 방향은 없는 양) 다이버전스와는 달리 컬 연산자의 결과는 벡터이다. 그러면 컬 벡터는 어느 방향을 가리키는가? 그 방향은 장의 회전축을 향하고, 관습적으로 컬이 양수인 방향은 오른손의 손가락들을 장의 회전 방향으로 감았을 때 오른손 엄지 손가락의 방향으로 정한다.

컬에 대한 도움이 되는 사고실험은 한 축 끝에 (바퀴의 중심에서 나온 판으로 만든) 바람개비를 관심이 있는 벡터장 안에 놓았다고 상상하는 것이다. 그 위치에서 컬이 0이 아니면 바람개비는 회전할 것이고, 컬 벡터의 방향은 축 방향이다. (양의 방향은 위에서 설명한 오른손 규칙으로 정의한다.)

이 개념을 그림 5.2에 있는 장에 적용하면 전류나 변하는 전기장이 존재하는 임의의 위치에서 자기장의 컬은 0이 아니라는 것을 볼 수 있을 것이다.

이 개념을 이용하여 Maxwell 방정식의 미분형태를 고려할 준비가 되었다. 이제 각 방정식의 물리적 의미를 간단히 설명한 후 살펴보겠다.

(I) 전기장에 대한 Gauss 법칙: $\vec{\nabla} \circ \vec{E} = \rho/\epsilon_0$

전기장에 대한 Gauss 법칙에 의하면 임의의 위치에서 전기장($\vec{E}$)의 다이버전스($\vec{\nabla}\circ$)를 취하면 그 위치에서 전하밀도(ρ)에 비례한다. 그 이유는 정전기장선은 양전하에서 시작하고 음전하에서 끝나기 때문이다. (따라서 양전하 위치로부터 발산하고, 음전하 위치로 수렴하려는 경향이 있다.) 기호 ϵ_0는 진공의 유전상수이고, 전자기파의 위상속력과 임피던스를 고려할 때 다시 볼 양이다.

(II) 자기장에 대한 Gauss 법칙: $\vec{\nabla} \circ \vec{B} = 0$

자기장에 대한 Gauss 법칙에 의하면 임의의 위치에서 자기장($\vec{B}$)에 다이버전스($\vec{\nabla}\circ$)를 취하면 0이 되어야 한다 이것은 우주에 고립된 "자하"가 없기 때문이고, 따라서 자기장은 발산하거나 수렴하지 않는다. (자기장선은 돌아와서 자신을 만난다.)

(III) Faraday의 법칙: $\vec{\nabla} \times \vec{E} = -\partial B/\partial t$

Faraday의 법칙에 의하면 임의의 위치에서 전기장($\vec{E}$)에 컬($\vec{\nabla}\times$)를 취하면 그 위치에서 자기장의 시간변화율($\partial\vec{B}/\partial t$)의 음수와 같다. 왜냐하면 변하는 자기장은 회전하는 전기장을 만들기 때문이다.

(Ⅳ) Ampère-Maxwell 법칙: $\vec{\nabla}\times\vec{B} = \mu_0\vec{J} + \mu_0\epsilon_0\partial\vec{E}/\partial t$

Maxwell이 수정한 Ampère 법칙에 의하면 임의의 위치에서 자기장($\vec{B}$)의 컬($\vec{\nabla}\times$)을 취하면 그 위치에서 전류밀도($\vec{J}$)와 전기장의 시간변화율($\partial\vec{E}/\partial t$)의 합에 비례한다.[1] 그 이유는 회전하는 전기장은 전류, 그리고 변하는 전기장에 의해 만들어지기 때문이다. 기호 μ_0는 진공의 투자율을 나타내고 전자기파의 위상속력와 전자기적 임피던스를 고려할 때 보게 되는 또 하나의 양이다.

Maxwell 방정식은 장의 공간적 변화를 그 장의 샘에 관련시킨다는 것을 주목하여라. 이러한 샘은 전기장에 대해서는 Gauss 법칙에 나타나는 (밀도 ρ인) 전하이고, Ampère-Maxwell 법칙에서는 (밀도 $\vec{J}$)인 전류, Faraday 법칙에서는 변하는 자기장(시간 미분 $\partial\vec{B}/\partial t$), 그리고 Ampère-Maxwell 법칙에서 (시간 미분 $\partial\vec{E}/\partial t$인) 변하는 전기장이다.

이 장의 다음 절에서 어떻게 Maxwell 방정식으로부터 전자기파에 대한 고전 파동방정식을 얻는지 보이겠다.

5.3 전자기파 파동방정식

Maxwell 방정식 각각을 보면 전기장과 자기장의 근원과 이 장의 행동 사이의 중요한 관계를 나타낸다. 그러나 이 식의 실제 강점은 이들을 함께 결합하여 파동방정식을 만들 때 나타난다.

어떻게 유도하는지 보려면 Faraday의 법칙 양변에 컬을 취한다.

$$\begin{aligned}\vec{\nabla}\times(\vec{\nabla}\times\vec{E}) &= \vec{\nabla}\times\left(-\frac{\partial\vec{B}}{\partial t}\right)\\ &= -\frac{\partial(\vec{\nabla}\times\vec{B})}{\partial t}.\end{aligned}$$

여기서 공간 편미분 $\vec{\nabla}\times$ 는 시간 편미분 $\partial/\partial t$ 안으로 넣었다. (충분히 부드러운 함수에 대해서는 이렇게 순서를 바꿀 수 있다.) Ampère-Maxwell 법칙에서 자기장에 대

1 변하는 전기장을 포함하는 항을 "변위전류"라고 하고 James Clerk Maxwell이 Ampère 법칙에 추가하였다.

한 컬($\vec{\nabla}\times\vec{B}$)에 대한 표현을 대입하면 다음을 얻는다.

$$\vec{\nabla}\times(\vec{\nabla}\times\vec{E}) = -\frac{\partial(\mu_0\vec{J}+\mu_0\epsilon_0\,\partial\vec{E}/\partial t)}{\partial t}$$
$$= -\mu_0\frac{\partial\vec{J}}{\partial t} - \mu_0\epsilon_0\frac{\partial^2\vec{E}}{\partial t^2}.$$

전자기파 파동방정식을 얻는 최종 단계는 함수의 컬의 컬에 대한 벡터 등식을 사용하는 것이다.

$$\vec{\nabla}\times(\vec{\nabla}\times\vec{A}) = \vec{\nabla}(\vec{\nabla}\circ\vec{A}) - \nabla^2\vec{A}.$$

여기서 $\vec{\nabla}(\vec{\nabla}\circ\vec{A})$는 $\vec{A}$의 다이버전스의 (공간변화인) 기울기를 나타내고 $\nabla^2\vec{A}$는 아래에서 설명하듯이 이차 공간 편미분을 포함하는 벡터 연산자인 $\vec{A}$의 라플라시안이다. 이 등식을 앞의 식에 적용하면

$$\vec{\nabla}(\vec{\nabla}\circ\vec{E}) - \nabla^2\vec{E} = -\mu_0\frac{\partial\vec{J}}{\partial t} - \mu_0\epsilon_0\frac{\partial^2\vec{E}}{\partial t^2}$$

을 얻고, 전기장에 대한 Gauss 법칙($\vec{\nabla}\circ\vec{E}=\rho/\epsilon_0$)를 이용하면 다음을 얻는다.

$$\vec{\nabla}\left(\frac{\rho}{\epsilon_0}\right) - \nabla^2\vec{E} = -\mu_0\frac{\partial\vec{J}}{\partial t} - \mu_0\epsilon_0\frac{\partial^2\vec{E}}{\partial t^2}.$$

진공에서 전하밀도(ρ)와 전류밀도($\vec{J}$)는 모두 0이다. 따라서 자유공간에서 다음을 얻는다.

$$0 - \nabla^2\vec{E} = 0 - \mu_0\epsilon_0\frac{\partial^2\vec{E}}{\partial t^2},$$

$$\nabla^2\vec{E} = \mu_0\epsilon_0\frac{\partial^2\vec{E}}{\partial t^2}. \tag{5.3}$$

이것이 전기장에 대한 파동방정식이다. 이것은 벡터 방정식이므로 이것은 사실 (벡터 $\vec{E}$의 각 성분에 대해 하나씩) 세 개의 분리된 방정식이다. 직각좌표계에서 이 식은 다음과 같다.

$$\begin{aligned}
\frac{\partial^2 E_x}{\partial x^2} + \frac{\partial^2 E_x}{\partial y^2} + \frac{\partial^2 E_x}{\partial z^2} &= \mu_0\epsilon_0 \frac{\partial^2 E_x}{\partial t^2}, \\
\frac{\partial^2 E_y}{\partial x^2} + \frac{\partial^2 E_y}{\partial y^2} + \frac{\partial^2 E_y}{\partial z^2} &= \mu_0\epsilon_0 \frac{\partial^2 E_y}{\partial t^2}, \\
\frac{\partial^2 E_z}{\partial x^2} + \frac{\partial^2 E_z}{\partial y^2} + \frac{\partial^2 E_z}{\partial z^2} &= \mu_0\epsilon_0 \frac{\partial^2 E_z}{\partial t^2}.
\end{aligned} \tag{5.4}$$

Ampère-Maxwell 법칙의 양변에 컬을 취하고 Faraday의 법칙에서 $\vec{E}$의 컬을 대입하면 자기장 $\vec{B}$에 대한 동등한 방정식을 얻을 수 있고, 다음과 같다.

$$\nabla^2 \vec{B} = \mu_0\epsilon_0 \frac{\partial^2 \vec{B}}{\partial t^2}. \tag{5.5}$$

이 식은 벡터식이고, 성분에 대한 식은 다음과 같다.

$$\begin{aligned}
\frac{\partial^2 B_x}{\partial x^2} + \frac{\partial^2 B_x}{\partial y^2} + \frac{\partial^2 B_x}{\partial z^2} &= \mu_0\epsilon_0 \frac{\partial^2 B_x}{\partial t^2}, \\
\frac{\partial^2 B_y}{\partial x^2} + \frac{\partial^2 B_y}{\partial y^2} + \frac{\partial^2 B_y}{\partial z^2} &= \mu_0\epsilon_0 \frac{\partial^2 B_y}{\partial t^2}, \\
\frac{\partial^2 B_z}{\partial x^2} + \frac{\partial^2 B_z}{\partial y^2} + \frac{\partial^2 B_z}{\partial z^2} &= \mu_0\epsilon_0 \frac{\partial^2 B_z}{\partial t^2}.
\end{aligned} \tag{5.6}$$

전자기파의 중요한 점은 식 (5.4)와 (5.6)을 진행하는 파동에 대한 일반적인 식[2장의 식 (2.11)]과 비교하면 알 수 있다.

$$\frac{\partial^2 \Psi}{\partial x^2} + \frac{\partial^2 \Psi}{\partial y^2} + \frac{\partial^2 \Psi}{\partial z^2} = \frac{1}{v_{\text{phase}}^2} \frac{\partial^2 \Psi}{\partial t^2}. \tag{2.11}$$

시간 미분 앞에 있는 양을 같게 놓으면 전자기파의 위상속도를 구할 수 있다.

$$\frac{1}{v_{\text{phase}}^2} = \mu_0\epsilon_0.$$

즉 다음을 얻는다.

$$v_{\text{phase}} = \sqrt{\frac{1}{\mu_0\epsilon_0}}. \tag{5.7}$$

따라서 진공에서 전자기파의 속도는 진공의 유전율(ϵ_0)과 투자율(μ_0)에만 의존한다. 이 상수 값은 축전기와 유도기를 사용하여 실험으로 결정할 수 있다. 측정된 값은 $\epsilon_0 = 8.8541878 \times 10^{-12}$ F/m, $\mu_0 = 4 \times 10^{-7}$ H/m²이다.[2] 이 값을 식 (5.7)에 대입하면 다음을 얻는다.

$$v_{\text{phase}} = \sqrt{\frac{1}{\mu_0\epsilon_0}} = \sqrt{\frac{1}{(8.8541878 \times 10^{-12}\ \text{F/m})(4\pi \times 10^{-7}\ \text{H/m})}}$$
$$= 2.9979 \times 10^8\ \text{m/s}.$$

이것은 진공에서 빛의 속도이고, Maxwell이 빛은 전자기적 흔들림이라고 결론을 내린 놀라운 결과이다.

전자기파는 파동방정식뿐만 아니라 Maxwell 방정식도 만족해야 한다. Maxwell 방정식을 두 파동방정식[식 (5.3)과 (5.5)]의 해에 적용하면 이 해 사이의 연관성이 분명해진다. 다음 절에서 어떻게 작용하는지 볼 수 있다.

5.4 전자기파 파동방정식에 대한 평면파 풀이

전자기파 파동방정식에 대한 여러 해가 있고, 이 해 중 매우 중요한 해는 평면파동이다. 평면파동에서 일정한 위상 표면은 진행방향에 수직인 평면이다. (이것이 무엇을 의미하는지 잘 모르겠으면 그림 5.3을 미리 보아라.) 이 절에서 양의 z 방향으로 진행하는 전자기 평면파동, 즉 일정한 위상 평면은 (x, y) 평면에 평행한 파동을 고려하겠다.

2장에서 설명했듯이 양의 z 방향으로 진행하는 파동방정식의 해는 $f(kz - \omega t)$ 형태의 함수이므로 전기장에 대한 한 해는 조화함수[3]

$$\vec{E} = \vec{E}_0 \sin(kz - \omega t) \tag{5.8}$$

로 쓸 수 있고, $\vec{E}_0$는 진행하는 전기장의 "벡터진폭"이다. 그 이름이 암시하듯이 벡터진폭은 벡터이고, 이는 그 값이 크기와 방향이 있다는 의미이다. $\vec{E}_0$의 크기는 전기장

---

2 파라드(F)는 전기용량의 단위이고 C^2s^2/kg m^3이고, 헨리(H)는 유도용량의 단위로 m kg/C^2이다.

3 조화함수를 이용해 얻은 결과가 다른 파동 형태에 적용되지 않을지도 모른다고 걱정된다면 3장의 3.3절에서 Fourier 합성에서 논의한 임의의 잘 행동하는 함수는 조화함수의 결합으로 합성할 수 있다는 논의를 기억하여라.

의 진폭[즉 $\sin(kz-\omega t)=1$일 때 전기장이 얻을 수 있는 최대값]이고, $\vec{E}_0$의 방향으로 전기장이 어느 방향을 향하는지 알 수 있다.

마찬가지로 자기장에 대한 해는

$$\vec{B}=\vec{B}_0\sin(kz-\omega t) \tag{5.9}$$

로 쓸 수 있고, $\vec{B}_0$는 진행하는 자기장의 벡터진폭이다.

직각좌표계에서 전기장과 자기장의 벡터진폭의 성분은

$$\vec{E}_0=E_{0x}\hat{\imath}+E_{0y}\hat{\jmath}+E_{0z}\hat{k} \tag{5.10}$$

과

$$\vec{B}_0=B_{0x}\hat{\imath}+B_{0y}\hat{\jmath}+B_{0z}\hat{k} \tag{5.11}$$

이다. Maxwell 방정식을 적용하면 이 성분에 대해 많은 것을 배울 수 있다. 전기장에 대한 Gauss 법칙에서 시작하면 진공에서 $\vec{\nabla}\circ\vec{E}=0$임을 알고, 이는 다음을 의미한다.

$$\frac{\partial E_x}{\partial x}+\frac{\partial E_y}{\partial y}+\frac{\partial E_z}{\partial z}=0. \tag{5.12}$$

그러나 파동의 위상은 전체 $(x,\ y)$ 평면에서 상수이므로 전기장 성분은 x나 y에 의존하지 않는다. (이 성분이 0이라는 것이 아니고 각 성분이 x나 y에 따라 그 값이 변하지 않는다는 뜻이다.) 따라서 식 (5.12)의 첫 두 미분($\partial E_x/\partial x$와 $\partial E_y/\partial y$)은 0이어야 하므로 다음을 얻는다.

$$\frac{\partial E_z}{\partial z}=0.$$

이 의미를 이해하려면 파동은 z 방향으로 진행한다는 사실을 고려하자. 따라서 이 식은 전기장이 z 방향의 성분이 있다면 그 성분은 모든 z 값에 대하여 같아야 한다. (왜냐하면 E_z가 z에 대해 변한다면 $\partial E_z/\partial z$는 0이 아닐 것이기 때문이다.) 그러나 E_z가 일정하면 (z와 t 모두의 함수인) 파동의 흔들림에 기여하지 않으므로 파동의 E_z를 0으로 취할 수 있다. 따라서 평면파동의 전기장은 진행 방향의 성분이 없다.

자기장에 대한 Gauss 법칙에 의하면 $\vec{\nabla}\circ\vec{B}=0$이므로 같은 이유로 z 방향으로 진행하는 평면파에 대해서 B_z 또한 0이 되어야 한다고 결론내릴 수 있다. 그리고 $E_z=0$

이고 $B_z = 0$이면 전기장과 자기장은 모두 파동의 진행방향에 수직해야 한다. 따라서 전자기 평면파동은 가로파동이다.

그러므로 이와 같은 파동의 가능한 성분은 다음과 같다.

$$E_x = E_{0x}\sin(kz - \omega t), \qquad B_x = B_{0x}\sin(kz - \omega t),$$
$$E_y = E_{0y}\sin(kz - \omega t), \qquad B_y = B_{0y}\sin(kz - \omega t).$$

Gauss 법칙으로부터 전기장과 자기장의 z 성분을 제거할 수 있었듯이 Faraday 법칙을 사용하면 나머지 성분 사이의 관계를 얻을 수 있다. 이 식은 유도 전기장의 컬과 시간에 대한 자기장 변화율 사이의 관계를 맺어준다.

$$\vec{\nabla} \times \vec{E} = -\frac{\partial \vec{B}}{\partial t}.$$

직각좌표계에서 컬의 정의[식 (5.2)]를 사용하면 이 식의 x 성분은

$$\left(\frac{\partial E_z}{\partial y} - \frac{\partial E_y}{\partial z}\right) = -\frac{\partial B_x}{\partial t}$$

이므로 다음을 얻는다.

$$E_{0y} = -cB_{0x}. \tag{5.13}$$

식의 y 성분에서 다음을 얻는다.

$$E_{0x} = cB_{0y}. \tag{5.14}$$

이 결과를 얻을 때 약간의 도움이 필요하다면 이 장의 연습문제와 온라인 풀이를 참고하여라. 이 식으로부터 전기장 파동방정식의 해와 자기장 파동방정식의 해 사이의 관계를 볼 수 있다.

다른 중요한 정보는 식 (5.13)과 (5.14)에 포함되어 있다. 전자기 평면파에서 전기장과 자기장은 진행방향이 수직일 뿐 아니라, 서로 수직하다. (다시 한 번 왜 그런지 아는 데 도움이 필요하다면 이 장의 연습문제와 온라인 풀이를 참고하여라.)

예제 5.1 전자기 평면파동이 양의 z 방향으로 진행하고, 어떤 위치에서 전기장이 양의 x 방향을 향하고 있다면 그 위치에서 파동의 자기장은 어느 방향을 향하는가?

전기장의 양의 x 방향을 향한다면 E_{0x}는 양수이고 $E_{0y} = 0$이다. 이것은 자기장은 양의 y 방향으로 0이 아닌 성분을 가져야 한다는 것이다. 왜냐하면 $B_{0y} = E_{0x}/c$이고 E_{0z}는 양수이기 때문이다. 그러나 $E_{0y} = 0$이기 때문에 $(-E_{0y}/c$와 같은) B_{0x} 또한 0이어야 한다. 그리고 B_{0y}는 양수이고, B_{0x}는 0이므로 $\vec{B}$는 이 위치에서 모두 양의 y 방향을 향해야 한다.

양의 z 방향으로 진행하는 전자기 평면파동의 전기장을 그림 5.3에 그려놓았다. 이 경우 x 축을 전기장의 방향과 일치하도록 선택하였고, 그림은 양의 최대값이 위치 $z = 0$에서 (x, y) 평면을 지날 때의 순간사진을 나타낸다. 그림의 윗부분에서 전기장의 세기는 화살표의 밀도로 나타내었고, 아래 부분은 z 축을 따라 전기장의 세기를 그린 그래프이다.

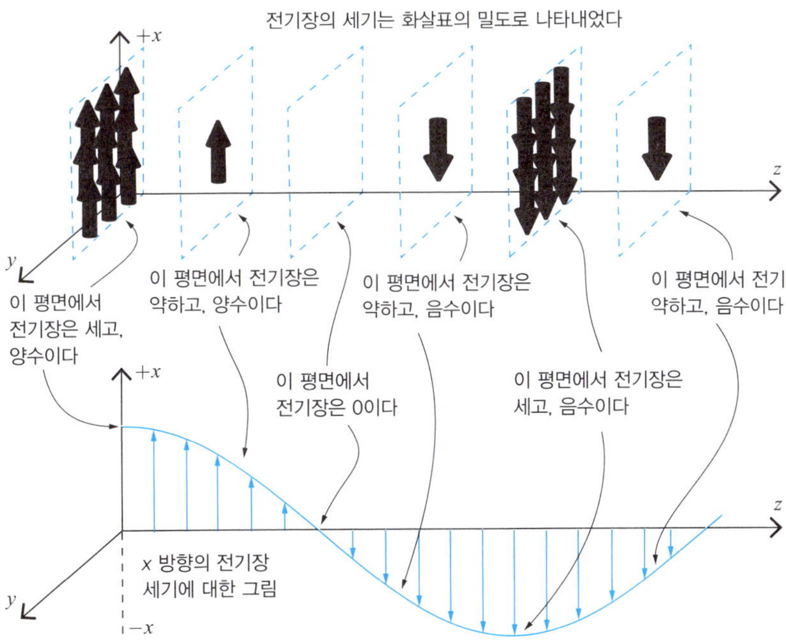

그림 5.3 평면파동에서 전기장의 변화.

같은 순간에 이에 해당하는 자기장에 대한 그림을 그림 5.4에 나타내었다. 이 그림에서 볼 수 있듯이 자기장은 y 축을 향하고, 진향방향과 그림 5.3의 전기장에 모두 수직이다. 그림의 아래 부분에 자기장 세기에 대한 그림은 양과 음의 y 축 방향이다.

그림 5.3과 5.4에 있는 장의 세기에 대한 그림을 결합하면 그림 5.5에 나타낸 그림을 얻는다. 분명하게 하기 위해 이 그림에서 자기장의 진폭이 전기장의 진폭과 같게 그려 놓았지만, 장의 세기에 대한 실제 상대적인 크기는

$$|\vec{E}| = \sqrt{(E_{0x})^2 + (E_{0y})^2} = \sqrt{(cB_{0y})^2 + (-cB_{0x})^2}$$
$$= c\sqrt{(B_{0y})^2 + (B_{0x})^2} = c|\vec{B}|$$

즉 다음과 같다.

$$\frac{|\vec{E}|}{|\vec{B}|} = c. \tag{5.15}$$

이 식에 의하면 (V/m로 측정한) 전기장의 세기는 (테슬라로 측정한) 자기장의 세기보다 (m/s로 측정한) c만큼 크다.

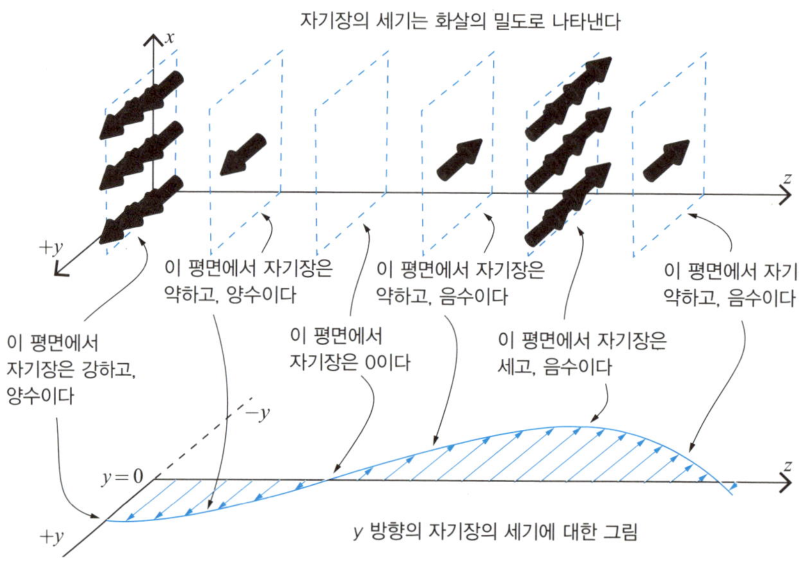

그림 5.4 평면파동에서 자기장의 변화.

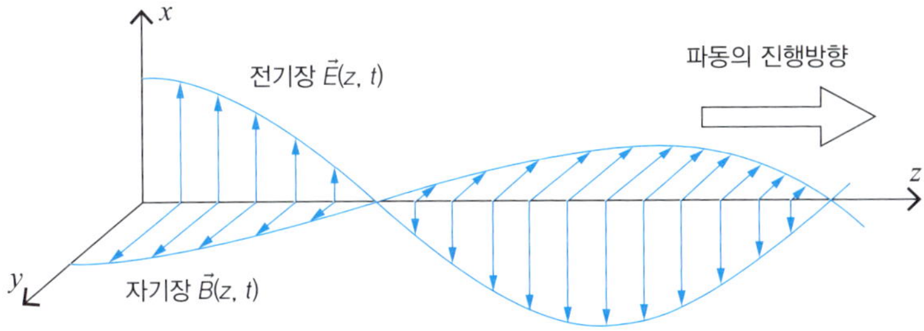

그림 5.5 전자기 평면파동.

전기장의 방향으로 파동의 "편광"을 정의한다. 전기장이 (이 경우에 그렇듯이) 같은 평면에 남아있으면 파동은 선형 편광, 혹은 평면 편광되어 있다고 한다. 가로 평면 파동에서 전기장과 자기장의 행동을 이해하면 더 복잡한 전자기파를 이해할 수 있다. 예를 들어 그림 5.6에 나타낸 진동하는 전기쌍극자에서 나오는 복사 그림을 고려하자. 이와 같은 그림은 종종 "복사 형태"라고 부르고, 이 그림에서 곡선은 쌍극자가 만들어내는 전자기파의 전기장 성분을 나타낸다. 이 그림은 삼차원 복사 형태의 이차원 단면이므로 전제 장을 시각화하려면 이 형태를 쌍극자를 지나는 수직축에 대해 회전한 것을 상상해야 한다.

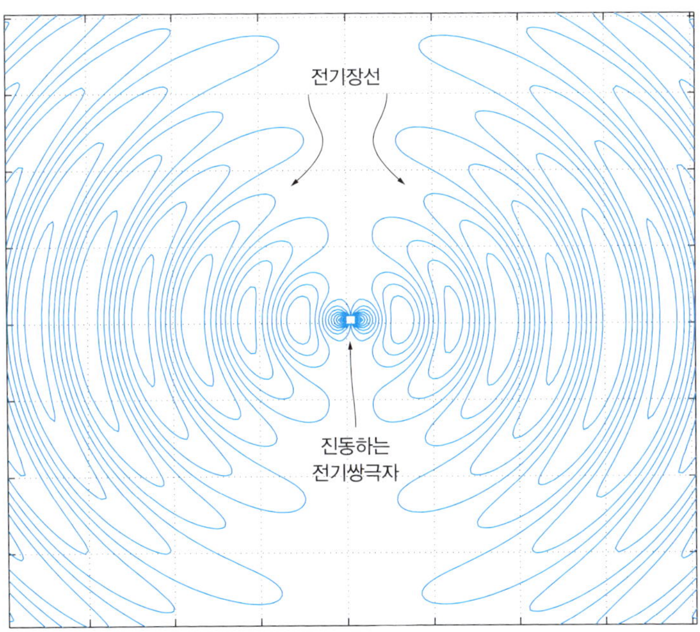

그림 5.6 진동하는 전기쌍극자에서 나오는 복사.

요점은 다음과 같다. (파장의 여러 배 정도 되는 거리인) 쌍극자에서 먼 곳에서 진동하는 쌍극자가 만드는 전자기파는 거의 평면파와 같다. 그 이유는 전기장선의 곡률반지름이 파동이 샘에서 멀리 진행할수록 커지기 때문이고, 이는 일정한 위상을 갖는 표면은 점점 평면이 된다는 것을 의미한다.

이와 같은 그림에서 분명하지 않은 것은 복사 형태에서 나타난 전기장선을 어떻게 그림 5.5의 평면파동에서 나타낸 전기장과 자기장을 연관시키는가 하는 것이다. 이 관계를 이해하기 쉽도록 그림 5.7에서 쌍극자 복사 형태에 (z에 의존하는) 작고, 적당한 크기의 평면파동 그림을 집어넣었다.

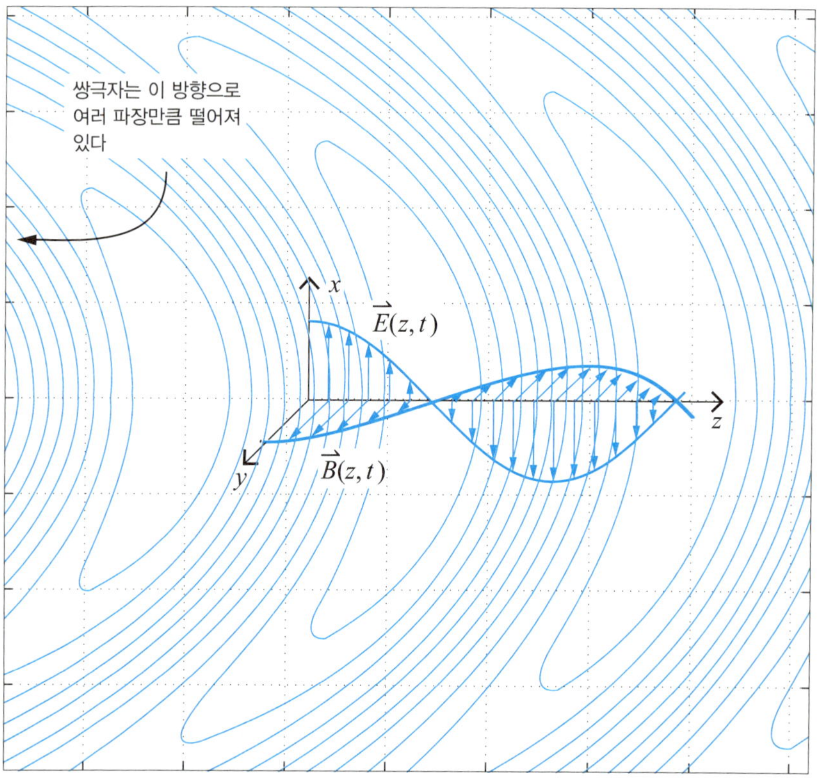

그림 5.7 쌍극자 복사와 평면파동장.

이 그림에서 볼 수 있듯이 전기장은 전기장선이 서로 가까이 있는 복사 그림의 위치에서 가장 강하고, 전기장은 전기장선이 멀리 떨어진 위치에서 (0을 지나며) 가장 약하다.

복사 그림은 일반적으로 자기장선을 포함하지 않지만, 그림 5.7에 집어넣은 작은 평면파동의 그래프에서 자기장의 방향과 세기를 알 수 있다. 장의 형태를 그림에서 나오도록 쌍극자 주위로 회전시키는 것을 상상하면 자기장선은 Maxwell 방정식이 요구한대로 샘 주위를 돌고 자기 자신으로 닫힌다는 것을 볼 수 있어야 한다.

모든 진행하는 파동처럼 전자기파는 완벽한 진공 속에서 진행할 때에도 에너지를 운반한다. 이것은 질량밀도가 0인 매질에 대해서는 직관에 반하는 것이지만, 전자기장의 에너지는 전기장과 자기장 자체에 포함되어 있다. 전자기 에너지, 일률과 임피던스에 대해서는 다음 절에서 논의하겠다.

5.5 전자기파의 에너지, 일률과 임피던스

전기장과 자기장 내부에 저장된 에너지를 이해하려면 대전된 축전기와 전류가 흐르는 유도기에 저장된 에너지를 고려하면 도움이 된다. 왜냐하면 축전기에 저장된 전하는 판 사이에 전기장을 만들고, 유도기에 흐르는 전류는 자기장을 만들기 때문이다. 이와 같은 장을 만들 때 한 일을 계산하면 장에 저장된 에너지를 결정할 수 있다.[4] 그 에너지를 이 장이 차지하는 부피로 나누면 장에 저장된 에너지 밀도를 얻는다. (즉 단위부피당 에너지이고, SI 단위로는 J/m^{3}이다.)

진공에서 전기장에 대해서 (흔히 u_E라고 쓰는) 에너지 밀도는

$$u_E = \frac{1}{2}\epsilon_0|\vec{E}|^2 \tag{5.16}$$

이고, 여기서 ϵ_0는 진공의 유전율이고 $|\vec{E}|$는 전기장의 크기이다.

진동에서 자기장에 대해서 에너지밀도(u_B)는

$$u_B = \frac{1}{2\mu_0}|\vec{B}|^2 \tag{5.17}$$

이고, μ_0는 진공의 투자율이고 $|\vec{B}|$는 자기장의 크기이다.

이 관계에 대해 두 가지를 주의해야 한다. 첫째, 두 경우 에너지 밀도는 장의 크기

4 이에 대한 자세한 것은 전기와 자기에 대한 자세한 교재에서 찾아볼 수 있다.

의 제곱에 비례하므로 장이 두 배가 되면 에너지는 네 배가 된다. 둘째, u_E와 u_B는 에너지 밀도이므로 어떤 지역에 저장된 에너지를 알고 싶으면 (에너지 밀도가 부피 안에서 균일하면) 이 양에 그 영역의 부피를 곱해야 하고, (에너지가 그 부피 안에서 위치의 함수이면) 부피에 대해 적분해야 한다.

어떤 공간에 전기장과 자기장이 있으면 전체 에너지밀도는 식 (5.16)과 (5.17)을 결합하여 구한다.

$$u_{\text{tot}} = \frac{1}{2}\epsilon_0|\vec{E}|^2 + \frac{1}{2\mu_0}|\vec{B}|^2. \tag{5.18}$$

앞으로 보게 될 이 식의 다른 형태는 $|\vec{E}|$나 $|\vec{B}|$를 소거하기 위해 전기장과 자기장의 비율을 사용하는 것이다. 식 (5.15)에 의하면 전자기파에서 $|\vec{E}|/|\vec{B}| = c$이므로 전체 에너지는 다음과 같이 쓸 수 있다.

$$u_{\text{tot}} = \frac{1}{2}\epsilon_0|\vec{E}|^2 + \frac{1}{2\mu_0}\left(\frac{|\vec{E}|}{c}\right)^2.$$

그러나 $c = 1/\sqrt{\mu_0\epsilon_0}$이므로 이것은

$$\begin{aligned} u_{\text{tot}} &= \frac{1}{2}\epsilon_0|\vec{E}|^2 + \frac{\mu_0\epsilon_0}{2\mu_0}|\vec{E}|^2 \\ &= \frac{1}{2}\epsilon_0|\vec{E}|^2 + \frac{1}{2}\epsilon_0|\vec{E}|^2 \end{aligned}$$

즉 다음과 같이 쓸 수 있다.

$$u_{\text{tot}} = \epsilon_0|\vec{E}|^2. \tag{5.19}$$

식 (5.18)에서 $|\vec{B}|$ 대신 $|\vec{E}|$를 소거하면 다음을 얻는다.

$$u_{\text{tot}} = \frac{1}{\mu_0}|\vec{B}|^2. \tag{5.20}$$

따라서 $\vec{E}$나 $\vec{B}$로 전자기파의 장에 저장된 단위부피당 에너지양을 구할 수 있다.

이 에너지는 파동의 속력으로 움직인다는 것을 알고 있다. 이 속력은 진공에서 전자기파에 대해서는 진공에서 광속(c)이다. 따라서 (SI 단위로 J/m^{3}인) u_{tot}에 (SI 단위로 m/s인) c를 곱하면 어떤 일이 벌어지는지 고려하면 제곱미터당 줄을 얻는다. 이것

은 파동이 움직이는 방향에 수직인 1 제곱미터의 단면적을 통해 흐르는 에너지 비율이다. 그리고 단위시간당 에너지(SI 단위로는 J/s)는 (SI 단위로 와트인) 일률이므로 전자기파에서 단위면적당 일률의 크기는

$$|\vec{S}| = u_{\text{tot}}c$$

이고, 일률 밀도는 "Poynting 벡터"라고 부르는 벡터($\vec{S}$)의 크기로 쓴다. (이 벡터에 대해서는 더 자세히 다룰 것이다.)

전기장을 이용하면 일률밀도는 다음과 같다.

$$\begin{aligned} |\vec{S}| &= \epsilon_0|\vec{E}|^2 c = \epsilon_0|\vec{E}|^2\sqrt{\frac{1}{\mu_0\epsilon_0}} \\ &= \sqrt{\frac{\epsilon_0}{\mu_0}}|\vec{E}|^2. \end{aligned} \tag{5.21}$$

따라서 전자기 평면파의 일률밀도는 파동의 전기장 크기의 제곱에 비례하고, 비례상수는 전달되는 매질의 전기적, 자기적 특성에 의존한다. (진공에서는 ϵ_0와 μ_0이다.)

또 보게 될 다른 표현은 시간에 대한 일률밀도의 평균이다. 이것을 이해하려면 식 (5.8)로부터 시간에 따라 변하는 전기장 $\vec{E}$는 $\vec{E}_0\sin(kz - \omega t)$이므로

$$|\vec{E}|^2 = |\vec{E}_0|^2[\sin(kz - \omega t)]^2$$

이다. 시간에 대한 평균은 다음과 같다.

$$|\vec{E}|^2_{\text{avg}} = \{|\vec{E}_0|^2[\sin(kz - \omega t)]^2\}_{\text{avg}}.$$

그러나 $\sin^2$을 많은 주기에 대해 평균을 취하면 1/2이므로

$$|\vec{E}|^2_{\text{avg}} = \frac{1}{2}|\vec{E}_0|^2$$

이고, 이것은 평균일률밀도는

$$|\vec{S}|_{\text{avg}} = \frac{1}{2}\sqrt{\frac{\epsilon_0}{\mu_0}}|\vec{E}_0|^2 \tag{5.22}$$

임을 의미한다. 다음의 예제에서 이 식의 사용방법을 볼 수 있다.

예제 5.2 지구 표면에서 맑은 날 햇빛의 평균일률밀도는 대략 1300 W/m^{2}이다. 햇빛의 전기장과 자기장의 평균 크기를 구하여라.

전기장 세기의 평균을 구하려면 식 (5.22)를 $|\vec{E}|_{\text{avg}}$에 대해 풀면 된다.

$$|\vec{S}|_{\text{avg}} = \frac{1}{2}\sqrt{\frac{\epsilon_0}{\mu_0}}|\vec{E}_0|^2,$$

$$|\vec{E}_0| = \sqrt{\frac{2|\vec{S}|_{\text{avg}}}{\sqrt{\epsilon_0/\mu_0}}} = \sqrt{2|\vec{S}|_{\text{avg}}\sqrt{\frac{\mu_0}{\epsilon_0}}}$$

$$= \sqrt{(2)1,300\ \text{W/m}^2\sqrt{\frac{4\pi \times 10^{-7}\ \text{H/m}}{8.8541878 \times 10^{-12}\ \text{F/m}}}} \approx 990\ \text{V/m}.$$

일단 전기장의 크기를 알면 식 (5.15)를 이용하여 자기장의 크기를 구할 수 있다.

$$|\vec{B}_0| = \frac{|\vec{E}_0|}{c} = \frac{990\ \text{V/m}}{3 \times 10^8\ \text{m/s}} \approx 3.3 \times 10^{-6}\ \text{T}.$$

$\sqrt{\mu/\epsilon}$의 항은 (보통 Z로 표시하는) 전자기적 임피던스이고, 이는 4장에서 논의한 역학적 임피던스와 비슷한 역할을 한다. 진공에서 전자기적 임피던스는 다음과 같다.

$$Z_0 = \sqrt{\frac{\mu_0}{\epsilon_0}} = \sqrt{\frac{4\pi \times 10^{-7}\ \text{H/m}}{8.8541878 \times 10^{-12}\ \text{F/m}}} \approx 377\,\Omega. \tag{5.23}$$

여기서 기호 Ω는 전자기적 임피던스의 SI 단위인 옴을 나타낸다. 다른 물질의 임피던스는 $Z = \sqrt{\mu/\epsilon}$으로 주어지고, μ는 물질의 투자율이고, ϵ은 물질의 유전율이다. 전자기파가 다른 전자기적 임피던스를 갖는 물체 사이의 경계면으로 쏘았을 때 반사되고, 투과된 파동의 진폭은 매질 사이의 임피던스 차이에 의존한다.

진공에서 전자기 평면파의 일률밀도는 파동의 전기장 크기와

$$|\vec{S}| = \frac{|\vec{E}|^2}{Z_0} \tag{5.24}$$

즉 다음의 관계가 있다.

$$|\vec{S}|_{\text{avg}} = \frac{|\vec{E}|^2_{\text{avg}}}{Z_0}. \tag{5.25}$$

전자기장의 일률밀도를 전기장과 진행하는 매질의 특성과 연관시키는 이 식들은 유용하지만, 여전히 에너지 방향에 대해서는 알려주지 않는다. 일률밀도를 Poynting 벡터 $\vec{S}$의 크기로 표기한 것에서 짐작했듯이 Poynting 벡터의 방향이 전자기파에서 에너지 흐름의 방향을 알려준다.

Poynting 벡터를 쓰는 가장 흔한 방법은 다음과 같다.

$$\vec{S} = \frac{1}{\mu_0}\vec{E} \times \vec{B}. \tag{5.26}$$

여기서 $\vec{E}$와 $\vec{B}$는 벡터 전기장과 자기장이고 "×" 기호는 벡터곱을 나타낸다. 벡터를 곱하는 방법은 몇 가지가 있지만 벡터곱이 정확히 Poynting 벡터에서 필요한 것이다. 왜냐하면 두 벡터 사이에 벡터곱을 취한 결과 또한 벡터이고, 그 벡터의 방향은 벡터곱을 한 두 벡터의 방향에 수직이기 때문이다.

벡터곱의 크기와 방향을 그림 5.8에 나타내었다. 그림에서 볼 수 있듯이 벡터 $\vec{A}$와 $\vec{B}$에 대해 벡터곱의 크기는

$$|\vec{A} \times \vec{B}| = |\vec{A}||\vec{B}|\sin\theta \tag{5.27}$$

이다. 여기서 θ는 $\vec{A}$와 $\vec{B}$ 사이의 각도이다.

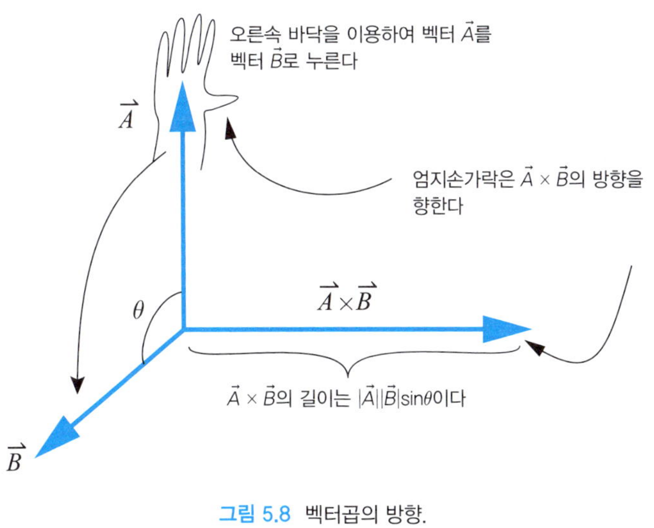

그림 5.8 벡터곱의 방향.

벡터곱 $\vec{A} \times \vec{B}$의 방향은 오른손 규칙을 이용하여 결정할 수 있다. 그러기 위해 오른손 바닥을 이용하여 벡터곱의 첫 번째 벡터(이 경우에는 $\vec{A}$)를 그림 5.8에 나타낸대로 두 번째 벡터(이 경우에는 $\vec{B}$) 방향으로 민다. 밀어낼 때 오른쪽 엄지 손가락을 다른 손가락과 수직하게 만든다. 오른손 엄지의 방향이 벡터곱의 방향을 향한다.

벡터곱 $\vec{A} \times \vec{B}$는 $\vec{B} \times \vec{A}$와 같지 않다는 것을 주의하여라. 왜냐하면 벡터 $\vec{B}$를 벡터 $\vec{A}$로 민 결과는 (비록 그 크기는 같지만) 그림 5.8에 나타낸 것과 반대 방향이기 때문이다. 따라서 $\vec{B} \times \vec{A} = -\vec{A} \times \vec{B}$이다.

이 과정을 그림 5.5에 나타낸 전자기파의 전기장과 자기장($\vec{E}$와 $\vec{B}$)에 적용하면 벡터곱 $\vec{E} \times \vec{B}$는 (그림 5.5의 파동에 대해서는 z 방향으로) 파동의 진행방향을 향한다는 것을 볼 수 있다. 진행방향은 전자기 평면파동의 전기장과 자기장에 모두 수직이므로, 벡터곱은 Poynting 벡터에 대한 적절한 방향을 향한다.

예제 5.3 식 (5.26)의 Poynting 벡터의 정의를 사용하여 양의 z 방향으로 진행하는 전자기 평면파동의 벡터 일률밀도 $\vec{S}$를 구하여라.

그림 5.5와 식 (5.26)으로부터 Poynting 벡터는

$$\begin{aligned}\vec{S} &= \frac{1}{\mu_0}\vec{E} \times \vec{B} \\ &= \frac{1}{\mu_0}|\vec{E}||\vec{B}|\sin\theta\,\hat{k}\end{aligned}$$

이다. $\vec{E}$는 $\vec{B}$에 수직하므로 θ는 90°이다. 또한 $|\vec{B}| = |\vec{E}|/c$임을 알기 때문에

$$\begin{aligned}\vec{S} &= \frac{1}{\mu_0}|\vec{E}||\vec{B}|\sin 90^\circ\,\hat{k} = \frac{1}{\mu_0}|\vec{E}||\vec{B}|\hat{k} \\ &= \frac{1}{\mu_0}|E|\frac{|\vec{E}|}{c}\hat{k} = \frac{1}{\mu_0}|\vec{E}|\frac{|\vec{E}|}{\sqrt{1/(\mu_0\epsilon_0)}}\hat{k} \\ &= \frac{\sqrt{\mu_0\epsilon_0}}{\mu_0}|\vec{E}|^2\hat{k} = \sqrt{\frac{\epsilon_0}{\mu_0}}|\vec{E}|^2|\hat{k} = \frac{|\vec{E}|^2}{Z_0}\hat{k}\end{aligned}$$

으로 쓸 수 있고, 이는 식 (5.24)에서 예상한 것이다.

5.6 연습문제

5.1 어느 영역에서 전기장이 SI 단위로 썼을 때 $\vec{E} = 3x^2y\hat{\imath} - 2xyz^2\hat{\jmath} + x^3y^2z^2\hat{k}$로 주어지면 점 $x = 2$, $y = 3$, $z = 2$에서 전하밀도를 구하여라.

5.2 어느 영역에서 SI 단위로 자기장이 $\vec{B} = 3x^2y^2z^2y\hat{\imath} + xy^3z^2\hat{\jmath} - 3xy^2z^3\hat{k}$일 때 위치 $x = 1$, $y = 4$, $z = 2$인 점에서 전류밀도의 크기를 구하여라.

5.3 어느 위치에서 자기장이 시간에 대해 SI 단위로 식 $\vec{B} = 3t^2\hat{\imath} + t\hat{\jmath}$로 주어졌을 때 시간 $t = 2$초에서 유도전기장의 컬에 대한 크기와 방향을 구하여라.

5.4 양의 z 방향으로 진행하는 평면파동에 대해 Faraday의 법칙의 x 성분을 쓰면 $E_{0y} = -cB_{0x}$가 됨을 보여라.

5.5 양의 z 방향으로 진행하는 평면파동에 대해 Faraday의 법칙의 y 성분을 쓰면 $E_{0x} = cB_{0y}$임을 보여라.

5.6 두 식 (5.13)과 (5.14)에 의하면 $\vec{E}$와 $\vec{B}$는 서로 수직이 된다는 것을 보여라.

5.7 $\sqrt{1/(\mu_0\epsilon_0)}$는 m/s의 단위를 갖는다는 것을 보여라.

5.8 역제곱법칙에 의하면 등방샘(즉 모든 방향으로 똑같이 복사하는 샘)이 방출하는 일률밀도는 다음의 식

$$|\vec{S}| = \frac{P_{\text{transmitted}}}{4\pi r^2}$$

으로 주어짐을 보여라. 여기서 $P_{\text{transmitted}}$는 방출되는 일률이고, r은 샘에서 측정하는 곳까지의 거리이다. 20 km 거리에 있는 1000 와트 라디오 송전원이 만드는 전기장과 자기장의 크기를 구하여라.

5.9 벡터 $\vec{A} = 8\hat{\imath} + 3\hat{\jmath} + 6\hat{k}$와 벡터 $\vec{B} = 12\hat{\imath} - 7\hat{\jmath} + 4\hat{k}$이 있을 때 벡터곱 $\vec{A} \times \vec{B}$의 크기와 방향을 구하여라.

5.10 (지구 이온층과 같은) 플라즈마에서 전자기파의 분산관계는 $\omega^2 = c^2k^2 + \omega_p^2$이다. 여기서 c는 광속이고, ω_p는 입자밀도에 의존하는 고유 "플라즈마 진동수"이다. 이와 같은 플라즈마 안에서 전자기파의 위상속도(ω/k)와 무리속도$(d\omega/dk)$를 구하고, 그 곱은 빛 속도의 제곱과 같음을 보여라.

06 양자 파동방정식

이 장은 1, 2, 3장의 개념을 역학적 파동, 전자기파와 양자파동이 세 가지 주된 형태의 파동에 적용한 세 개의 장 중 세 번째이다. 역학적 파동은 일상생활에서 가장 뚜렷하게 나타나고, 전자기파는 기술 사회에서 가장 유용하지만, 양자 파동은 가장 기본적인 파동이다. 이 장에서 보겠지만 우주의 모든 물질은 어떤 상황에서는 파동과 같이 행동하므로 더 이상 기본적인 것을 상상하기 어렵다.

거시적 세계에서 양자 효과를 고려하지 않고도 좋은 인생을 살 수 있다고 생각한다면 고전물리학의 법칙은 어림한 것이고, 이 장에서 설명하는 모든 양자적인 이상함은 고전물리학과 겹칠 때 자연스럽게 섞인다는 것을 알아야 한다. 이 이상함의 많은 부분은 물질과 에너지의 파동과 입자의 이중성에서 오고, 이 장의 목표 중 하나는 이 파동이 무엇인지 이해하도록 도움을 주는 것이다.

이 장에서는 6.1절에서 파동과 입자의 특징을 비교하는 것으로 시작하고, 6.2절에서는 파동-입자의 이중성에 대한 논의를 할 것이다. 6.3절과 6.4절에서는 Schrödinger 방정식과 확률 파동함수에 대해 설명하고, 6.5절에서 양자 파동묶음을 살펴보겠다.

6.1 파동과 입자의 특성

현대물리학을 공부하기 전에 대부분의 학생은 입자와 파동은 기본적으로 다른 물체의 영역에 속한다고 생각할 것이다. 입자와 파동은 공간을 차지하는 방법, 구멍을 통해 지나가는 방법, 다른 입자나 파동과 상호작용하는 방법을 포함한 여러 많은 특성이 다르기 때문에 이것은 이해할만 하다.

공간 점유 입자는 공간에서 잘 정의된 양으로 존재한다. 테니스 경기 동안 어느 순간에 시간을 멈추면 모든 관중들은 그 순간 공이 어디 있는지 동의할 것이다. 이 성질은 입자가 주어진 시간에 특정한 위치에 있으므로 입자는 "국소화"되어 있다는 것을 의미한다. 반면 파동은 공간에 펼쳐져서 존재한다. 3장의 3.3절에서 설명했듯이 $\sin(kx - \omega t)$와 같은 조화함수는 $-\infty$부터 ∞까지 모든 x 값에 대해 존재하며, 한 주기와 다른 주기를 구별할 방법은 전혀 없다. 따라서 단일 진동수 파동은 내재적으로 비국소화되어 있다. 즉 파동은 어디에나 있다.

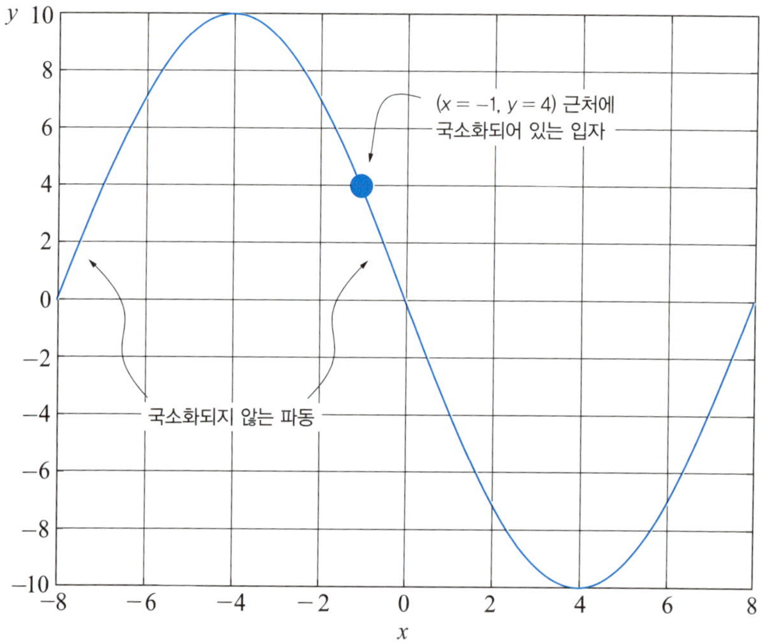

그림 6.1 비국소화된 파동과 국소화된 입자.

이 차이를 그림 6.1에 입자는 작은 원으로, 파동은 어느 한 순간에 곡선으로 나타내었다. (따라서 이 그림은 입자와 파동의 "순간 사진"이다.) 순간 사진을 찍은 순간 모든 관측자는 입자가 위치 $x=-1$과 $y=4$인 곳에 존재한다고 동의한다. 그러나 이 순간 파동은 어디에 있는가? 파동은 $x=-8$, $x=0$, $x=8$, 그리고 (이 그림에 나타나지 않은 그래프 왼쪽과 오른쪽, 그리고 여기서 나타낸 x 값 사이를 포함해서) 모든 다른 x 값에서도 존재한다. 임의로 주어진 파동의 골, 마루, 마디는 어떤 시간에 특정한 위치에 존재하지만, 모든 주기는 다른 모든 주기와 정확하게 똑같고 파동 자체는 이 모든 부분으로 이루어져 있다. 따라서 파동은 비국소화되어 있다.

구멍 지나기 입자가 입자보다 큰 구멍을 지날 때 입자는 그림 6.2의 왼쪽 윗부분에 나타낸 것과 같이 경로는 변하지 않는다. 구멍의 크기가 입자의 크기보다 작을 때만 입자의 행동은 구멍의 존재로 인해 영향을 받는다.

그러나 파동은 매우 다르게 행동한다. 그림 6.2의 오른쪽 부분은 왼쪽에서 입사한 평면파가 여러 크기의 구멍에 의해 받는 영향을 나타낸다. 그림의 오른쪽 꼭대기에 구멍은 파동의 파장보다 여러 배 크고, 파동은 거의 변화 없이 구멍을 지나간다. 그러나 구멍의 크기를 줄여서 구멍의 크기가 파동의 파장과 비슷하면 구멍을 지나는 파동 부분은 더 이상 평면파가 아니다. 가운데 그림에서 보듯이 위상이 같은 표면은 약간 휘어있고, 파동은 구멍을 지난 후 퍼져나간다. 그리고 구멍의 크기를 더 줄여서 구멍이 파동의 파장보다 작게 만들면 파면의 곡률과 퍼져나가는 파동은 더 커진다. 이 효과를 "회절"이라고 한다.

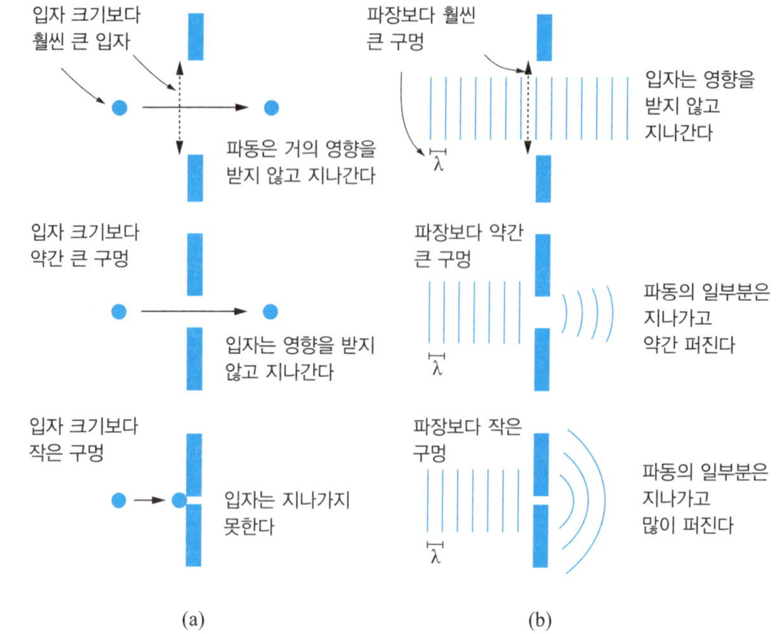

그림 6.2 (a) 구멍의 크기가 맞기만 하면 입자는 영향을 받지 않는다. (b) 구멍의 크기가 파장과 비슷하거나 작으면 구멍을 나와서 파동은 퍼져나간다.

다른 입자와 파동의 상호작용 입자는 다른 입자와 충돌을 통해 상호작용하고, 입자가 충돌할 때 운동량과 에너지를 교환한다. 볼링공이 핀과 부딪칠 때 이러한 일이 일어난다. 계의 "이전" 상태는 빠른 공과 정지한 핀이고, 반면에 "이후" 상태는 느려진 공과 원래 위치에서 빨리 날아가는 핀이다. 보존법칙에 의하면 공-핀 계의 전체 운동량과 에너지는 이전과 이후에는 같지만, 각 물체의 에너지와 운동량은 충돌로 인해 변할 수 있다. 이와 같은 충돌은 빨리 일어나고 (변형이 없는 이상적인 경우는 순간적이다) 이 띄엄띄엄한 에너지와 운동량이 빨리 교환된다는 것이 입자 상호작용의 특징이다.

그러나 파동은 다른 파동과 충돌이 아닌 중첩으로 상호작용한다. 3장의 3.3절에서 설명했듯이 두 개 혹은 그 이상의 파동이 공간의 같은 영역에 있을 때 최종 파동은 모든 참여하는 파동의 합이다. 파동은 서로 "간섭한다"고 하고 최종 파동이 참여하는 파동보다 진폭이 커지거나(보강간섭) 진폭이 작아지는(상쇄간섭) 상황은 이 파동의 상대위상에 의존한다.

파동은 다른 물체와도 상호작용할 수 있는데 이와 같은 상호작용에서 파동의 에너지 일부는 물체로 전달된다. 예를 들어 파동이 지나갈 때 호수 표면에서 위아래로 흔들리는 부표를 상상해보자. 파동이 부표를 들어 올렸을 때 부표의 운동에너지와 중력 퍼텐셜에너지는 모두 증가하고, 부표가 얻은 에너지는 파동에서 직접 온다. 입자들이 충돌할 때 일어나는 거의 순간적인 에너지 전달과는 달리 파동으로부터 물체로 전달되는 에너지는 적절한 시간 동안 일어난다. 에너지 전달비율은 파동의 특성에 의존한다.

입자와 파동 사이의 차이점에 대한 고전역학적인 모형을 그림 6.3의 그림으로 요약하였다. 20세기 초반에 일련의 복잡한 실험과 이론의 발전을 통해 새로운 역학이 필요하다는 것을 알게 되었고, 이러한 "양자역학"으로 인해 입자와 파동에 대한 매우 다른 이해를 하게 되었다. 현대물리학에서 입자는 파동의 성질을 나타내고, 파동은 입자처럼 행동할 수 있다. 이러한 "파동-입자 이중성"이 다음 절의 주제이다.

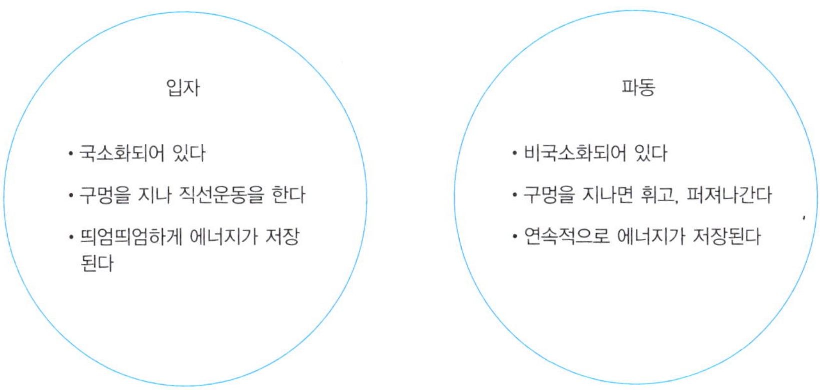

그림 6.3 고전적인 입자와 파동 차이에 대한 모형.

6.2 파동-입자 이중성

파동-입자 이중성을 이해하려면 파동 현상을 나타내는 시험할 입자에 행할 수 있는 실험의 형태를 고려하는 것이 도움이 된다. 앞 절에서 논의했듯이 입자와 파동 사이의 고전적 차이 중 하나는 이들이 불투명한 장벽에 있는 슬릿과 같은 구멍을 지나가는 방법이다. 그러나 회절이 중요해지려면 구멍의 크기가 파동의 파장과 비슷해야 한다. 따라서 입자의 파동적 성질을 검출하기 위해 회절을 사용하고 싶으면 입자의 파장과 비슷한 구멍을 만들어야 한다. 이 때문에 입자의 성질로부터 파장을 예측할 필요가 있다.

이 예측은 프랑스 물리학자 Louis de Broglie의 업적으로 가능해졌다. 그는 1924년에 물질 파동의 존재를 가정하였다. 거의 이십 년 전에 Albert Einstein은 빛은 파동과 입자의 모든 성질을 나타낸다는 것을 보였다. 빛이 슬릿을 지나갈 때는 파동처럼 행동하지만 광전효과처럼 상호작용을 하는 동안 빛은 (광자라고 부르는) 입자처럼 행동한다. De Broglie는 이 파동-입자 이중성은 질량이 있는 전자와 다른 입자로 확장된다는 영감이 있는 짐작을 하였다. 그의 박사 논문에는 다음과 같이 썼다. "나의 기본적인 생각은 1905년에 Einstein이 빛과 광자의 경우에서 발견한 파동과 입자의 공존을 모든 입자로 확장시키는 것이다."

de Broglie가 표현한 입자의 파장을 이해하기 위해 진동수 ν, 파장 λ인 광자의 에너지에 대한 Einstein의 관계를 고려하자.

$$E = h\nu = \frac{hc}{\lambda}. \tag{6.1}$$

여기서 h는 Planck 상수($6.626 \times 10^{-34}\ \mathrm{m^2kg/s}$)이고 c는 광속이다. 광자는 정지질량은 없지만, 운동량이 있고, 그 운동량의 크기와 광자의 에너지 사이의 관계는 다음과 같다.

$$p = \frac{E}{c}. \tag{6.2}$$

따라서 광자에 대해서 $E = cp$이고, 이 관계를 식 (6.1)에 대입하면 다음을 얻는다.

$$E = \frac{hc}{\lambda} = cp,$$
$$p = \frac{h}{\lambda},$$
$$\lambda = \frac{h}{p}.$$

이 관계가 질량이 있는 입자에서도 성립한다면 속력 v로 움직이는 질량 m의 파장은

$$\lambda = \frac{h}{p} = \frac{h}{mv} \tag{6.3}$$

일 것이다. 왜냐하면 입자 운동량의 크기는 $p = mv$이기 때문이다.

식 (6.3)의 의미를 생각해보자. 파장과 운동량은 반비례하므로 입자의 운동량이 감소하면 입자의 파장은 증가한다. 이 때문에 움직이는 입자만 파동이 성질을 나타낸다. 속도가 0이면 파장은 무한히 길어져서 측정할 수 없다. 또한 Planck 상수는 매우 작은 수이므로 운동량이 충분히 작아서 전체 비율 h/p가 적당히 커야만 파동의 성질을 측정할 수 있다. 따라서 일상적인 물체의 파동 성질은 질량이 커서 그 de Broglie 파장을 측정하기에는 너무 작으므로 파동이 성질이 분명하게 나타나지 않는다.

다음 두 예제에서 여러 질량을 갖는 물체에 대한 de Broglie 파장 크기에 대한 평가를 하겠다.

예제 6.1 1.5 m/s의 속력으로 걷는 75 kg인 사람의 de Broglie 파장을 구하여라.

이 예제에서 사람의 운동량은 $p = 75\text{ kg} \times 1.5\text{ m/s} = 113\text{ kg m/s}$이므로 de Broglie 파장은 다음과 같다.

$$\lambda = \frac{6.626 \times 10^{-34}\text{ Js}}{113\text{ kg m/s}} = 5.9 \times 10^{-36}\text{ m}. \tag{6.4}$$

이 길이는 전형적인 고체 내부의 원자 사이의 간격보다 수십억 배 작을뿐만 아니라 원자핵을 구성하는 양성자와 중성자보다 수십억 배 작다. 따라서 사람 정도의 질량을 갖는 물체는 물질의 파동 성질을 보는 좋은 후보는 아니다. 그러나 매우 작은 속도의 매우 작은 질량에 대해서 de Broglie 파장은 측정할 수 있을 정도로 충분히 클 수 있다.

예제 6.2 50 V의 퍼텐셜차를 지난 전자의 de Broglie 파장을 구하여라.

50 V의 퍼텐셜차를 지나면 전자의 에너지는 50 전자볼트(eV)이다. 1 eV는 1.6×10^{-19} J이므로 SI 단위로 전자의 에너지는 다음과 같다.

$$50\text{ eV}\,\frac{1.6 \times 10^{-19}\text{ J}}{1\text{ eV}} = 8 \times 10^{-18}\text{ J}. \tag{6.5}$$

이 에너지를 전자의 운동량과 연관시키기 위해 운동에너지에 대한 고전적인 표현

$$\text{KE} = \frac{1}{2}mv^2 \tag{6.6}$$

을 사용하고, 우변에 질량을 곱하고 나누면 다음을 얻는다.

$$\mathrm{KE} = \frac{1}{2}mv^2 = \frac{1}{2m}m^2v^2 = \frac{p^2}{2m}. \tag{6.7}$$

이 경우 전자의 에너지(E)는 모두 운동에너지이므로 $E =$ 운동에너지이고, 운동량은

$$p = \sqrt{2mE} \tag{6.8}$$

이다. 이것을 에너지 8×10^{-18} J인 전자에 적용하면 운동량은 다음과 같다.

$$\begin{aligned} p &= \sqrt{2 \times 9.1 \times 10^{-31}\ \mathrm{kg} \times 8 \times 10^{-18}\ \mathrm{J}} \\ &= 3.8 \times 10^{-24}\ \mathrm{kg\ m/s}. \end{aligned}$$

이 결과를 de Broglie의 식[식 (6.4)]에 대입하면 파장은

$$\lambda = \frac{6.626 \times 10^{-34}\ \mathrm{J\,s}}{3.8 \times 10^{-24}\ \mathrm{kg\ m/s}} = 1.7 \times 10^{-10}\ \mathrm{m} \tag{6.9}$$

즉 0.17 나노미터이다. 이것은 결정구조에서 원자 사이의 간격과 비슷하므로 이러한 배열을 이용하면 움직이는 전자 파장을 실험적으로 결정할 때 사용할 수 있다.

이 실험은 1927년에 Clinton Davisson과 Lester Germer가 수행하였다. 결정에서 산란된 파동은 회절무늬를 만든다는 것을 알고 Davisson과 Germer는 니켈 결정에 전자를 쏘았고, 회절되는 증거를 찾았다. 실제로 그 증거를 찾았고, 산란각도와 결정 안의 알려진 원자 간격을 이용하여 전자의 파장을 계산하였다. 그 결과는 실험에서 사용한 질량과 속도를 갖는 입자의 파장에 대한 de Broglie의 표현과 잘 맞았다.

비슷하지만 개념적으로 더 직접적인 실험은 빛의 파동 성질을 보여주는 데 종종 사용하는 이중슬릿이다. 이 중요한 실험의 자세한 사항은 어떤 자세한 광학 책에서도 찾을 수 있지만, 다음의 간단한 설명으로 이 실험이 어떻게 입자의 파동성질을 보이는 데 사용할 수 있는지 이해할 수 있을 것이다.

이중슬릿은 그림 6.4와 같이 짧은 거리만큼 떨어져 있는 두 개의 작은 슬릿이 있는 장벽 앞에 파동 혹은 입자의 샘으로 이루어져 있다. 여기서 장벽에서 멀리 떨어진 곳에 검출기를 놓는다.

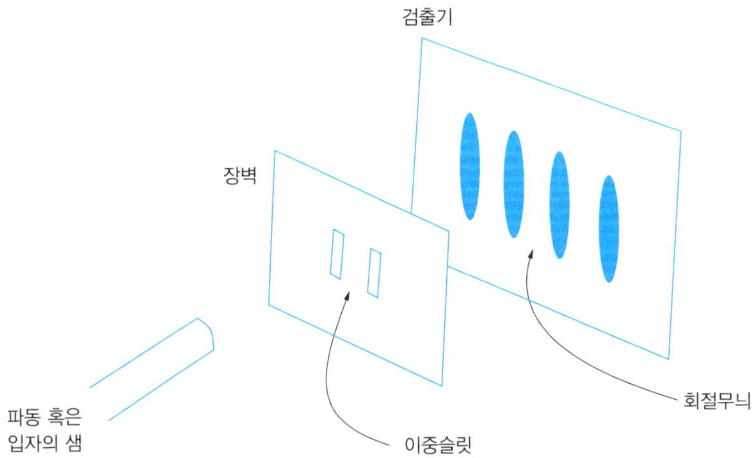

그림 6.4 이중슬릿 실험장치.

먼저 장벽의 방향으로 연속적인 파동이 샘에서 방출될 때 어떤 일이 일어나는지 생각해보자. 파면의 한 부분은 왼쪽 슬릿에 도달하고, 다른 부분은 오른쪽 슬릿에 도달한다. Huygens 원리에 의하면 파면의 모든 점은 그 점에서 구면 방향으로 퍼지는 다른 파동의 샘으로 간주할 수 있다. 장벽이 없으면 한 평면 파면 위의 Huygens 샘에서 나오는 모든 구면 파동은 중첩되어 다음 파면을 만든다. 그 파면의 모든 점은 다시 Huygens의 샘이 되어 다른 구면파동이 나오고, 이들이 더해져서 다음의 파면을 만들게 된다.

그러나 파동이 장벽을 만나면 이차 파동의 대부분은 막힌다. 파면의 두 작은 부분에서 나오는 파동만이 슬릿을 지난다. 이 파면의 두 부분에서 나오는 구면 방향으로 팽창하는 이차 파동은 검출기로 이동하고, 여기서 중첩되어 최종 파동 형태를 만든다. 그러나 왼쪽 슬릿에서 검출기까지 거리는 오른쪽 슬릿에서 검출기까지의 거리와 같지 않으므로 두 슬릿에서 나온 파동은 검출기에 도달할 때 위상이 다르다. 이 위상차에 따라 두 파동은 더해지거나 빼지고, 이로 인해 보강간섭이나 상쇄간섭이 일어난다. 보강간섭이 일어나는 점에서 밝은 무늬가 나타나고, 상쇄간섭이 일어나는 점에서는 어두운 무늬가 나타난다. 이와 같은 밝고 어두운 무늬가 파동 성질의 특징이다.

이제 샘이 전자와 같은 입자의 흐름을 장벽에 쏘는 것을 상상해보자. 이중 어떤 전자들은 장벽과 부딪칠 것이고, 다른 입자는 슬릿을 통과할 것이다. 만일 전자가 파동의 성질이 없는 단순한 입자라면 검출기에서는 그림 6.5의 왼쪽 부분에 나타낸 것과 같이 거의 슬릿의 모양과 같은 형태로 띄엄띄엄한 에너지가 쌓인 것을 기록할 것이다. 그러나 흘러들어오는 전자 또한 파동의 성질을 가지고 있으므로 그림 6.5의 오른쪽 부분에 나타낸 것과 같이 연속적으로 에너지가 쌓여 간섭무늬가 검출기에 기록될 것이다.

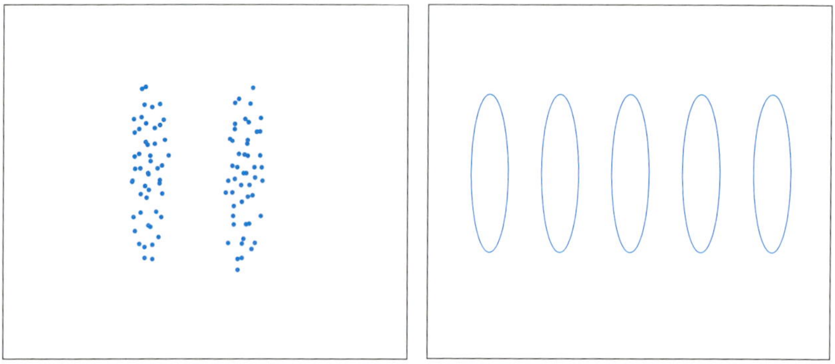

(a) (b)

그림 6.5 (a) 이중슬릿에 대한 고전적인 입자에 대한 결과 (b) 이중슬릿에 대한 파동의 결과.

마지막으로 (흐름이 아닌) 개별 입자를 한 번에 한 개씩 슬릿으로 보내면 어떤 일이 일어날지 생각해보자. 이 경우 검출기에는 각각의 전자가 한 개의 점으로 기록되지만, 이 점이 쌓여서 밝고 어두운 무늬를 만들어 간섭형태를 보인다. 각각의 전자는 명백하게 양쪽 슬릿을 지나면서 자기 자신과 간섭한다.

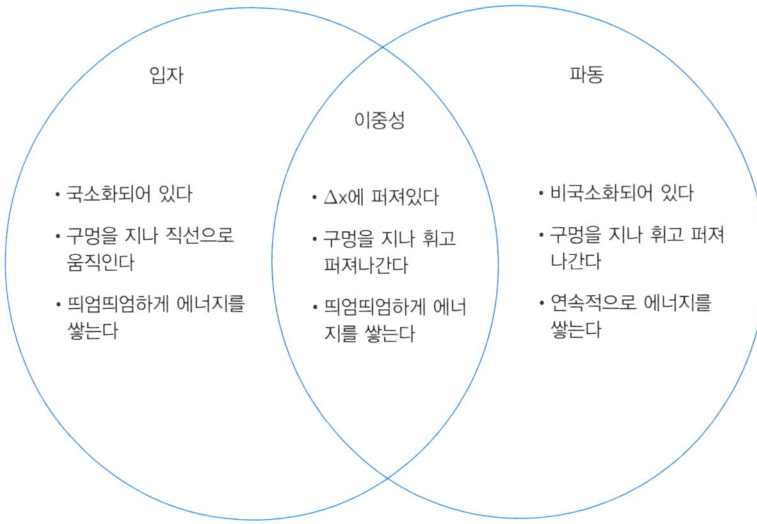

그림 6.6 양자역학적 입자와 파동 차이, 그리고 파동–입자 이중성에 대한 모형.

파동-입자의 이중성을 현대적으로 이해하는 것을 그림 6.6에 나타내었다. 양자역학적인 물체가 이동할 때 이 물체는 파동처럼 행동한다. 이는 구석을 휘어나가고, 작은 구멍을 통해 회절하고, 간섭하는 것을 포함한다. 양자역학적 물체가 에너지를 방출하거나 흡수할 때 이 물체는 입자처럼 행동한다. 완전히 국소화되어 입자처럼 한 점에 존재하거나, 완전히 비국소화되어 모든 공간에 퍼져있는 대신 양자역학적 물체는 공간에서 작지만 유한한 공간을 차지하는 이동하는 파동묶음처럼 행동한다. 양자역학적 물체가 입자와 같이 움직이거나 파동과 같이 상호작용하는 것과 대조적으로 왜 이렇게 행동하는지 이해하려면 다음 절의 주제인 Schrödinger 방정식을 이해하면 도움이 된다.

6.3 Schrödinger 방정식

전자가 파동처럼 행동한다는 것을 이해하려고 할 때 "정확히 무엇이 흔들리는가?"하고 의아해할 것이다. 혹은 다르게 질문하면 전자는 왜 파동처럼 이동하고, 입자처럼 상호작용하는가? 그 답은 이러한 물질파동을 지배하는 Schrödinger 방정식의 해인 파동함수 $\Psi(x, t)$에 대한 해석에 있다.

유명한 물리학자인 Richard Feynman인 아는 것으로부터 Schrödinger 방정식을 유도할 수 없다고 말했지만, 입자의 에너지에 대한 표현에서 시작하여 Schrödinger 가 추론한 것을 짐작할 수 있다. 이 입자가 비상대론적으로 움직이고(즉, 광속에 비해 느리게 움직이고) 입자의 작용하는 힘이 보존력이면(즉 각 힘과 연관된 퍼텐셜에너지가 있으면) 입자의 전체 역학적에너지(E)는 다음과 같이 쓸 수 있다.

$$E = \text{KE} + V = \frac{1}{2}mv^2 + V = \frac{p^2}{2m} + V. \tag{6.10}$$

여기서 KE는 운동에너지이고, V는 입자의 퍼텐셜에너지이다.

("빛의 입자"로 여겨지는) 진동수 ν인 광자의 에너지는 $E = h\nu$[식 (6.1)]이고 Schrödinger는 에너지에 대한 이 식을 물질파동과 연결시키는 형태로 썼다. 아래에서 보게 되겠지만 먼저 Planck 상수 h와 "환원 Planck 상수" $\hbar$ 사이의 차이와 진동수 ν와 각진동수 ω 사이의 관계는

$$E = h\nu = \left(\frac{h}{2\pi}\right)(2\pi\nu) = \hbar\omega \tag{6.11}$$

이라는 것을 확실하게 알아야 한다. 여기서 $\hbar = h/(2\pi)$이고, $\omega = 2\pi\nu$이다. 에너지에 대한 이 표현을 식 (6.10)의 좌변에 대입하고 $p = mv$를 이용하면 다음을 얻는다.

$$\hbar\omega = \frac{p^2}{2m} + V. \tag{6.12}$$

운동량과 파장 사이의 de Broglie의 관계식은

$$p = \frac{h}{\lambda} = \frac{h}{2\pi/k} = \left(\frac{h}{2\pi}\right)k = \hbar k \tag{6.13}$$

이므로 식 (6.12)를 다음과 같이 쓸 수 있다.

$$\hbar\omega = \frac{\hbar^2 k^2}{2m} + V. \tag{6.14}$$

이러한 에너지에 대한 식의 형태로부터 Schrödinger 방정식을 얻으려면 입자와 관련된 물질파동은 조화 파동함수 $\Psi(x, t)$로 쓸 수 있다고 가정한다.

$$\Psi(x, t) = Ae^{i(kx-\omega t)} = e^{-i\omega t}(Ae^{ikx}) \tag{6.15}$$

여기서 지수를 시간에 의존하는 항을 공간에 의존하는 항과 분리해서 쓴 것을 주의하여라. 이렇게 하면 이 파동함수가 식 (6.14)에 어떻게 들어맞는지 보여주는 미분을 취하기 더 쉽다.

이 미분 중 첫 번째는 시간(t)에 대한 Ψ의 미분이다.

$$\frac{\partial \Psi}{\partial t} = \frac{\partial (e^{-i\omega t})}{\partial t}(Ae^{ikx}) = -i\omega(e^{-i\omega t})(Ae^{ikx}) = -i\omega\Psi. \tag{6.16}$$

이제 x에 대한 Ψ의 미분은

$$\frac{\partial \Psi}{\partial x} = e^{-i\omega t}\frac{\partial (Ae^{ikx})}{\partial x} = ike^{-i\omega t}(Ae^{ikx}) = ik\Psi \tag{6.17}$$

이고, x에 대한 이차미분은 다음과 같다.

$$\frac{\partial^2 \Psi}{\partial x^2} = e^{-i\omega t}\frac{\partial^2 (Ae^{ikx})}{\partial x^2} = (ik)^2 e^{-i\omega t}(Ae^{ikx}) = -k^2\Psi. \tag{6.18}$$

이 미분을 식 (6.14)에 대입하기 전 마지막 단계는 식 (6.16)에 $i\hbar$를 곱하는 것이다.

$$i\hbar\frac{\partial \Psi}{\partial t} = (i\hbar)(-i\omega\Psi) = \hbar\omega\Psi.$$

즉 다음을 얻는다.

$$\hbar\omega = \frac{i\hbar}{\Psi}\left(\frac{\partial \Psi}{\partial t}\right).$$

이제 이것을 식 (6.14)에 대입하면

$$\frac{i\hbar}{\Psi}\left(\frac{\partial \Psi}{\partial t}\right) = \frac{\hbar^2 k^2}{2m} + V,$$

즉 다음을 얻는다.

$$i\hbar\left(\frac{\partial \Psi}{\partial t}\right) = \frac{\hbar^2 k^2}{2m}\Psi + V\Psi.$$

그러나 식 (6.18)에서 $k^2\Psi = -\partial^2\Psi/\partial x^2$라는 것을 이용하면 다음을 얻는다.

$$i\hbar\left(\frac{\partial \Psi}{\partial t}\right) = \frac{-\hbar^2}{2m}\frac{\partial^2 \Psi}{\partial x^2} + V\Psi. \tag{6.19}$$

이것이 시간에 의존하는 일차원 Schrödinger 방정식이다. 2장의 2.4절에서 언급했듯이 Schrödinger 방정식이 고전적인 파동방정식과 다른 점은 시간에 대한 편미분은 이차미분이 아니고 일차미분이다. 이것은 해의 성질에 대한 중요한 의미가 있다. 또한 상수 "i"가 곱해져있다는 것은 해는 일반적으로 복소수라는 것을 주의하여라.

이 해를 고려하기 전에 "시간에 무관한" Schrödinger 방정식을 접하게 되리라는 것을 알아야 한다. 그 식은 식 (6.16)을 이용하여 시간에 의존하는 식에서 시간미분 $\partial\Psi/\partial t$를 $-i\omega\Psi$로 바꾸면 유도할 수 있다.

$$i\hbar(-i\omega\Psi) = \frac{-\hbar^2}{2m}\frac{\partial^2\Psi}{\partial x^2} + V\Psi,$$

즉 다음을 얻는다.

$$\hbar\omega\Psi = \frac{-\hbar^2}{2m}\frac{\partial^2\Psi}{\partial x^2} + V\Psi. \tag{6.20}$$

$E = \hbar\omega$이므로 이 식은

$$E\Psi = \frac{-\hbar^2}{2m}\frac{\partial^2\Psi}{\partial x^2} + V\Psi, \tag{6.21}$$

즉 다음과 같이 쓸 수 있다.

$$(E - V)\Psi = \frac{-\hbar^2}{2m}\frac{\partial^2\Psi}{\partial x^2}. \tag{6.22}$$

"시간에 무관한"이라는 표기는 파동함수 Ψ가 시간의 함수가 아니라는 것을 의미하지 않는다는 것을 아는 것이 중요하다. Ψ는 여전히 $\Psi(x, t)$이다. 그러면 이 경우 무엇이 시간과 무관한가? 그것은 식 (6.22)의 좌변에 있는 에너지 항이다.

Schrödinger 방정식의 해를 구하려고 달려들기 전에 식 (6.22)의 의미에 대해 생각해보자. 이 식은 기본적으로 에너지보존에 대한 표현이다. 전체에너지에서 퍼텐셜에너지를 빼면 운동에너지와 같다. 따라서 식 (6.22)가 말하는 것은 입자의 운동에너지는 Ψ에 대해 이차 공간 미분을 취한 양에 비례한다는 것이고, 이 이차미분은 파동함수의 곡률이다. x에 대한 곡률이 크면 파동의 공간 진동수는 더 커지고(더 짧은 거리에서는 양수에서 음수가 된다) 이는 더 짧은 파장을 의미하고, de Broglie의 방정식에 의하면 더 짧은 파장은 더 큰 운동량과 관계가 있다.

예제 6.3 자유입자에 대한 시간에 무관한 Schrödinger 방정식은 무엇인가?

이 내용에서 "자유"는 입자가 외부힘의 영향을 받지 않는다는 것을 의미하고, 힘은 퍼텐셜에너지의 기울기이므로 자유입자는 일정한 퍼텐셜에너지가 있는 영역을 지나간다. 퍼텐셜에너지가 0인 기준 위치는 임의로 정할 수 있으므로, 자유입자에 대해서는 Schrödinger 방정식에서 $V = 0$으로 놓을 수 있다. 따라서 식 (6.22)는

$$E\Psi = \frac{-\hbar^2}{2m}\frac{\partial^2\Psi}{\partial x^2}, \tag{6.23}$$

즉 다음과 같이 쓸 수 있다.

$$\frac{\partial^2\Psi}{\partial x^2} = -\frac{2mE}{\hbar^2}\Psi. \tag{6.24}$$

자유입자의 전체에너지는 입자의 운동에너지와 같으므로 $E = p^2/(2m)$으로 놓을 수 있다.

$$\frac{\partial^2\Psi}{\partial x^2} = -\frac{p^2}{\hbar^2}\Psi. \tag{6.25}$$

이것이 자유입자에 대한 Schrödinger 방정식이다. 이 식을 정지파동에 대한 식과 비교하면 도움이 된다. [3장 3.2절의 식 (3.22)와 비교하여라.] 그 식은

$$\frac{\partial^2 X}{\partial x^2} = \alpha X = -k^2 X \tag{3.22}$$

이고, 이것은

$$\frac{p^2}{\hbar^2} = k^2$$

이기만 하면 식 (6.25)와 같다. 그러나 파동수 이므로

$$\frac{p^2}{\hbar^2} = \left(\frac{2\pi}{\lambda}\right)^2$$

즉 다음을 얻는다.

$$\frac{p}{\hbar} = \frac{p}{h/(2\pi)} = \left(\frac{2\pi}{\lambda}\right).$$

이 식을 λ에 대해 풀면

$$\lambda = \frac{h}{p}$$

을 얻고, 이것이 물질파동의 파장에 대한 de Broglie의 표현이다. 자유입자에 대해 진동하는 진동수와 에너지는 어떤 값이라도 가질 수 있지만, 퍼텐셜에너지가 변하는 지역에 있는 입자는 경계조건에 의존하는 특정한 진동수와 에너지값만을 가질 수 있다. 따라서 퍼텐셜 우물 안에 있는 입자에 허용된 에너지는 양자화되어 있고, 이것은 연습문제와 온라인 풀이에서 볼 수 있다.

이것은 입자의 파동 특징은 정지파동과 비슷하고, 입자의 에너지는 정지파의 진동수에 비례한다는 것을 의미한다. "정상상태"라고 부르는 시간에 무관한 Schrödinger 방정식의 해를 보게 되겠지만, 이것은 계의 에너지만 시간에 대해 상수이지, 파동함수가 정지상태가 아니라는 것에 주의해야 한다.

6.4 확률 파동함수

Schrödinger가 처음 식을 썼을 때 그는 파동함수 $\Psi(x, t)$가 물리적으로 무엇을 나타내는지 알지 못했다. 그는 이것이 전자의 전하밀도라고 짐작하였다. 이것은 그럴듯한 짐작이다. 왜냐하면 그는 전자가 만족하는 식을 썼고, 여러 전자는 공간에 퍼져있으므로 전자가 모여 있거나 드문 곳을 아는 방법으로 단위부피당 전하량(전하밀도)를 계산할 수 있기 때문이다. 그러나 Max Born은 이러한 견해는 실험과 맞지 않는다는 것을 증명할 수 있었고, 이제는 현대적인 이해로 알려진 자신의 설명을 내놓았다.[1]

파동함수에 대한 현대적 해석은 이것은 주어진 공간 영역에서 입자를 찾을 수 있는 확률과 관련이 있는 "확률진폭"이라는 것이다. 이 양을 진폭이라고 부르는 이유는 역학적 파동 진폭을 제곱해야 에너지를 얻듯이 확률밀도($\mathcal{P}$)를 얻으려면 파동함수를

1 사실 파동함수와 전하밀도 사이의 대응은 Kohn-Sham 방정식으로 주어지고, 이것이 밀도범함수 이론의 기초가 되었으므로 Schrödinger가 완전히 틀린 것은 아니다.

제곱해야 하기 때문이다. 파동함수는 일반적으로 복소수이므로 복소수 켤레를 곱하여 제곱한다.

$$\mathcal{P}(x, t) = \Psi^*(x, t)\Psi(x, t), \tag{6.26}$$

즉 다음과 같다.

$$\mathcal{P}(x, t) = |\Psi(x, t)|^2. \tag{6.27}$$

일차원에서 확률밀도는 단위길이당 확률이고, 이차원에서는 단위면적당 확률이며, 삼차원에서는 단위부피당 확률이다. 다르게 표현하면 특정한 위치에서 입자를 찾을 확률이 주어진 시간에 공간에 어떻게 퍼져나가는지 보려면 $\mathcal{P}(x, t)$를 알아야 한다.

전자와 다른 양자역학적 물체에서 흔들리는 것이 무엇인가 하는 질문에 대한 대답을 하였다. 진행하는 입자는 실제 확률진폭이 덩어리가 이동하는 것이다. (6.2절에서 설명한 이중슬릿과 같은) 장애물을 만나면 흔들리는 확률진폭은 파장에 따라 회절된다. 입자가 상호작용을 할 때(이로 인해 측정되거나 검출된다) 이 파동함수는 한 번 측정한 결과로 급변한다. 이 결과는 불연속적이고, (이중슬릿 실험을 전자로 했을 때 검출기에 나타나는 개별적인 점과 같은) 입자의 행동과 맞다.

그렇다면 자유입자에 대한 파동함수를 어떻게 쓸 수 있는가? 앞에서는 처음에 복소수 조화함수로 짐작하였다.

$$\Psi(x, t) = Ae^{i(kx-\omega t)}. \tag{6.28}$$

이것은 1.4절에 나타낸 것과 같이 코사인과 사인 파동의 복소수 결합이다. 그러나 이 파동을 이용하여 공간의 어느 곳에서 입자를 찾을 확률을 계산하려고 하면 문제가 생긴다. $\mathcal{P}(x, t)$는 확률밀도를 나타내므로 ($x = -\infty$에서 $x = +\infty$까지) 모든 공간에 대해 적분하면 확률은 1이 되어야 한다. (왜냐하면 공간 어디에서든 입자를 찾을 확률은 100%이기 때문이다.) 그러나 식 (6.28)의 파동함수를 사용하면 적분은 다음과 같다.

$$1 = \int_{-\infty}^{\infty} \Psi^*(x, t)\Psi(x, t)dx \tag{6.29}$$

$$1 = \int_{-\infty}^{\infty} A^*Ae^{-i(kx-\omega t)}e^{i(kx-\omega t)}dx \tag{6.30}$$

$$1 = A^*A(\infty). \tag{6.31}$$

무한대에 어떤 것을 곱해도 1이 될 수 없으므로 이 파동은 "규격화할 수 없다". (이러한 관점에서 "규격화"는 파동함수를 조절하여 공간 어디서든 입자를 발견할 확률을 100%가 되도록 만드는 과정을 말한다.) 식 (6.28)의 파동함수를 수정하여 규격화할 수 있게 만들려면 3장의 3.3절에서 도입한 Fourier 개념이 매우 도움이 된다. 이 개념을 이용하여 양자 파동묶음을 어떻게 만드는지 다음 절에서 볼 것이다.

6.5 양자 파동묶음

입자는 공간에 국소화되어 있으므로 그 파동 또한 공간적으로 제한되었다고 예상하는 것이 그럴듯하다. 즉 이 파동은 모든 공간에 펼쳐진 일정한 진폭을 갖는 단일 파장의 파동이 아니라 파동묶음이어야 한다는 것이다. 이상적으로 이 파동묶음은 특정한 파장(혹은 운동량)이 가장 우세해서 de Broglie 가정은 여전히 대충 적용할 수 있다. 그러나 3장의 3.3절에서 설명했듯이 다른(그러나 비슷한) 파장의 파동을 약간 포함하지 않고서는 파동묶음을 만들 수 없다. 파동의 영역은 ($k = 2\pi/\lambda$이므로) 파동수의 영역을 의미하고, 파동수의 영역은 ($p = \hbar k$이므로) 운동량의 영역을 의미한다. 따라서 문제는 영역 Δx에 대해 공간적으로 국소화된 파동묶음을 만들지만 k_0를 우세한 파동수라고 할 때 잘 정의된 운동량 $p = \hbar k_0$으로 이동하도록 하는 것이다.

이와 같은 파동함수 $\Psi(x, t)$는 위치(x)와 시간(t)에 의존하지만 3.2절에서 설명한 것처럼 변수를 분리하면 어떤 일이 일어나는지 더 쉽게 볼 수 있다. $\Psi(x, t) = f(t)\psi(x)$로 쓰면 공간항 $\psi(x)$를 국소화하는 것에 집중할 수 있다. 시간항 $f(t)$의 효과는 이 절의 후반부에서 고려할 것이다.

파동함수의 공간 부분으로 제한하는 한 가지 접근방법은 $\psi(x)$를 두 함수의 곱으로 쓰는 것이다. 하나는 "외부" 윤곽 $g(x)$이고, 다른 하나는 "내부" 진동 $f(x)$이다.

$$\psi(x) = g(x)f(x). \tag{6.32}$$

만일 윤곽함수가 x값의 특정한 영역을 제외한 모든 것에서 0에 접근하면 파동묶음의 진동은 이 영역으로 국소화된다.

예를 들어 단일파장 진동함수 $f(x) = e^{ikx}$를 고려하자. 그림 6.7(a)의 $f(x)$의 실수 부분에 대한 그림에서 볼 수 있듯이(임의로 $k = 0$을 선택하였다) 이 함수는 ($x = -\infty$

에서 $x = +\infty$까지) 모든 공간에 퍼져있다.

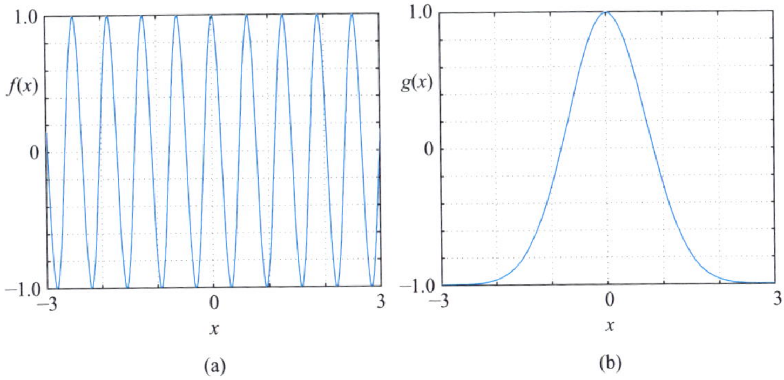

그림 6.7 (a) 진동함수 $f(x) = e^{ikx}$의 실수 부분과 (b) 윤곽함수 $g(x) = e^{-ax^2}$.

이제 윤곽함수 $g(x)$가 식

$$g(x) = e^{-ax^2} \tag{6.33}$$

으로 주어진 경우를 생각하자. 그림 6.7(b)에서 볼 수 있듯이 이 함수의 최대값은 $x = 0$에서 $g(x) = 1$이고, 상수 a 값으로 결정되는 비율로 양쪽 방향을 향해 0으로 감소한다. (이 그림에서는 $a = 1$을 선택하였다.)

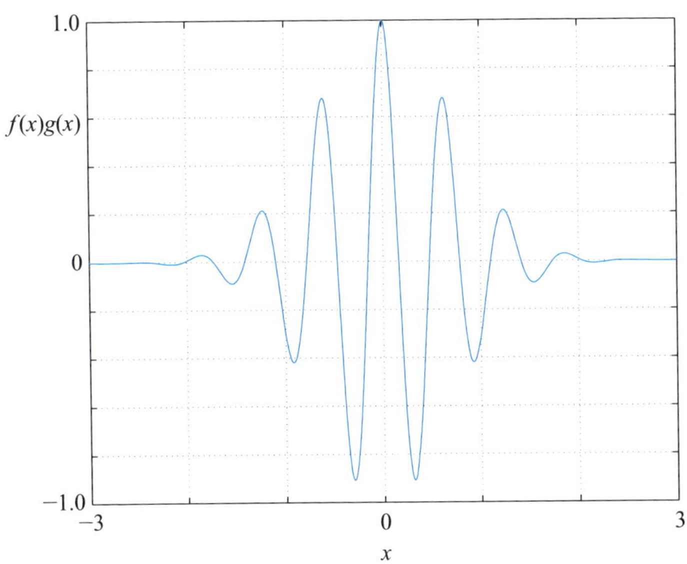

그림 6.8 함수의 곱 $f(x)g(x) = e^{ikx}e^{-ax^2}$의 실수 부분.

윤곽함수 $g(x)$와 진동함수 $f(x)$를 곱하면 그 곱 $f(x)g(x)$는 그림 6.8의 $f(x)g(x)$의 실수 부분에 대한 그림에 나타낸 것과 같이 음의 방향과 양의 방향으로 모두 감소한다. 이 함수는 더 이상 한 개의 파장이 아니다. (그렇다면 거리에 따라 줄어들지 않는다.) 파장이 얼마나 포함되어 있는가는 나중에 더 보게 될 것이다. 그러나 먼저 확률밀도 $f(x)g(x)$를 고려하자.

$f(x) = e^{ikx}$이고 $g(x) = e^{-ax^2}$이므로 파동함수 ψ와 그 복소켤레 ψ^*는

$$\psi = e^{ikx}e^{-ax^2},$$
$$\psi^* = e^{-ikx}e^{-ax^2}$$

이므로 확률밀도는 다음과 같다.

$$\begin{aligned}\mathcal{P} = |\psi^*\psi| &= \left(e^{-ikx}e^{-ax^2}\right)\left(e^{ikx}e^{-ax^2}\right)\\ &= e^{-2ax^2}.\end{aligned}$$

이것을 모든 공간에 대해 적분하면 다음을 얻는다.

$$\begin{aligned}\mathcal{P}_{\text{all space}} &= \int_{-\infty}^{\infty} e^{-2ax^2}\,dx\\ &= \sqrt{\frac{\pi}{2a}}.\end{aligned}$$

따라서 $\mathcal{P}_{\text{all space}} = 1$로 놓으려면 $\psi^*\psi$를 이 양의 역수를 곱해야 한다. 이는 함수 ψ에 $\sqrt{\pi/(2a)}$의 역수의 제곱근을 곱해야 한다는 것을 의미하므로 다음을 얻는다.

$$\psi(x) = \sqrt{\frac{1}{\sqrt{\pi/(2a)}}}e^{-ax^2}e^{ikx} = \left(\frac{2a}{\pi}\right)^{1/4} e^{-ax^2}e^{ikx}. \tag{6.34}$$

이 함수는 공간적으로 제한되는 바람직한 특징을 가지는 반면, 우세한 파장에서 진동하고, 모든 공간에서 발견할 확률이 1이 되도록 규격화되어 있다.

다음 예제에서 폭을 주는 상수 a의 특정한 값에 대해 어떻게 작용하는지 볼 수 있다.

예제 6.4 입자의 파동함수가

$$\psi(x) = \left(\frac{0.2}{\pi}\right)^{1/4} e^{-0.1x^2}e^{ikx}$$

으로 정의되었을 때 주어진 위치에서 입자를 발견할 수 있는 확률을 결정하여라.

이 경우 폭에 대한 상수 a는 0.1이고, 따라서 확률밀도는 다음과 같다.

$$\psi^*(x)\psi(x) = \left[\left(\frac{0.2}{\pi}\right)^{1/4} e^{-0.1x^2} e^{-ikx}\right]\left[\left(\frac{0.2}{\pi}\right)^{1/4} e^{-0.1x^2} e^{ikx}\right]$$
$$= \left(\frac{0.2}{\pi}\right)^{1/2} e^{-0.2x^2}$$

이것은 그림 6.9에 나타낸대로 가우스 분포이다.

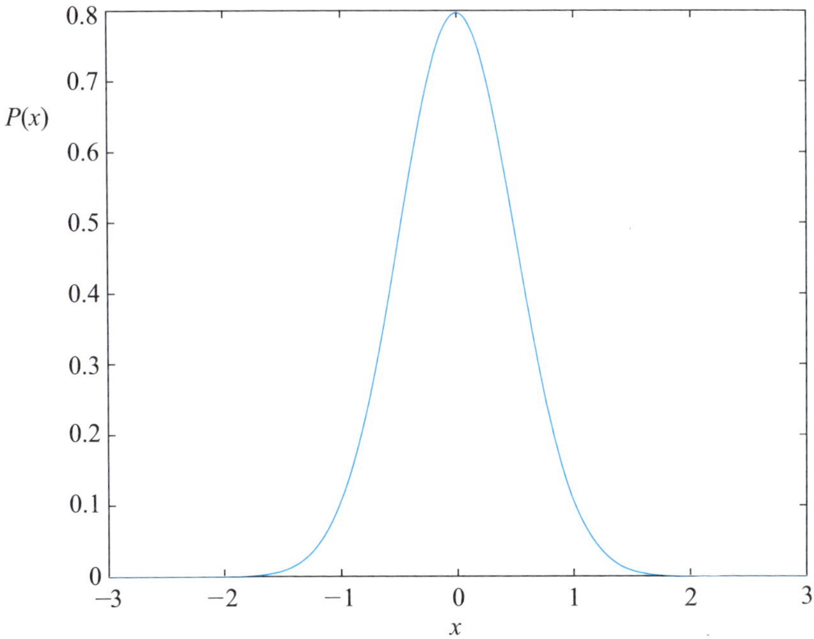

그림 6.9 $\pi(x) = (0.2/\pi)^{1/4} e^{-0.1x^2} e^{ikx}$에 대한 확률밀도.

이 파동함수로 입자가 특정한 지점에 있을 확률을 구하려면 이 밀도를 그 위치 주위에서 적분해야 한다. 이 예제에서 $x = 1$ m에서 입자를 발견할 확률은 0.1 m 주위에서 다음과 같다.

$$\mathcal{P}(1 \pm 0.1) = \left(\frac{0.2}{\pi}\right)^{1/2} \int_{0.9}^{1.1} e^{-0.2x^2}\, dx$$
$$= 0.041,$$

즉 4.1%이다. 이 함수의 규격화는 모든 공간에 대해 적분하여 확인할 수 있다.

$$\mathcal{P}_{\text{all space}} = \left(\frac{0.2}{\pi}\right)^{1/2} \int_{-\infty}^{\infty} e^{-0.2x^2}\, dx = 1.$$

따라서 이 입자를 공간의 어디에서든 찾을 확률은 100%이다.

양자역학을 공부하면 규격화되지 않은 다른 파동함수를 만나게 될 것이고, 이들은 이 예제에서 사용한 것과 같은 과정을 사용하여 일반적으로 규격화할 수 있다. 파동을 (종종 A라고 부르는) 상수를 곱해서 쓰면 확률밀도의 모든 공간에 대한 적분이 1이 되도록 정하고, A를 구할 수 있다. 다음의 예제에서 삼각형 펄스 함수에 대해 이 방법을 보일 것이다.

예제 6.5 그림 6.10의 삼각형 펄스 파동함수를 규격화하여라.

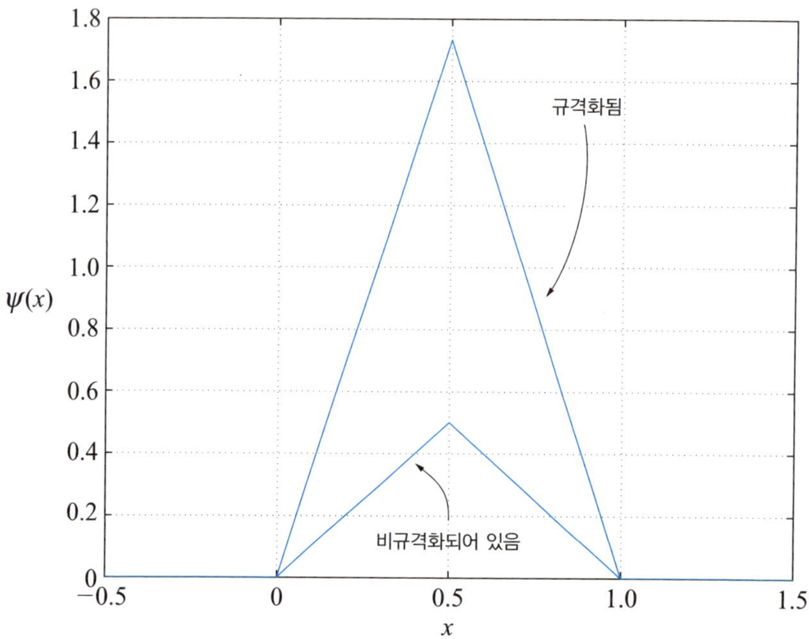

그림 6.10 삼각형 펄스 파동함수의 비규격화된 모양과 규격화된 모양.

이 삼각형 펄스에 대한 식은 다음과 같이 쓸 수 있다.

$$\psi(x) = \begin{cases} Ax & 0 \le x \le 0.5, \\ A(1-x) & 0.5 \le x \le 1, \\ 0 & \text{이외의 경우.} \end{cases}$$

이것을 확률밀도 적분에 대입하면 다음과 같다.

$$\mathcal{P}_{\text{all space}} = 1 = \int_{-\infty}^{\infty} \psi^*(x)\psi(x)dx.$$

따라서

$$1 = \int_0^{0.5} (A^*x)(Ax)dx + \int_{0.5}^{1} \big(A^*(1-x)\big)\,(A(1-x))dx$$

을 얻고, 각 적분에서 A^*A를 끄집어내면 다음을 얻는다.

$$1 = A^*A\left(\int_0^{0.5} x^2dx + \int_{0.5}^{1} (1-x)^2dx\right)$$
$$1 = A^*A\left(\frac{1}{24} + \frac{1}{24}\right).$$

이 경우 식의 모든 양은 실수이므로 $A^*A = A^2$이다. 규격화상수 에 대해 풀면

$$A^2 = 12$$

을 얻고, 따라서 다음을 얻는다.

$$A = \sqrt{12}.$$

그림 6.11에 규격화 이전과 이후의 확률밀도를 나타내었다. 바라던대로 규격화된 확률밀도 아래 면적은 1이지만, 규격화된 파동함수와 규격화된 확률밀도의 모양은 비규격화된 함수의 모양에서 변하지 않았다. 단지 크기만 변했을 뿐이다.

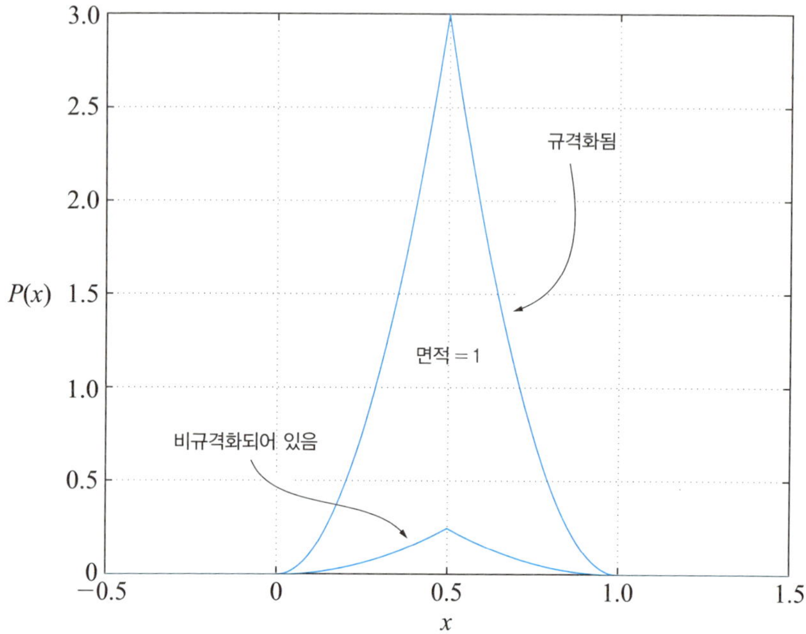

그림 6.11 삼각형 확률밀도의 비규격화된 모양과 규격화된 모양.

이 예제에서 보인 방법은 공간적으로 제한된 파동함수를 만들고 규격화할 때 사용할 수 있지만, 이 파동형태의 파동수(그리고 운동량) 영역을 이해하는 것 또한 중요하다. 그러기 위해서 윤곽함수에 진동함수를 곱하는 대신 3장의 3.3절에서 설명한 Fourier 합성 접근에 대해 생각해보자. 이 접근방법을 사용하면 단일 파장함수 e^{ik_0x}에 다른 단일 파장함수를 적절히 더하여 결합된 함수의 진폭이 거리가 멀어질수록 원하는 비율로 감소하게 만들 수 있다.

띄엄띄엄한 파동함수 ψ_n의 집합을 이용하여 이것을 시도하고 각 성분 파동의 진폭 계수를 ϕ_n으로 나타내려고 하면 결합된 파동은 다음과 같을 것이다.

$$\psi(x) = \sum_n \psi_n = \frac{1}{\sqrt{2\pi}} \sum_n \phi_n e^{ikx}. \tag{6.35}$$

상수 $\sqrt{1/2\pi}$를 포함시킨 이유는 아래에서 분명해지겠지만, 당분간 3장에서 이와 같은 이산적인 합의 결과는 공간적으로 주기적이라는 것을 기억하자. (즉 어떤 거리에 대해 반복된다.) 따라서 한 영역에서 진폭이 큰 파동함수를 만들고 싶으면 성분 파동함수 사이의 파동수 차이는 미소적으로 작아야 하고, 합은 적분이 된다.

$$\psi(x) = \frac{1}{\sqrt{2\pi}} \int_{-\infty}^{\infty} \phi(k) e^{ikx}\, dk. \tag{6.36}$$

여기서 이산 계수 ϕ_n은 혼합물에 더해지는 각각의 파동수 성분의 양을 결정하는 연속적 함수인 $\phi(k)$로 바뀐다.

식 (6.36)이 친숙해 보인다면 3장의 식 (3.34)를 기억했을 것이다. 이 식은 역 Fourier 변환이다. 따라서 공간 파동함수 $\psi(x)$와 파동수 함수 $\phi(k)$는 Fourier 변환쌍이다. 이것은 파동수 함수는 $\psi(x)$를 Fourier 변환을 통해 구할 수 있다는 것을 뜻한다.[2]

$$\phi(k) = \frac{1}{\sqrt{2\pi}} \int_{-\infty}^{\infty} \psi(x) e^{-ikx}\, dx. \tag{6.37}$$

$\psi(x)$와 $\phi(k)$ 사이의 Fourier 변환 관계에는 강력한 의미가 포함되어 있다. 모든 켤레 변수 쌍과 같이 이 함수는 불확정성 원리를 만족하고, 이를 통해 주어진 공간 파동함수의 파동수 구성을 결정할 수 있다.

어떻게 작동하는지 보기 위해 폭 σ_x인 일반적인 Gaussian 윤곽함수를 고려하자. 이 함수는 다음과 같이 쓸 수 있다.

$$g(x) = e^{-x^2/(2\sigma_x^2)}. \tag{6.38}$$

이것은 기본적으로 식 (6.33)과 같은 윤곽함수이다. 하지만 이제 상수 a의 의미는 분명해졌다. $a = 1/(2\sigma_x^2)$이고, σ_x는 Gaussian 파동함수의 표준편차이다. 이 윤곽함수에 한 개의 파동수를 갖는 진동하는 내부 함수 $f(x) = e^{ik_0x}$를 곱하고 규격화하면 다음을 얻는다.

$$\psi(x) = \left(\frac{1}{\pi\sigma_x^2}\right)^{1/4} e^{-x^2/(2\sigma_x^2)} e^{ik_0x}. \tag{6.39}$$

이제 $\psi(x)$와 $\phi(k)$는 Fourier 변환의 쌍이라는 것을 알기 때문에 $\psi(x)$의 Fourier 변환을 취하면 시간에 제한된 파동함수의 파장 구성을 결정할 수 있다.

그 Fourier 변환은

---

2 이것이 식 (6.36)에서 $1/\sqrt{2\pi}$를 포함시킨 이유이다.

$$\phi(k) = \frac{1}{\sqrt{2\pi}} \int_{-\infty}^{\infty} \psi(x) e^{-ikx}\, dx$$
$$= \frac{1}{\sqrt{2\pi}} \left(\frac{1}{\pi\sigma_x^2}\right)^{1/4} \int_{-\infty}^{\infty} e^{-x^2/(2\sigma_x^2)} e^{ik_0 x} e^{-ikx}\, dx$$

이므로, 파동수(그리고 운동량) 분포는 다음과 같다.[3]

$$\phi(k) = \left(\frac{\sigma_x^2}{\pi}\right)^{1/4} e^{(\sigma_x^2/2)(k_0-k)^2}. \tag{6.40}$$

이것은 k_0 주위로 폭 $\sigma_k = 1/\sigma_x$인 Gauss 분포이다. 다르게 표현하면 이 분포는 k_0에서 가장 큰 기여가 있지만 다른 운동량은 k_0 주위의 값에 있다. 그리고 이 값의 퍼짐은 예상한대로 묶음이 공간에서 얼마나 퍼져있는가에 의존한다.

특별히 공간 파동함수가 거리에 따라 더 빨리 줄어들수록(즉 σ_x가 작아질수록) 파동함수에 포함되는 파동수의 퍼짐은 더 넓어진다. (즉 σ_k는 더 커야 한다.) 그리고 파동수의 영역이 더 커지면 ($p = \hbar k$이므로) 운동량 영역도 더 커지게 된다.

위치에서 퍼진 정도가 주어지면 파동수와 운동량의 퍼짐은 정확히 얼마나 큰가? (대부분의 양자역학 교재에서 찾을 수 있는) 위치의 불확정성에 대한 자세한 분석에 의하면 표준편차 σ_x은 Gaussian 파동묶음에 대해 위치의 불확정도는 $\Delta x = \sigma_x/\sqrt{2\pi}$이고, 파동수의 불확정도는 $\Delta k = \sigma_k/\sqrt{2\pi}$이다. 그리고 $\sigma_k = 1/\sigma_x$이므로 위치와 파동수의 불확정도의 곱은 다음과 같다.

$$\Delta x\, \Delta k = \left(\frac{\sigma_x}{\sqrt{2\pi}}\right)\left(\frac{\sigma_k}{\sqrt{2\pi}}\right) = \left(\frac{\sigma_x}{\sqrt{2\pi}}\right)\left(\frac{1}{\sigma_x\sqrt{2\pi}}\right) = \frac{1}{2}. \tag{6.41}$$

마찬가지로 x와 p의 불확정도의 곱은 다음과 같다.

$$\Delta x\, \Delta p = \left(\frac{\sigma_x}{\sqrt{2\pi}}\right)\left(\frac{\sigma_p}{\sqrt{2\pi}}\right) = \left(\frac{\sigma_x}{\sqrt{2\pi}}\right)\left(\frac{\hbar\sigma_k}{\sqrt{2\pi}}\right)$$
$$= \left(\frac{\sigma_x}{\sqrt{2\pi}}\right)\left(\frac{\hbar}{\sigma_x\sqrt{2\pi}}\right) = \frac{\hbar}{2}. \tag{6.42}$$

3 이 적분을 어떻게 하는지 알고 싶으면 연습문제와 책의 웹사이트에 있는 풀이를 참조하여라.

이것을 "Heisenberg의 불확정성 원리"라고 하고 3장에서 논의한 켤레 변수 사이의 일반적인 불확정성 관계에 대한 표현이다.

Heisenberg의 불확정성 원리에 대해 "위치를 더 정확하게 알수록 운동량은 덜 정확하게 알 수 있다"는 말을 들어보았을 것이고, "안다"는 단어를 해석하는 방법에 따라 맞는 말이다. 주어진 입자의 위치를 측정하고, 나중에 그 운동량을 측정하면 물론 각각에 대한 정확한 값을 측정할 수 있다. 그러므로 Heisenberg의 불확정성 원리에 대해 생각하는 더 좋은 방법이 있다.

모두 같은 상태에 있는 많은 수의 동일한 입자가 있다고 상상해보자. (따라서 이들의 파동함수도 모두 같다.) 이 입자의 "앙상블"에 대한 위치의 퍼짐이 작으면 모든 입자의 위치를 측정하면 비슷한 값을 얻을 것이다. 그러나 이 각각의 입자의 운동량을 측정하면 측정한 운동량은 서로 매우 다를 것이다. 왜냐하면 위치 퍼짐이 작은 입자들에는 많은 운동량 상태(다른 파동수를 갖는 파동)가 기여하고, 측정과정은 파동함수를 이즐 중 한 상태로 마구잡이로 "급변"하게 만들기 때문이다. 역으로 입자 사이의 위치 퍼짐이 크면 기여하는 운동량 상태는 더 적어지고 운동량 측정값은 매우 비슷해질 것이다.

왜 양자역학에서 입자는 이렇게 이상한 방법으로 행동할까? 그 이유는 파동-입자의 이중성이다. 입자가 주어진 위치나 운동량을 가질 확률은 파동함수에 의존하고, 둘 사이의 관계는 파동의 성질로 결정된다.

양자 파동의 마지막 요점은 자유입자 파동함수의 시간에 대한 변화를 고려하는 것이다. 그러기 위해서 공간에만 의존하는 파동함수에 시간 항을 집어넣어야 한다. 위에서 논의한 이유로 인해 이 파동함수의 가장 우세한 파동수는 k_0이고, 퍼져있는 추가적인 파동수가 결합하여 원하는 국소화를 얻는다. 시간 $t = 0$에서 Gaussian 파동묶음에 대한 파동함수 $\Psi(x, 0)$는 다음과 같이 쓸 수 있다.

$$\Psi(x, 0) = \frac{1}{\pi\sigma_x^2} e^{ik_0 x} e^{-x^2/(2\sigma_x^2)}. \tag{6.43}$$

여기서 σ_x는 Gaussian 위치 윤곽의 표준편차이다. 시간 t에서 이 파동은 다음과 같다.

$$\Psi(x, t) = \frac{1}{\sqrt{2\pi}} \int_{-\infty}^{\infty} \phi(k) e^{i[kx-\omega(k)t]}\, dk. \tag{6.44}$$

여기서 $\phi(k)$는 위치함수의 Fourier 변환이 파동수 함수이다. 이 표현에서 각진동수 ω는 파동수(k)에 의존한다는 것을 나타내기 위해 ω를 $\omega(k)$로 썼다. 따라서 우세한 파동수 k_0의 각진동수는 $\omega_0 = \hbar k_0^2/(2m)$이지만, 각진동수는 k에 대해 $\omega(k) = \hbar k^2/(2m)$으로 변한다.

Gaussian 파동묶음에 대한 $\phi(k)$ 함수를 $\Psi(x, t)$의 표현에 대입하면 다음을 얻는다.

$$
\begin{aligned}
\Psi(x, t) &= \left(\frac{\sigma_x^2}{4\pi^3}\right)^{1/4} \int_{-\infty}^{\infty} e^{[-(\sigma_x^2/2)(k_0-k)^2]} e^{i[kx-\omega(k)t]}\, dk \\
&= \left(\frac{\sigma_x^2}{4\pi^3}\right)^{1/4} e^{i[k_0 x-\omega_0 t]} \left(\frac{\pi}{\sigma_x^2/2 + i\hbar t/(2m)}\right)^{1/2} \\
&\quad \times \exp\left[\frac{-(x-\hbar k_0 t/m)^2}{4\left(\sigma_x^2/2 + i\hbar t/(2m)\right)}\right].
\end{aligned}
\tag{6.45}
$$

이전의 적분과 같이 연습문제와 온라인 풀이에서 이 적분을 구하는 방법을 볼 수 있다.

$\Psi(x, t)$에 대한 표현은 보기에 불편하지만 Mathematica, MATLAB, Octave와 같은 프로그램을 이용하면 이 함수의 시간에 대한 변화를 살펴볼 수 있다. 예를 들어 양성자의 질량(1.67×10^{-27} kg)을 갖는 입자가 4 mm/s의 속력으로 움직이는 것으로 선택하면 입자의 de Broglie 파장은 100 마이크론보다 약간 작다. 표준편차가 250 마이크론인 Gaussian 파동묶음을 만들면 그림 6.12와 같은 파동함수를 얻게 된다.

이 그림에서 파동함수를 약 10 mm 간격에 대해 시간 $t = 0$, 1, 2 초에서 나타내었다. 입자의 우세한 파장은 대략 100 마이크론이고 시간 $t = 0$에서 표준편차 이내에 최대 중심의 양쪽에 약 2.5 주기가 있다. 매 초당 파동묶음은 약 4 mm 이동하므로 묶음의 무리속도는 예상한대로 입자의 속력과 같다.

파동묶음은 만드는 성분 파동은 위상속도는 모두 약간 다르지만, 이 속도는 대략 묶음의 무리속도의 반이다. 그 이유를 보려면 de Broglie의 분산관계

$$
\omega(k) = \frac{\hbar}{2m} k^2 \tag{6.46}
$$

을 고려하자. 그러면 묶음의 무리속도($d\omega/dk$)는 다음과 같다.

$$
v_g = \left(\frac{d\omega}{dk}\right) = \frac{\hbar k}{m}. \tag{6.47}
$$

이것은 고전적인 입자의 속력이다. 또한 위상속도는 ω/k인 것을 기억하면 다음과 같다.

$$v_{\mathrm{p}} = \frac{\omega}{k} = \frac{\hbar k}{2m}. \tag{6.48}$$

이것은 파동묶음의 무리속도의 반이고, 입자 속력의 반이다.

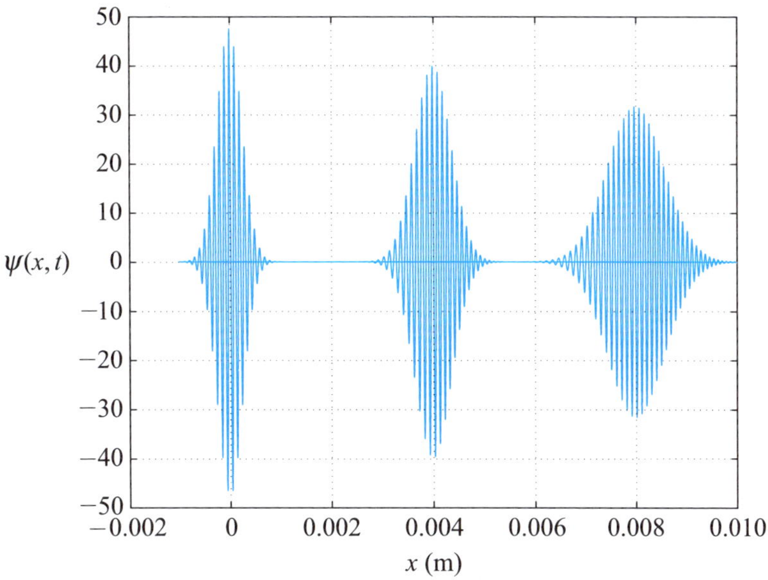

그림 6.12 $t = 0$, $t = 1$, $t = 2$초에서 파동묶음의 실수 부분.

그림 6.13에 시간이 지날 때 공간에서 움직이는 파동묶음의 확률밀도를 나타내었다. $\Psi(x, t)$의 그림과 확률밀도의 그림에서 볼 수 있듯이 파동묶음이 단순히 움직이는 것은 아니고, 시간이 지날수록 퍼지기도 한다. 3장의 3.4절에서 설명했듯이 파동묶음을 구성하는 성분 파동이 다른 속력으로 움직일 때는 언제나 분산이 일어난다. 양자 분산관계에 대해 선형이 아니면 양자물체는 분산이 일어난다. 파동묶음 성분의 다른 속력으로 인해 시간이 지나면 묶음이 퍼지게 된다.

이 장에서 본 모든 물질파동은 (0으로 놓은) 일정한 퍼텐셜 에너지 영역에 있는 자유입자에 대한 것이었다. 이 모든 파동의 기준함수는 e^{ikx}이다. 4장에서 설명했듯이 (밀도나 장력이 줄을 따라 상수가 아닌) 불균일한 줄에서 파동의 기준함수는 사인함수가 아니다. 이것은 퍼텐셜에너지가 일정하지 않은 지역에서 물질파에 대해서도 성렵하고 이와 같은 경우를 책의 웹사이트의 "보조 자료" 부분에서 볼 수 있다.

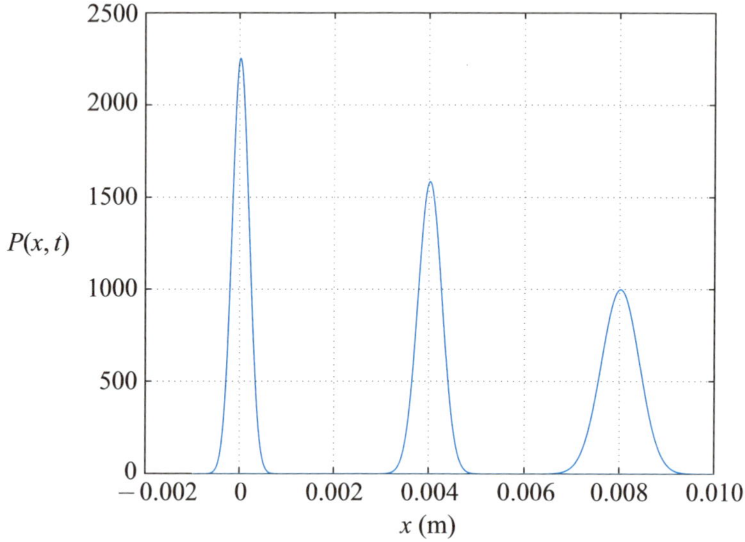

그림 6.13 $t = 0$, $t = 1$, $t = 2$초에서 파동묶음의 확률밀도.

또한 이 책의 웹사이트에서 연습문제에 대한 완전한 풀이를 볼 수 있고, 이 장의 개념과 식을 이해했는지 확인하기 위해 이 문제를 풀어보는 것을 강력하게 추천한다.

6.6 연습문제

6.1 질량 2.99×10^{-26} kg인 물분자가 (상온에서 평균속력인) 640 m/s로 움직일 때 de Broglie 파장을 구하여라.

6.2 질량 1.67×10^{-27} kg인 양성자의 에너지가 15 MeV일 때 de Broglie 파장을 구하여라.

6.3 전자 앙상블의 측정한 위치의 퍼짐은 1 마이크론이다. 이 앙상블의 운동량을 측정할 때 최적의 퍼짐은 얼마인가?

6.4 파동함수 $\psi(x) = xe^{-x^2/2}$를 모든 공간에 대해 규격화하여라.

6.5 파동함수가 $0 \le x \le \pi/5$에서는 $\psi(x) = \sin(15x)$이고, 다른 곳에서 $\psi(x)$는 0일 때 파동함수를 규격화하여라.

6.6 앞의 문제에서 0.1 m와 0.2 m 사이에서 입자를 발견할 확률을 구하여라.

6.7 식 (6.39)의 파동함수에 대해 파동수 분포 $\phi(k)$는 $\phi(k) = (\sigma_x^2/\pi)^{1/4}\ e^{(\sigma_x^2/2)(k_0-k)^2}$ 임을 보여라.

6.8 (a) 입자의 파동수 분포가 이전 문제에서 $k_0 = 6.2 \times 10^4$ rad/m이고 400 마이크론일 때 파동수가 6.1×10^4 rad/m와 6.3×10^4 rad/m 사이에 있을 확률을 구하여라.

(b) 이 답을 $\sigma_x = 400$ 마이크론일 때 결과와 비교하여라.

6.9 Gaussian 파동묶음[식 (6.40)]을 식 (6.44)에 대입하면 식 (6.45)에 주어진 $\Psi(x, t)$가 됨을 보여라.

6.10 자유입자와는 매우 다른 상황은 퍼텐셜 우물 안에 갇힌 입자이다. 가장 간단한 경우는 아래 나타낸 것처럼 무한히 깊고, 일정한 퍼텐셜 우물로 이루어진 상자 안에 입자가 있는 경우이다.

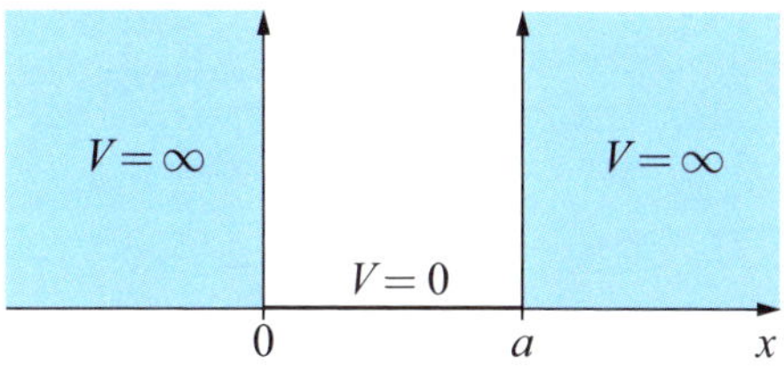

(a) 이 경우 파동함수는 벽면 옆을 뚫고 나가지 못하고 $\psi(0) = \psi(a) = 0$이다. $\psi(x) = \sin(n\pi x/a)$는 식 (6.21)과 경계조건을 만족한다는 것을 보여라. n은 어떤 값을 가지는가?

(b) $\psi(x)$를 규격화하여라.

(c) 가장 작은 세 n 값에 대해 파동함수를 그리고, 이들을 줄 위의 정지파에 대한 그림 3.5와 비교하여라.

참고문헌

[1] Brigham, E., *The FFT*, Prentice-Hall 1988.
[2] Crawford, F., *Waves*, Berkeley Physics Course, Vol. 3, McGraw-Hill 1968.
[3] Freegarde, T., *Introduction to the Physics of Waves*, Cambridge University Press 2013.
[4] French, A., *Vibrations and Waves*, W. W. Norton 1966.
[5] Griffiths, D., *Introduction to Quantum Mechanics*, Pearson Prentice-Hall 2005.
[6] Hecht, E., *Optics*, Addison-Wesley 2002.
[7] Lorrain, P., Corson, D., and Lorrain, F., *Electromagnetic Fields and Waves*, W. H. Freeman and Company 1988.
[8] Morrison, M., *Understanding Quantum Physics*, Prentice-Hall 1990.
[9] Towne, D., *Wave Phenomena*, Courier Dover Publications 1967.

찾아보기